建筑信息模型（BIM）技术应用系列新形态教材

BIM技术基础与应用

——Revit 建模基础

陆 婷 主 编
符 珏 李 旋 副主编

清華大學出版社
北 京

内容简介

本书以项目任务、进阶任务等丰富的实际案例为载体，从 BIM 概论、Revit 族的创建、Revit 结构模型的创建、Revit 建筑模型的创建、Revit 模型的简单应用、项目实战等方面，系统地介绍了 BIM 建模技术在建设工程项目中的实际应用。本书以职业能力为核心，紧扣“1+X”建筑信息模型（BIM）职业等级证书考试大纲，深入浅出地介绍了 Revit 软件的建模方法、步骤和常见性问题。

本书可为高等职业院校、中等职业院校的在校学生及工程行业从业人员学习 BIM 技术基础使用，也可作为 BIM 初学者的学习参考书。

图书在版编目（CIP）数据

BIM 技术基础与应用：Revit 建模基础 / 陆婷主编 . -- 北京：清华大学出版社，2025. 3. --（建筑信息模型（BIM）技术应用系列新形态教材）. -- ISBN 978-7-302-68477-0

Ⅰ. TU201.4

中国国家版本馆 CIP 数据核字第 2025PD7247 号

责任编辑：杜　晓
封面设计：曹　来
责任校对：袁　芳
责任印制：刘　菲

出版发行：清华大学出版社
网　　址：https://www.tup.com.cn, https://www.wqxuetang.com
地　　址：北京清华大学学研大厦 A 座　　**邮　　编：**100084
社 总 机：010-83470000　　**邮　　购：**010-62786544
投稿与读者服务：010-62776969, c-service@tup.tsinghua.edu.cn
质量反馈：010-62772015, zhiliang@tup.tsinghua.edu.cn
课件下载：https://www.tup.com.cn, 010-83470410
印 装 者：三河市君旺印务有限公司
经　　销：全国新华书店
开　　本：185mm×260mm　　**印　　张：**11.5　　**字　　数：**274 千字
版　　次：2025 年 3 月第 1 版　　**印　　次：**2025 年 3 月第 1 次印刷
定　　价：49.00 元

产品编号：110039-01

序

建筑业作为我国国民经济的重要支柱产业，在过去几十年取得了长足的发展。随着科技的进步，目前建筑业正处于转型升级的关键时期。工业化、数字化、智能化、绿色化成为建筑行业发展的重要方向。例如，BIM（building information modeling）技术的应用为各方建设主体提供协同工作的基础，在提高生产效率、节约成本和缩短工期方面发挥重要作用，在设计、施工、运维方面很大程度上改变了传统模式和方法；智能建筑系统的普及提升了居住和办公环境的舒适度和安全性；人工智能技术在建筑行业中的应用逐渐增多，如无人机、建筑机器人的应用，提高了工作效率、降低了劳动强度，并为建筑行业带来更多创新；装配式建筑改变了建造方式，其建造速度快、受气候条件影响小，既可节约劳动力，又可提高建筑质量，并且节能环保；绿色低碳理念推动了建筑业可持续发展。2020 年 7 月，住房和城乡建设部等 13 个部门联合印发了《关于推动智能建造与建筑工业化协同发展的指导意见》（建市〔2020〕60 号），旨在推进建筑工业化、数字化、智能化升级，加快建造方式转变，推动建筑业高质量发展，并提出到 2035 年，"'中国建造'核心竞争力世界领先，建筑工业化全面实现，迈入智能建造世界强国行列"的奋斗目标。

然而，人才缺乏已经成为制约行业转型升级的瓶颈，培养大批掌握建筑工业化、数字化、智能化、绿色化技术的高素质技术技能人才成为土木建筑大类专业的使命和机遇，同时也对土木建筑大类专业教学改革，特别是教学内容改革提出了迫切要求。

教材建设是专业建设的重要内容，是职业教育类型特征的重要体现，也是教学内容和教学方法改革的重要载体，在人才培养中起着重要的基础性作用。优秀的教材更是提高教学质量、培养优秀人才的重要保证。为了满足土木建筑大类各专业教学改革和人才培养的需求，清华大学出版社借助清华大学一流的学科优势，聚集优秀师资，以及行业骨干企业的优秀工程技术和管理人员，启动 BIM 技术应用、装配式建筑、智能建造三个方向的土木建筑大类新形态系列教材建设工作。该系列教材由四川建筑职业技术学院胡兴福教授担任丛书主编，统筹作者团队，确定教材编写原则，并负责审稿等工作。该系列教材具有以下特点。

（1）思想性。该系列教材全面贯彻党的二十大精神，落实立德树人根本任务，引导学生践行社会主义核心价值观，不断强化职业理想和职业道德培养。

（2）规范性。该系列教材以《职业教育专业目录（2021 年）》和国家专业教学标准为依据，同时吸取各相关院校的教学实践成果。

（3）科学性。教材建设遵循职业教育的教学规律，注重理实一体化，内容选取、结构安排体现职业性和实践性的特色。

（4）灵活性。鉴于我国地域辽阔，自然条件和经济发展水平差异很大，部分教材采用不同课程体系，一纲多本，以满足各院校的个性化需求。

（5）先进性。一方面，教材建设体现新规范、新技术、新方法，以及现行法律、法规和行业相关规定，不仅突出BIM、装配式建筑、智能建造等新技术的应用，而且反映了营改增等行业管理模式变革内容。另一方面，教材采用活页式、工作手册式、融媒体等新形态，并配套开发数字资源（包括但不限于课件、视频、图片、习题库等），大部分图书配套有富媒体素材，通过二维码的形式链接到出版社平台，供学生扫码学习。

教材建设是一项浩大而复杂的千秋工程，为培养建筑行业转型升级所需的合格人才贡献力量是我们的夙愿。BIM、装配式建筑、智能建造在我国的应用尚处于起步阶段，在教材建设中有许多课题需要探索，本系列教材难免存在不足之处，恳请专家和广大读者批评、指正，希望更多的同人与我们共同努力！

胡兴福

2024年7月

前　言

本书面向 BIM 技术初学者，将 BIM 技术基本知识与工程项目实际应用相结合，紧扣 BIM 建模师职业岗位能力，深入浅出地阐述了 Revit 软件进行 BIM 建模的方法和步骤，以及模型的简单应用。本书在编写过程中注重行业的技术发展动态，引用了国家、行业颁布的最新规范和标准，力求反映最新最先进的技术和知识。本书共 6 章，每章的知识框架大部分对应着项目案例，每个教学单元重点突出，实操步骤清晰易懂，对初学者普遍容易遇到的问题进行了注解。本书特别强调实际操作能力的训练，内容按照循序渐进、由易到难的顺序安排，可以帮助读者快速掌握 BIM 技术基础的应用技巧。

本书引入“云学习”在线教育创新理念，读者通过手机扫描书中的二维码，可以下载模型、观看视频讲解，自主反复学习，帮助读者理解知识点、提高学习效率。

本书由陆婷任主编并负责统稿，符珏、李旋任副主编。第 1 章由刘霁、陆婷编写，第 2 章由张舒平编写，第 3 章、第 5 章由陆婷编写；第 4 章、第 6 章由符珏、李旋编写。本书由湖南城建职业技术学院刘霁教授主审。

本书在编写过程中，参考了大量相关著作的有关内容，受到了很多启发，在此一并表示衷心的感谢！由于编者水平有限，书中疏漏和不妥之处在所难免，敬请各位专家、教师和读者批评、指正。

编　者

2025 年 1 月

目　　录

第1章 BIM概论

教学目标

1. 了解本课程的学习方法，树立端正的学习态度。
2. 了解 BIM 的概念和价值、BIM 软件的类型。
3. 掌握 Revit 软件工作界面所包含的内容。
4. 掌握 Revit 软件的基本操作命令。

教学要求

能力要求	掌握层次	权重
认识 BIM	了解	20%
掌握 Revit 软件的界面操作	掌握	30%
掌握 Revit 软件的图元操作	掌握	50%

1.1 认识 BIM

1.1.1 BIM 的概念

BIM（building information modeling）是建筑信息模型的简称，指在建设工程及设施的规划、设计、施工以及运营维护阶段全寿命周期创建和管理建筑信息的过程，全过程应用三维、实时、动态的模型涵盖了几何信息、空间信息、地理信息、各种建筑组件的性质信息及工料信息。

建筑信息模型职业技能（BIM vocational skills）是指通过使用各类 BIM 软件，创建、应用与管理适用于建设工程及设施规划、设计、施工及运维所需的三维数字模型的技术能力的统称，简称"BIM 职业技能"。

1.1.2 BIM 的意义

BIM 的作用广泛而深远，它贯穿了建筑项目的全生命周期，从设计、施工到运维管理，都发挥着举足轻重的作用。

1. 提升设计与施工效率

BIM 技术通过三维可视化手段，使得设计师和施工人员能够更加直观地理解设计意图，从而有效减少沟通成本，提升工作效率。借助参数化设计，BIM 能够确保设计的一致性和准确性，同时使得修改设计变得更加便捷高效。

2. 优化项目管理与协同工作

BIM 集成了建筑项目的所有相关信息，为项目管理和协同工作提供了强大的数据支持。它构建了一个协同工作的平台，使得项目各方能够在同一模型上进行实时查看和更新信息，极大地提升了团队协作效率。

3. 降低项目风险与成本

通过 BIM 模型进行碰撞检查，可以在施工前发现并解决设计中的潜在问题，从而有效减少施工过程中的变更和返工现象，降低项目风险。BIM 模型还能够自动计算工程量，为项目提供准确的成本估算，有助于项目预算的精准控制。

4. 增强建筑性能与可持续性

BIM 技术可以对建筑进行各种性能模拟，如能耗模拟、采光模拟等，从而帮助设计师选择更加节能、环保的设计方案。在建筑运营阶段，BIM 模型还能够提供设备维护、能耗监控等功能，有助于提升建筑的可持续性和运营效率。

5. 支持决策与沟通

BIM 模型为项目决策提供了丰富的数据支持，使得决策过程更加科学、准确。它还促进了项目各方之间的有效沟通，减少了信息不对称和误解现象的发生。

综上所述，BIM 技术在建筑行业中发挥着多方面的重要作用。它不仅能够提升设计与施工效率、优化项目管理与协同工作、降低项目风险与成本，还能够增强建筑性能与可持续性，并支持决策与沟通。因此，BIM 技术已经成为现代建筑行业不可或缺的重要工具。

职业素养案例 1-1　奥运场馆 BIM 智慧建造

国家速滑馆“冰丝带”是 2022 年北京冬奥会北京主赛区的标志性场馆（图 1-1），也是唯一新建的冰上竞赛场馆。“冰丝带”的设计灵感来自中国传统冬季游戏“冰尜”(冰陀螺)，以及敦煌壁画中的飞天形象，这些元素共同赋予了“冰丝带”深厚的中国文化记忆。22 条盘旋飞舞的“丝带”状曲面玻璃幕墙的外观设计，宛若速滑运动员高速滑行时冰刀留下的痕迹，象征速度和激情，同时也代表北京冬奥会举办的时间 2022 年。

在建设过程中，该场馆应用了基于 BIM 的智慧建造技术，减少了 2800 吨钢材的使用，节省了 2 个月的主体结构工期，创造了 8 个月完成主体建设的“冬奥速度”；通过建立数字孪生和智能化集成管理平台，实现了场馆运行数据的采集、趋势研判、提前预警和分析决策的综合智慧管理。在施工过程中，引入了机器人技术、自动化设备等智能建造手段，提高了建造精度和效率。“冰丝带”配备了智慧运维平台，通过物联网、大数据等技术手段，对场馆的运行状态进行实时监测和分析。平台能够自动收集和分析场馆内的温度、湿度、空气质量等数据，并根据需求自动调节设备运行状态，确保场馆的舒适性和节能性。

BIM 技术在 2024 年的巴黎夏季奥运会规划和建设中也发挥了重要作用。巴黎奥运会承诺举办一届有益于气候发展的奥运会，响应《巴黎协定》并致力于减少碳排放，在场馆建设中，如奥运村入口的可伸缩木质玻璃展览馆、水上运动中心等场馆大量使用了木材。而BIM技术也在这些项目中发挥了关键作用：如在木材的选择和分配中，通过BIM技术根据木材的强度和水分含量进行准确分类和分配，确保了结构的稳定性和可持续性。通过这些设计和规划，2024年巴黎奥运会不仅展示了建筑和工程的创新，还体现了对环境和可持续发展的深刻关注（图1-2）。

在当今全球化的时代背景下，科技与文化的深度融合正成为展现国家软实力和民族自信的重要途径。BIM技术作为现代建筑领域的前沿科技手段，与源远流长的中华传统文化相结合，不仅为传统文化的传承与创新注入了新的活力，更是大国自信在新时代建筑语境下的生动体现。冬奥会场馆“冰丝带”的设计与建设正是BIM智能建造与传统文化元素、设计理念共同作用的典型成功案例。作为建筑新一代，我们不仅应当充分发挥BIM技术的优势，更要深入挖掘传统文化的内涵，积极探索二者融合的新模式、新方法，让古老的建筑文化在现代科技的助力下闪耀出新的光芒，为构建具有中国特色的现代化建筑体系和文化强国战略目标奠定坚实的基础。

图1-1　冬奥地标场馆“冰丝带”BIM智慧建造

图1-2　巴黎奥运会木制劲性悬索结构的水上运动中心

1.1.3　BIM软件

BIM软件建筑信息模型软件（BIM software）是指对建筑信息模型进行创建、使用、管理的软件。

BIM软件的应用领域非常广泛，涵盖了建筑、土木工程、工业设备、市政工程等各个领域。在建筑领域，BIM可以用于建筑设计、结构分析、设备安装等各个阶段；在土木工程领域，BIM可以用于地质勘测、工程量计算、项目管理等工作；在工业设备领域，BIM可以用于设备选择、工艺流程优化等工作；在市政工程领域，BIM可以用于城市规划、道路设计、供水排水等工作。常用的BIM软件见表1-1。本书将着重介绍目前常用的BIM模型创建软件Autodesk Revit 2024。

表1-1　常用的BIM软件及其功能特点

常用BIM软件	功　能	特　点	来　源
Autodesk Revit	具有设计、建模，协作和分析功能，可以创建建筑、结构和机械、电气和管道系统的模型，并进行可视化、数量和时间分析	用户界面友好，提供强大的建模工具和库，支持多人协作	Autodesk官网提供免费试用版或购买正式版本

续表

常用BIM软件	功　能	特　点	来　源
ArchiCAD	提供全面的建筑设计和模型工具，支持多人协作和项目管理	直观的用户界面，灵活性和高质量的渲染效果	Graphisoft官网提供免费试用版或购买正式版本
Bentley AECOsim Building Designer	适用于建筑和工程设计，提供全面的建模和分析工具，支持可视化和数量分析	高度可定制性和与其他Bentley产品的集成	Bentley官网提供免费试用版
Vectorworks Architect	适用于建筑和景观设计，提供全面的建模，分析和渲染工具，支持与其他设计软件的集成	直观的用户界面、定制性和可视化效果	Vectorworks官网提供免费试用版或购买正式版本
Tekla Structures	专注于结构设计和建模，提供全面的结构建模、分析和管理工具	强大的三维建模和绘图功能，以及与其他软件的集成	Tekla官网提供免费试用版
Rhino	专业的三维建模软件，也可用于BIM设计，提供强大的建模和分析工具	灵活性和可扩展性，通过插件进行动能扩展	Rhino官网提供免费试用版或购买正式版本
SketchUp	简单易用的建模软件，也用于BIM设计，提供直观的用户界面和丰富的建模工具	易学易用和与其他软件的集成	SketchUp官网提供免费试用版或购买正式版本

1.2　初识Revit软件

1.2.1　Revit软件的安装

1. Revit软件的版本选择

选择Revit版本进行建模时，需要考虑多个因素，包括软件的稳定性、系统要求、协同工作、软件的兼容性以及安装和激活的便利性等，我们可根据不同的需求和使用场景来选择版本。如果更重视稳定性，用户可使用Autodesk Revit 2018版本；若需要最新的功能和改进，则可以考虑使用Revit最新版本。Revit 2024引入了深色模式、纹理视觉样式、修订云线明细表、图案填充对齐工具等多项新功能。

特别提示

一般来说，每个新版本的Revit都会进行一些功能更新和改进。偶数年份的版本可能在稳定性上表现更好，奇数年份的版本则会有更多的功能和新特性。

Revit不支持将文件保存为旧版数据格式，也不能在旧版本中使用更高版本的“rvt”文件格式。即Revit高版本可以打开低版本的文件，但低版本无法打开高版本的文件。当需要用低版本的Revit软件打开高版本的文件时，可以让高版本的用户选择【文件】→【导出】→IFC来实现。但这种方法可能会丢失一些构件信息。也可以将高版本文件上传到云平台，但这种方法只能查看模型，无法编辑模型。

2. Revit 软件的安装操作

Autodesk Revit 软件的安装步骤如下。

（1）下载软件：从 Autodesk 官方网站获取 Revit 相应版本的安装包，并确保下载的是 64 位中文版。

（2）解压安装包并运行安装程序：找到 Setup.exe，右击选择“以管理员身份运行”。

（3）接受许可协议：勾选【我同意】，然后单击【下一步】按钮。

（4）选择安装路径：默认安装在 C 盘，可以单击【浏览】按钮更改安装路径，注意安装路径文件夹名称不能出现中文字符。

（5）等待安装完成：安装过程大约需要 15 分钟。

（6）激活软件：Autodesk 官方网站购买软件激活码激活软件。

（7）完成激活：弹出提示“激活已完成”，单击【好的】按钮，然后单击右上角的【×】按钮退出。也可以免费使用 30 天试用版。

（8）运行软件：双击桌面【Revit 2024】图标启动软件，单击【确定】按钮。

1.2.2　Revit 2024 软件的工作界面简介

1. Revit 2024 软件主页界面中心区域构成

Revit 2024 软件主页界面中心区域分为【模型】和【族】两大部分，如图 1-3 所示。

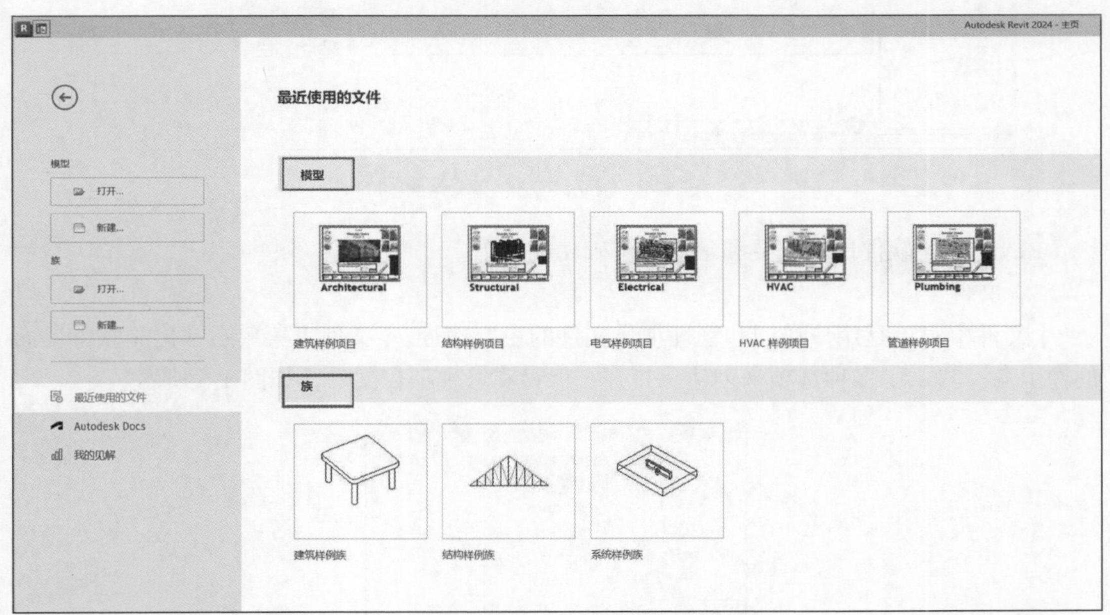

图 1-3　Revit 2024 软件主页界面

1）模型

模型是 Revit 工作的核心对象，模型可以是建筑模型、结构模型、机电模型等。它包含了建筑物的各种元素，如墙体、楼板、门窗、梁柱等。通过创建和编辑模型元素，可以准确地模拟建筑物的实际形态和构造。

2）族

族是 Revit 中可重复使用的对象。族分为系统族、可载入族和内建族。系统族如墙、楼板等，是软件自带且不可修改的。载入族是使用族样板在项目外创建的 RFA 文件，可载入项目，且具有高度可自定义特征。内建族则是根据项目特定需求在项目中临时创建的族。

2. Revit 2024 软件工作界面

在 Revit 2024 主页界面右侧区域的【模型】选项中单击【新建】按钮，选择新建项目样板，进入 Revit 2024 软件的工作界面，如图 1-4 所示。

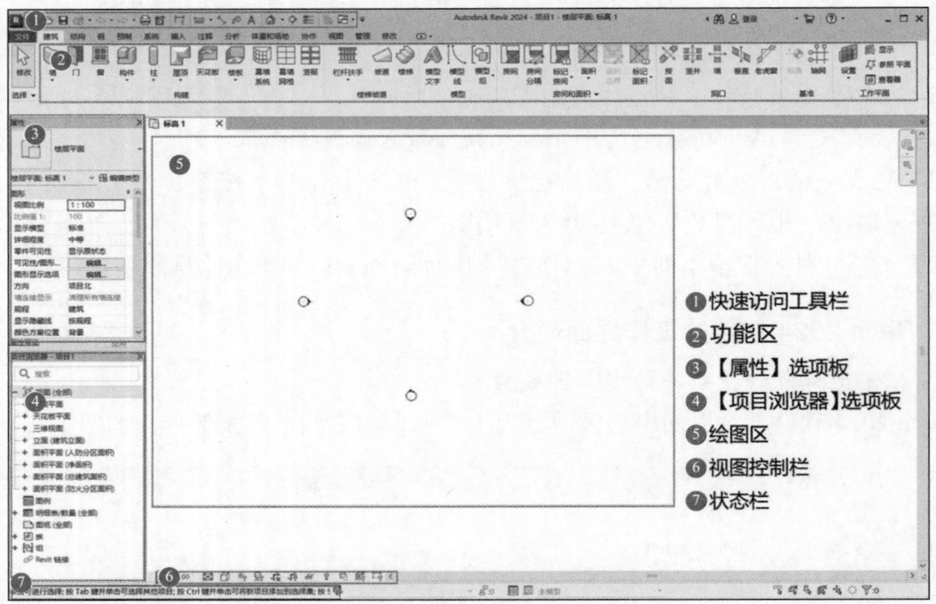

图 1-4　Revit 2024 工作界面

Revit 2024 软件比较重要和常用的基础功能如下。

1）文件

【文件】菜单是用户访问和管理项目文件的主要途径。【文件】菜单通常位于软件界面的左上角，提供了多种选项来创建、打开、保存和管理项目文件，如图 1-5 所示。

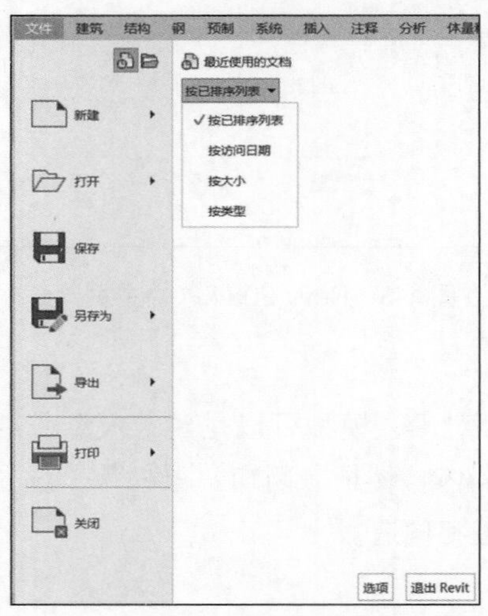

图 1-5 【文件】菜单

2）快速访问工具栏

快速访问工具栏（图 1-6）是一个可自定义的工具栏，它位于软件界面的顶部，通常在标题栏的旁边（图 1-4 中①所示位置）。这个工具栏旨在提供对最常用命令的快速访问，以提高工作效率。常见的默认命令，通常可以在 Revit 的快速访问工具栏中找到，如【打开 Revit 主视图】【保存】【撤销】【重做】【打印】【默认三维视图】等。用户可以根据自己的需要添加或移除工具栏中的命令。

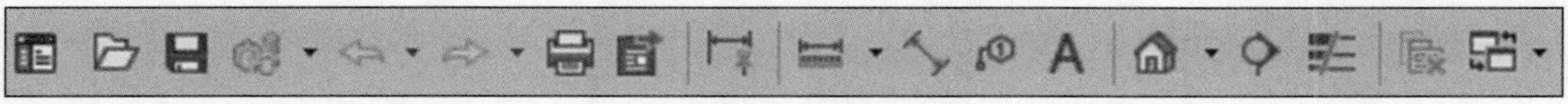

图 1-6　快速访问工具栏

新手小站 1-1　万能的“撤销”命令

Revit 软件初学者常常会出现一些“神奇的操作”，不知道如何恢复到之前的视图编辑状态，这时候万能的【撤销】工具能帮助我们解决这个难题。

快速工具栏中的【撤销】按钮可取消最近的一个操作或一系列操作。当然【恢复】按钮也可以还原之前执行的一个操作或一系列操作。

3）属性

【属性】面板是一个很常用且重要的界面组件，用于查看和修改当前选中图元（元素）的属性（图 1-4 中③所示位置），如图 1-7 所示。

属性过滤器用于显示当前所选择图元的类别和数量，如图 1-7 中选定了 1 个类型为“常规 -200mm”的基本墙图元。

类型属性定义了一个图元的类别特征。这些属性为属于同一类型的所有实例提供了一组共同的参数和特征。修改类型属性会影响项目中所有该类型的实例，这使得用户能够快速地对大量图元进行统一地更改。

实例属性是指与单个图元实例相关的属性。这些属性定义了图元项目中的具体特征，如材料、位置、尺寸、方向等。实例属性是针对每个图元实例独有的，允许用户对同一类型的多个实例进行个性化设置。

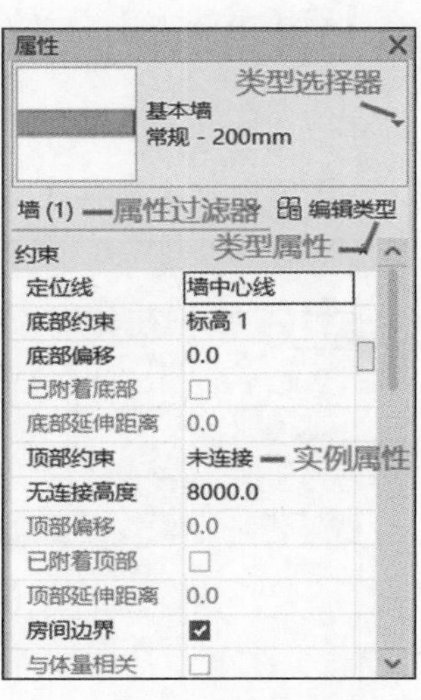

图 1-7 【属性】面板

特别提示

类型属性和实例属性是控制图元特征的两种不同方式，它们之间的区别主要体现在作用范围和影响的图元数量上。类型属性通常用于定义图元的通用特征，如材料、尺寸、形状等。实例属性指定了单个图元实例的特定特征。实例属性的更改只会影响被选中的图元，而不会影响同一类型的其他实例。例如，更改门的类型属性将改变项目中所有该类型门的属性。更改一扇门的实例属性，如将其移动到不同的位置，只会影响那一扇门。

4）项目浏览器

项目浏览器是 Revit 软件中的一个重要工具，它允许用户管理和浏览项目中的各种元素和视图。项目浏览器通常位于软件界面的左侧（图 1-4 中④所示位置），以树状结构组织和显示项目中的各种图元类别和类型，使用户能够快速导航和选择需要的图元进行操作，如图 1-8 所示。

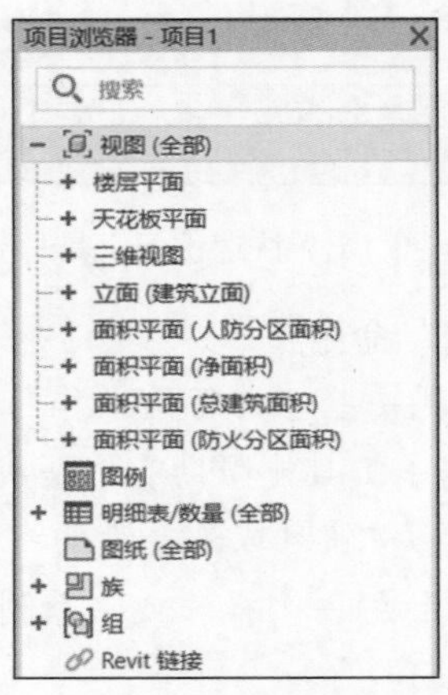

图 1-8　项目浏览器

新手小站 1-2　我的属性 / 项目浏览器去哪里了？

Revit 2024 软件初学者常常会因为误操作将图 1-4 中的③【属性】面板和④【项目浏览器】面板关闭，这时不必慌张，可通过选择【视图】→【用户界面】选项，再重新勾选【属性】或【项目浏览器】来恢复这两个面板在主界面的显示，如图 1-9 所示。

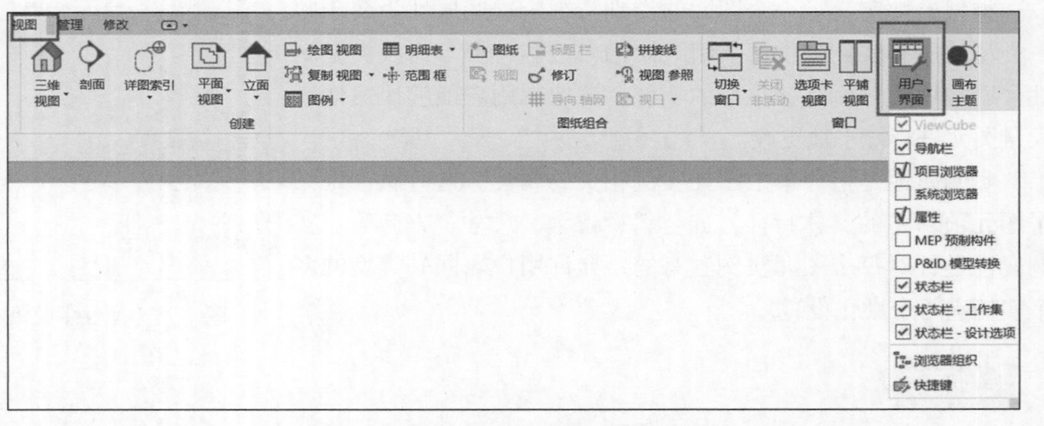

图 1-9 【属性】【项目浏览器】面板的恢复

5）状态栏

Revit 的状态栏位于应用程序窗口底部（图 1-4 中⑦所示位置）。使用某一工具时，状态栏左侧会提供一些技巧或提示，告知可以进行的操作。当鼠标光标停在某个图元或构件上并使之高亮显示时，状态栏会同时显示该图元或构件的族及类型名称。

例如，绘制墙体时，状态栏可能会显示相关的绘制提示，如指定墙体的起点、终点等操作步骤。而当选中一个已绘制的墙体时，状态栏将显示该墙体所属的族以及具体类型。

6）视图控制栏

Revit 的视图控制栏（图 1-10）位于视图窗口的底部（图 1-4 中⑥所示位置），提供了一系列用于控制视图显示和操作的工具。

例如，视图比例 1 : 100 用于控制图纸中对象的比例大小；详细程度 可提供“粗略”“中等”“精细”3 种视图的详细程度；视觉样式 可以在线框、隐藏线、着色、一致的颜色、真实等视觉样式之间切换，以满足不同的查看需求等。

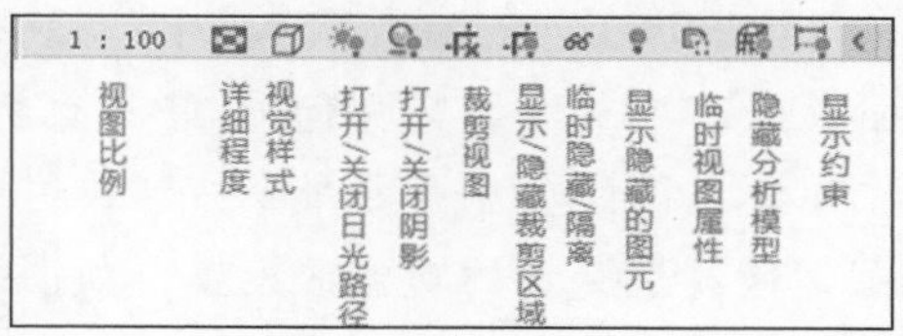

图 1-10　视图控制栏

新手小站 1-3　我该如何使用鼠标键盘来操作视图？

（1）平移模型：按下鼠标中键，移动鼠标指针可拖曳视图，平移视口位置。

（2）缩放模型：滚动鼠标滑轮即可放大或缩小视口所看范围。

（3）返回视图原始状态：双击鼠标中键。

（4）转到三维视图：单击快速访问工具栏中的“默认三维视图” 按钮，切换到三维视图。

（5）三维视图中观察模型：按住 Shift 键，同时按住鼠标中键，可对视图进行旋转操作。

（6）ViewCube：可以利用绘图区右上角的 ViewCube，快速浏览和切换不同的视图和方向。ViewCube 显示了模型的不同视图，包括平面视图（前、后、左、右、上、下）和 3D 视图。单击 ViewCube 上的相应面可以切换到对应的视图，也可用来缩放视图，如图 1-11 所示。

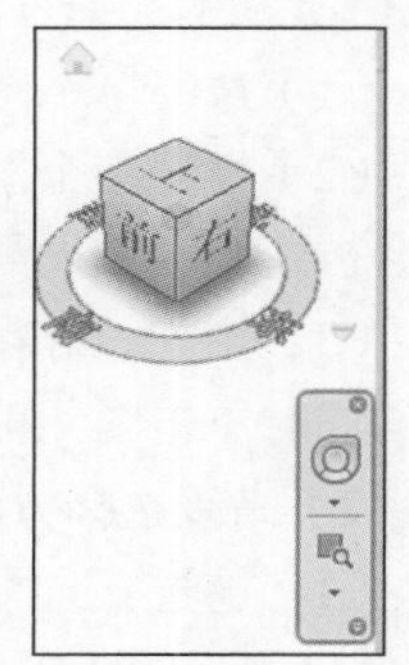

图 1-11　ViewCube

7）绘图区

Revit 的绘图区是软件操作的主要区域，显示的是当前项目的视图。

特别提示

当打开项目的某一视图时，绘图区域中，当前视图会把其他打开的视图遮挡住。可通过选择【视图】→【平铺视图】命令来查看不同的视图。例如，在创建一个复杂的建筑结构模型时，可以将一层的平面视图、对应的立面视图平铺在一起，这样在修改平面布局时，可以随时参考立面的效果，确保建模的一致性和准确性。

8）功能区

Revit 的功能区位于软件界面的顶部，是一组包含各种命令和工具的选项卡集合。功能区中的选项卡会根据当前的工作环境和操作需求自动切换和显示相关的工具。常见的选项卡包括建筑、结构、系统、注释等。

（1）建筑：包含与建筑设计相关的工具，如墙体、门窗、屋顶等的创建和编辑工具。

（2）结构：提供结构构件的创建和编辑功能，如梁、柱、基础等。

（3）系统：用于创建和管理机电系统，如暖通空调、给排水、电气等。

（4）注释：包含各种标注、尺寸标注、文字注释等工具，用于为模型添加说明和注释。

新手小站 1-4　我的功能按键怎么不见了？

功能区中的▭▾按钮，可让用户在“最小化为选项卡”“最小化为面板标题”“最小化为面板按钮”“循环浏览所有项”中进行切换。初学者常常会因为误操作导致找不到功能区的命令按钮，这时可以单击按钮上的下三角▭▾，恢复成默认的功能区设置，如图 1-12 所示。

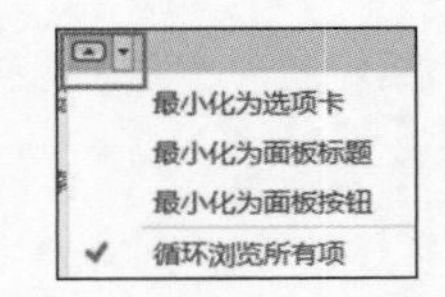

图 1-12　功能区按钮

1.2.3　Revit 软件的图元基本操作

1. 选择图元

1）基本选择方法

（1）选择单个图元：单击想要选择的图元。

（2）框选多个图元：按住鼠标左键并拖动鼠标，形成一个矩形框。所有在框内的图元都会被选中。如果需要选择部分框内的图元，可以按住 Ctrl 键并右击。

（3）增加 / 删减选择的图元：按住 Ctrl 键的同时单击图元可添加选中图元；按住 Shift 键的同时单击图元可取消该图元的选定。

2）高级选择方法

（1）链选：选择一个图元，然后按 Tab 键，Revit 会按顺序选择下一个图元。按 Shift + Tab 组合键可以反向选择。

（2）【过滤器】选择：在【属性】面板中，使用【过滤器】工具来创建一个过滤器。例如，在图 1-13 中，选择【过滤器】命令，仅勾选【墙】，建筑样例平面视图中所有的墙都被过滤出来并选定完成。

2. 对齐图元

【对齐】工具可将一个或多个图元与选定图元对齐。

选择参考图元（需要对齐的对象），在【修改 | 图元】面板下选择【对齐】命令；选择要与参照图元对齐的一个或多个图元。若要重新启动对齐，按 Esc 键；若要退出对齐，则按 Esc 键两次。若对齐时按住 Ctrl 键，会临时选择“多重对齐”。

3. 移动图元

选择要移动的图元，在【修改 | 图元】面板下选择【移动】命令。也可以使用快捷键“MV”来启动移动命令。

4. 偏移图元

在【修改 | 图元】面板下选择【偏移】命令；接着在选项栏中选择要指定偏移距离

的方式。可勾选【图形方式】栏，将选定图元拖曳所需距离；或勾选【数值方式】，在【偏移】框中输入偏移距离值。如果要创建并偏移所选图元的副本，勾选选项栏中的【复制】命令。如果在上一步中勾选了【图形方式】栏，则按住 Ctrl 键的同时移动光标可以达到相同的效果，如图 1-14 所示。

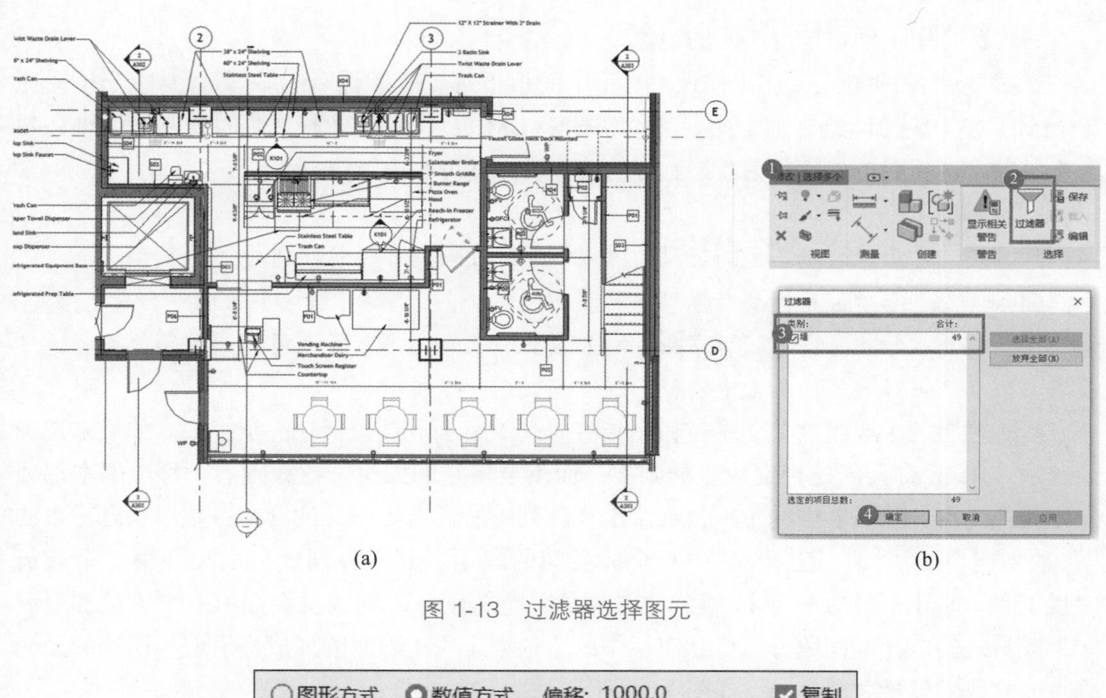

(a)　(b)

图 1-13　过滤器选择图元

○图形方式　●数值方式　偏移: 1000.0　☑复制

图 1-14　偏移图元

5. 复制图元

通过单击或框选的方式来选中目标复制图元，在【修改 | 图元】面板下选择【复制】命令，或使用快捷键 CO 复制图元。启动复制命令后，先指定复制的基点。这个基点可以是图元上的一个端点、中点或者其他有代表性的点。指定基点后，移动鼠标，会看到一个预览的复制图元随着鼠标移动，在合适的位置点击鼠标左键，就完成了一次复制。

6. 旋转图元

选择要旋转的图元，在【修改 | 图元】面板下选择【旋转】命令或使用快捷键 RO 旋转图元。旋转控制的中心将显示在所选图元的中心。也可以通过以下方式重新确定旋转中心：将旋转控制拖至新位置；单击旋转控制，并单击新位置；按空格键并单击新位置；在选项栏中选择【旋转中心：地点】栏并单击新位置。单击指定第一条旋转线，再单击指定第二条旋转线，Revit 会自动标注旋转角度。

在选项栏中，旋转图元（图 1-15）选项的操作如下。

图 1-15　旋转图元

【分开】：勾选“分开”，可在旋转之前中断选择图元与其他图元之间的连接。

【复制】：勾选“复制”可旋转所选图元的副本，在原来位置上保留原始对象。

【角度】：勾选“角度”可指定旋转的角度，按 Enter 键，Revit 会以指定的角度执行旋转。

7. 镜像图元

镜像命令用于创建选定图元的镜像。

选择要镜像的图元，在【修改 | 图元】面板下选择【镜像–拾取轴】命令（快捷键 MM）或【镜像–绘制轴】命令（快捷键 DM）；选择镜像轴或临时绘制镜像轴；勾选【复制】选项并单击镜像轴或绘制好的镜像轴，即可完成镜像。

8. 阵列图元

阵列是一种快速复制图元的工具，可以创建线性阵列和径向阵列。

■ 创建线性阵列：选择要在阵列中复制的图元，在【修改 | 图元】面板下选择【阵列】命令。在选项栏中选择【线性】命令；输入阵列的数量；输入阵列的间距，或者通过拾取两个点来确定间距；单击【确定】按钮完成线性阵列。

状态栏中的【成组并关联】按钮是指将阵列的每个成员包括在一个组中。如果未选择此选项，Revit 将会创建指定数量的副本，而不会使它们成组。在放置后，每个副本都独立于其他副本。状态栏中的【项目数】是指阵列中所有选定图元的副本总数。状态栏中的“移动到:【第二个】”是指阵列中每个成员间的间距。其他阵列成员出现在第二个成员之后。“移动到:【最后一个】”是指定阵列的整个跨度。阵列成员会在第一个成员和最后一个成员之间以相等间隔分布。状态栏中的【约束】用于限制阵列成员沿着与所选的图元垂直或共线的矢量方向移动，如图 1-16 所示。

☑成组并关联　项目数: 2　　移动到: ◉第二个 ○最后一个　☐约束

图 1-16　阵列图元

■ 创建径向阵列：选择要阵列的图元；选择【修改 | 图元】面板下的【阵列】命令。在选项栏中单击【镜像】按钮；选择旋转中心；输入阵列的数量；输入项目之间的角度间距。单击【确定】按钮完成径向阵列。

9. 修剪和延伸图元

修剪和延伸工具用于调整一个或多个图元的长度或边界。

（1）修剪工具：在【修改 | 图元】面板下选择【修剪 / 延伸为角】命令（快捷键“TR”）。先选择作为边界的图元；然后选择要修剪的图元部分，被选中的部分将被修剪掉。

（2）延伸工具：在【修改 | 图元】面板下选择【修剪 / 延伸单个图元】命令或【修剪 / 延伸多个图元】命令。先选择要延伸的边界图元；再选择需要延伸的一个或多个图元，被选中的图元将延伸至边界图元。

10. 拆分图元

拆分图元用于将一个图元分割为多个部分。

先选择要拆分的图元，比如墙体、梁、板等；在【修改 | 图元】面板下选择【拆分图元】

命令（快捷键 SL）。可以通过以下几种方式确定拆分位置：在图元上直接单击指定拆分点；输入距离值来确定拆分位置；绘制一条线来指定拆分路径。

新手小站 1-5 图元为什么不见了？

Revit 软件初学者常常会遇到找不到图元的情况，可以尝试从以下几方面寻找原因。

1）视图范围设置不正确

在 Revit 中，系统默认视图顶高度为 2300，剖切面为 1200，底高度为 0。如果某个图元的高度不在这个区间范围，则其在该楼层平面中不可见。此时需要检查活动视图及范围。

例如，在平面视图中绘制具有一定坡度的屋顶时，常常会发现坡屋顶显示不完全。在平面视图更改视图范围后，完整的坡屋顶便可在平面视图中显示，如图 1-17 和图 1-18 所示。

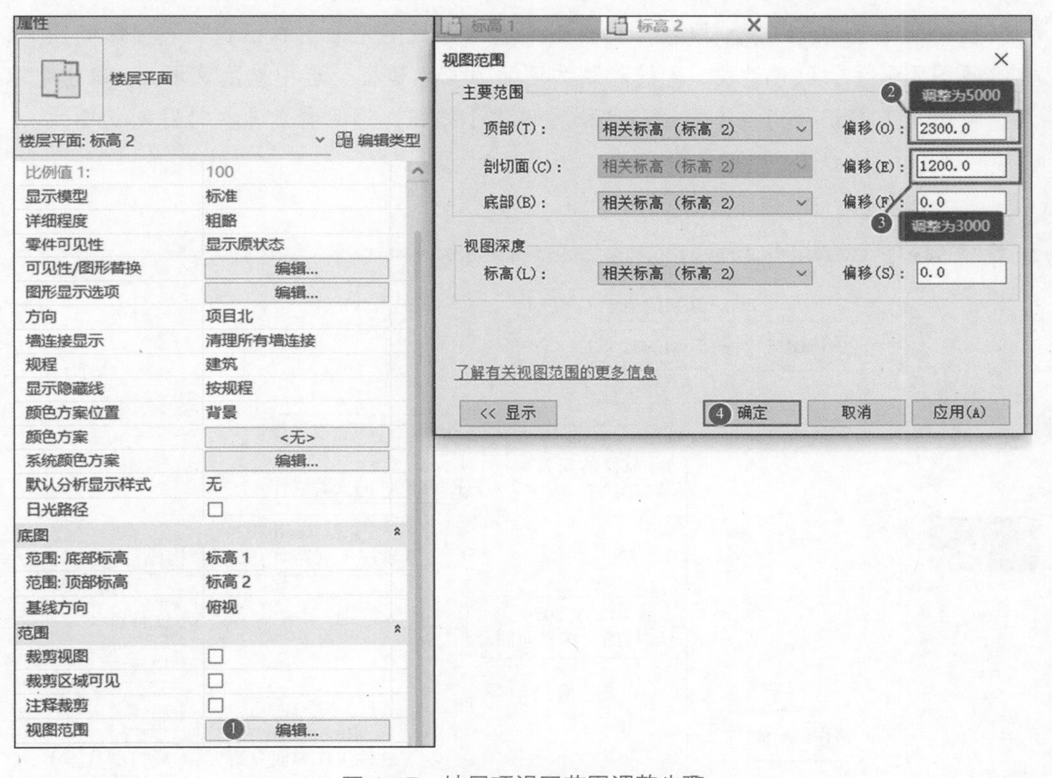

图 1-17 坡屋顶视图范围调整步骤

坡屋顶平面视图范围调整前

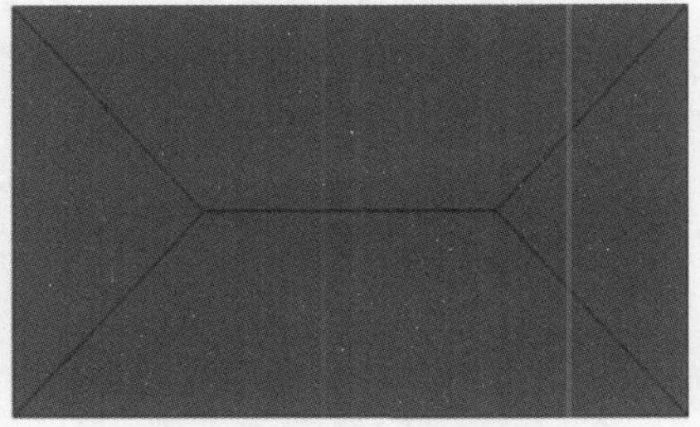

坡屋顶平面视图范围调整后

图 1-18 坡屋顶平面视图范围调整前后对比

2）图元与规程不一致

例如，门窗属于建筑构件，在楼层平面中可见，但在结构平面视图中却不显示。

3）可见性设置未勾选

所有构件，均可以单击前面对勾的方式控制其在视图中的显示情况。一些样板文件在设置时，若没有打开某些构件的可见性，则在视图中不会出现构件。

4）设置详细程度

对于某些族来说，在某种详细程度下，是不显示该物体存在的。例如，柱族在粗略状态下，平面视图中不会出现。

5）永久性隐藏设置

如果不小心把图元永久性隐藏，在正常的平面视图中是看不见图元的。激活视图控制栏中的【小灯泡】按钮，切换到【显示隐藏图元】窗口，找到被隐藏的图元，被隐藏图元显示为红色边框，未被隐藏的图元为灰色边框。选中被隐藏图元，单击【取消隐藏图元】按钮和切换【显示隐藏图元模式】按钮，即可释放永久性隐藏的图元。

本章小结

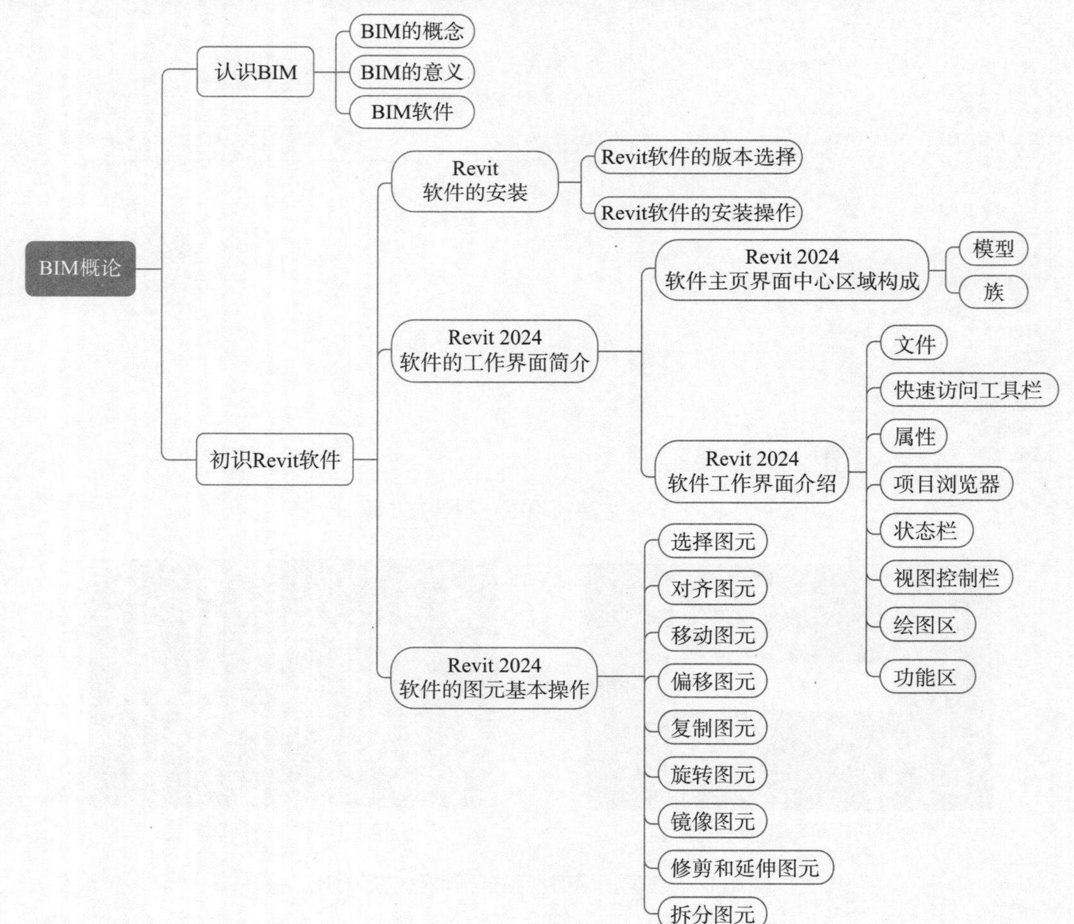

第2章 Revit族的创建

教学目标

1. 了解族与体量的概念。
2. 了解族的分类及相关参数。
3. 掌握族的创建方法。

教学要求

能力要求	掌握层次	权重
族与体量的概念及分类	了解	10%
创建族	掌握	50%
创建体量	掌握	40%

本章任务一览

序　号	任务内容	任务分解	视频讲解
项目任务 2-1	绘制玻璃圆桌——利用【拉伸】【旋转】命令创建族模型	（1）绘制参照平面； （2）使用拉伸、旋转命令创建实体模型； （3）设置族参数； （4）设置材质	
进阶任务 2-1	创建吊灯——利用【拉伸】【融合】【旋转】【放样】命令创建族模型	（1）使用拉伸命令创建吊灯竖杆； （2）使用旋转命令创建吊灯半球体； （3）使用放样命令创建吊灯S形吊灯杆； （4）使用融合命令创建吊灯灯罩； （5）设置材质	
项目任务 2-2	创建体量楼层模型	（1）内建体量，并创建形状（圆柱、长方体）； （2）创建面墙、幕墙、面屋顶； （3）创建体量楼层； （4）创建楼板	
进阶任务 2-2	创建体量模型——小蛮腰	（1）创建二维截面椭圆，并创建塔身形状模型； （2）创建空心形状，形成塔面斜顶； （3）设置塔尖U、V分割网格数量； （4）设置材质并保存模型	

2.1 族的概念

2.1.1 族的定义

族是组成项目的基本单元，类似一个可重复使用的模板或构件。它包含了特定类型的建筑元素或构件的几何形状、参数和行为信息。

2.1.2 族的分类及其概念

1. 系统族

由 Revit 软件预定义，如墙、楼板、屋顶等。系统族的参数和行为是固定的，但可以通过修改参数来适应不同的设计需求。

2. 可载入族

通过自行创建或从外部导入的族，文件扩展名为“rfa”。可载入族具有更大的灵活性，属性可以自定义。

3. 内建族

在项目中直接创建的特殊族，只能储存于当前项目文件中，不能单独存成扩展名为“rft”的文件，不能用于其他项目文件中。

2.1.3 族的意义

1. 提高设计效率

通过创建和使用族，可以快速地在项目中插入各种标准化的构件，减少重复建模的工作量。

2. 保证设计质量

族包含详细的参数和约束，可确保构件的尺寸、形状和位置准确无误。

3. 便于协同设计

不同的设计师可以使用相同的族库，保证项目的一致性和协调性。

4. 支持参数化设计

通过修改族的参数，可以快速地生成不同尺寸和形状的构件，满足设计变化的需求。

2.2 创建族

在 Revit 族编辑器中，可以使用【拉伸】【融合】【旋转】【放样】【放样融合】命令来创建实体几何图形，也可以使用【模型线】【符号线】等工具绘制二维几何图形。各建模方式的草图轮廓、创建说明及三维效果如表 2-1 所示。

表 2-1 Revit 族编辑器建模方式一览

创建命令	草图轮廓	模型成果	创建说明
拉伸			通过拉伸二维轮廓来创建三维实心形状

续表

创建命令	草图轮廓	模型成果	创 建 说 明
融合			绘制底部与顶部二维轮廓，指定第一端点和第二端点高度，将两个轮廓融合生成模型
旋转			绘制封闭的二维轮廓，并指定中心轴来创建模型
放样			通过绘制路径，并创建二维截面轮廓生成模型
放样融合			通过绘制路径，并创建两个不同的二维截面轮廓，沿着绘制路径放样生成模型

2.2.1　创建拉伸模型

1. 创建实体拉伸模型

1）选择族样板

打开 Revit 软件，选择族文件选项的【新建】按钮，从样板文件中选择一个合适的族样板。如图 2-1 所示的【公制常规模型】样板，族样板文件的后缀为“rft”。单击【打开】按钮，进入族编辑界面。

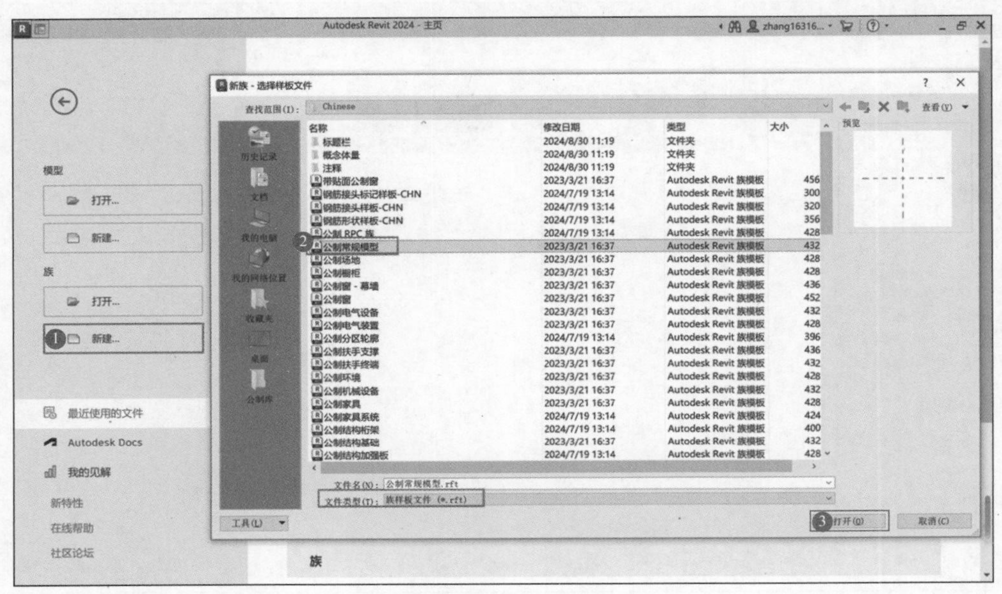

图 2-1　选择族样板文件

2）选择【拉伸】命令

在族编辑界面中，选择【创建】选项卡→【拉伸】命令，使用该命令来创建实体几何图形，如图 2-2 所示。

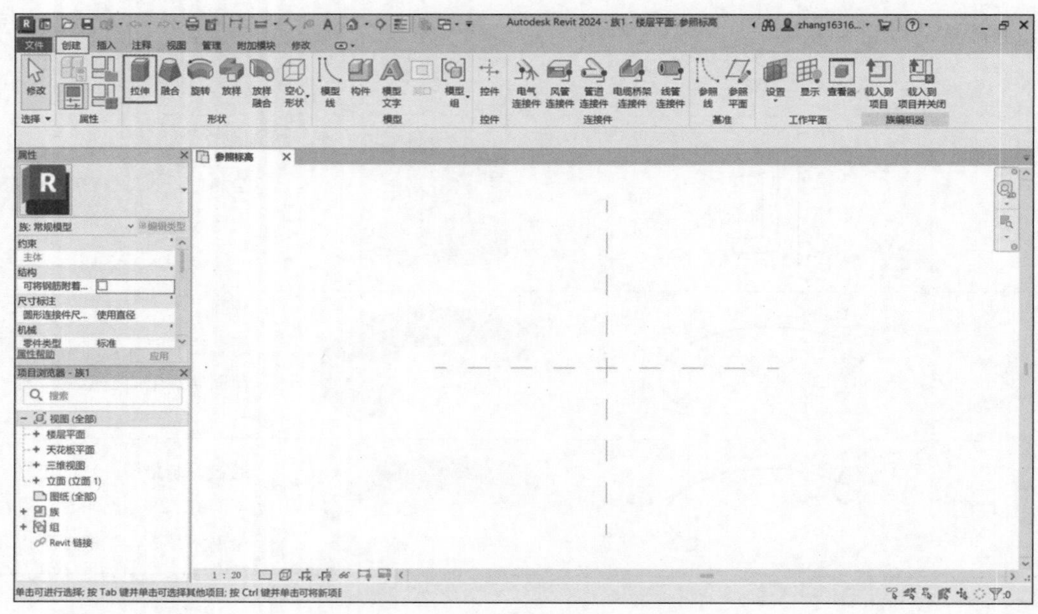

图 2-2　族文件【拉伸】命令

3）绘制二维拉伸轮廓

在【参照标高】平面内，使用绘制工具绘制需要拉伸的二维轮廓。二维轮廓可以是一个闭合的环，用于创建单个实心形状，或者是多个不相交的闭合环，用于创建多个形状。如图 2-3 所示，在参照标高平面内绘制的是一个矩形二维轮廓。

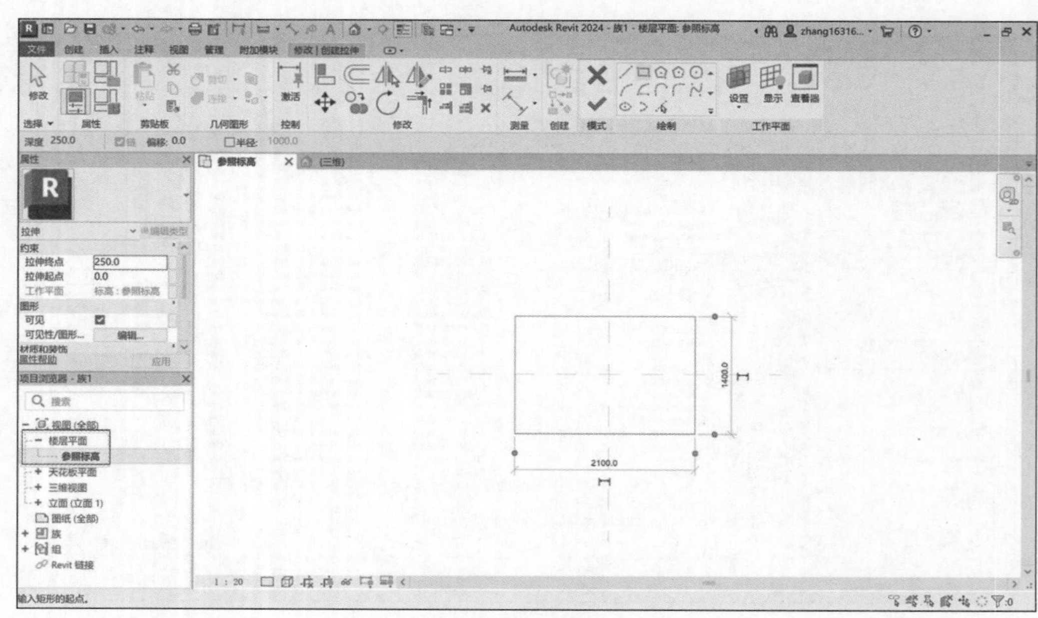

图 2-3　绘制拉伸模型的二维轮廓

4）设置拉伸属性

在【属性】面板中，设置拉伸的起点、终点以及拉伸深度。默认情况下，拉伸起点是 0，可根据需要输入正或负的拉伸深度来改变模型的深度。还可以在【属性】面板中设置实心拉伸的可见性、材质或子类别。完成轮廓绘制和属性设置后，单击【完成编辑模式】按钮来生成拉伸模型，如图 2-4 所示。

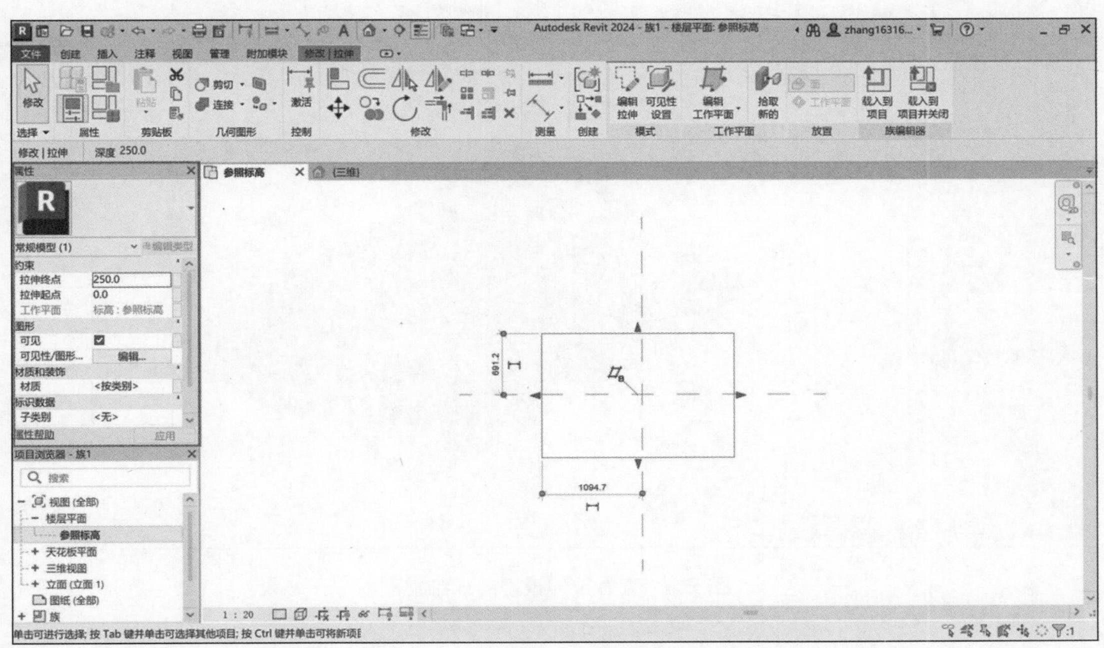

图 2-4　拉伸属性的设置

新手小站 2-1　拉伸模型的高度如何计算？如何修改拉伸模型的高度？

拉伸模型的属性设置中，拉伸起点 | 终点的数值不设置成一样即可，拉伸模型的高度为 | 拉伸起点数值 – 拉伸终点数值 |，如拉伸起点值为 –300，拉伸终点值为 200，则模型的高度为 |–300–200|=500。

拉伸模型的高度可通过以下两种方法修改。

（1）修改【属性】面板中的【拉伸起点】和【拉伸终点】数值。

（2）选中模型上表面，注意可按 Tab 键切换选择，再修改高度数值。

5）查看和调整拉伸模型

单击【默认三维视图】按钮查看创建的拉伸模型。若需修改二维轮廓和属性，可选中模型进一步进行编辑和调整，如图 2-5 所示。

6）保存文件

完成族的创建后，单击【文件】→【保存】按钮，将族保存为“rfa”文件。可以将族保存到本地计算机或网络共享位置，该族文件可在其他项目中使用。

2. 创建空心拉伸模型

使用【空心拉伸】命令创建的三维形状，该形状可用来删除已有实心三维形状的一部分。如图 2-6 所示，选择【空心形状】选项卡中的【空心拉伸】命令。在楼层平面中绘制空心拉伸的二维轮廓，并在【属性】面板中设置其拉伸起点和终点，如图 2-7 所示。单击【完成】按钮，切换至三维视图界面，更改视觉样式为“着色”模式，如图 2-8 所示。

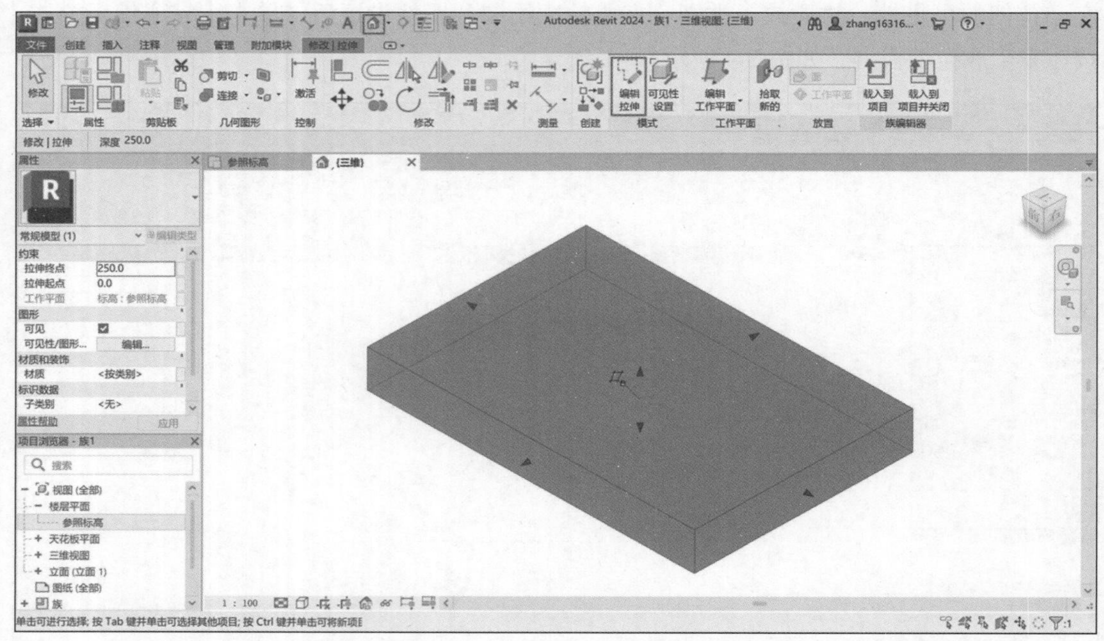

图 2-5　查看拉伸模型的三维视图

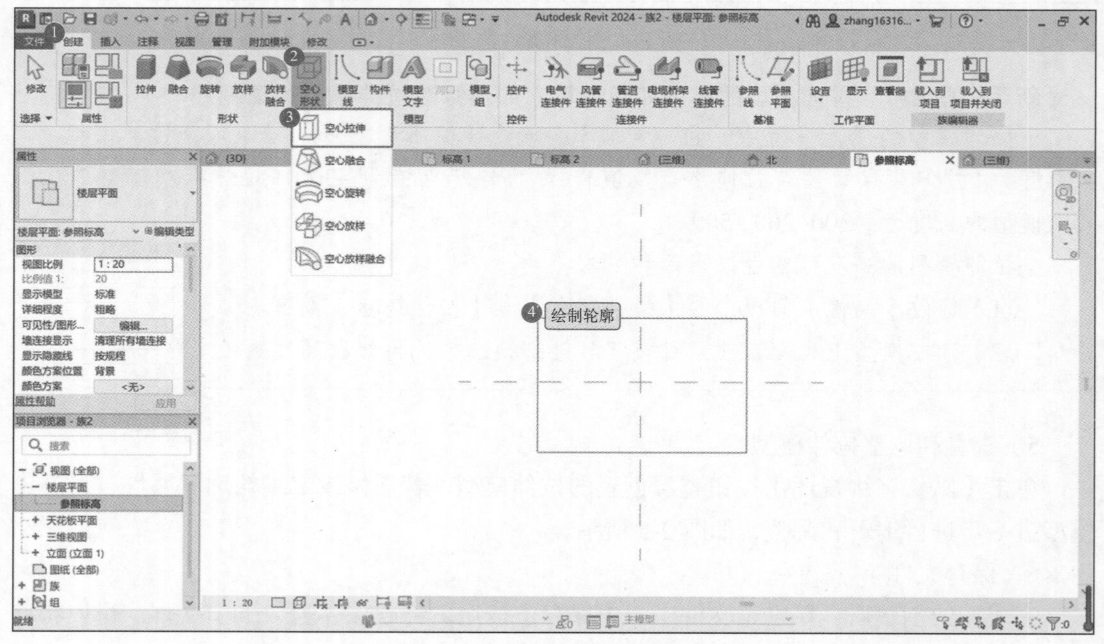

图 2-6　选择【空心拉伸】命令

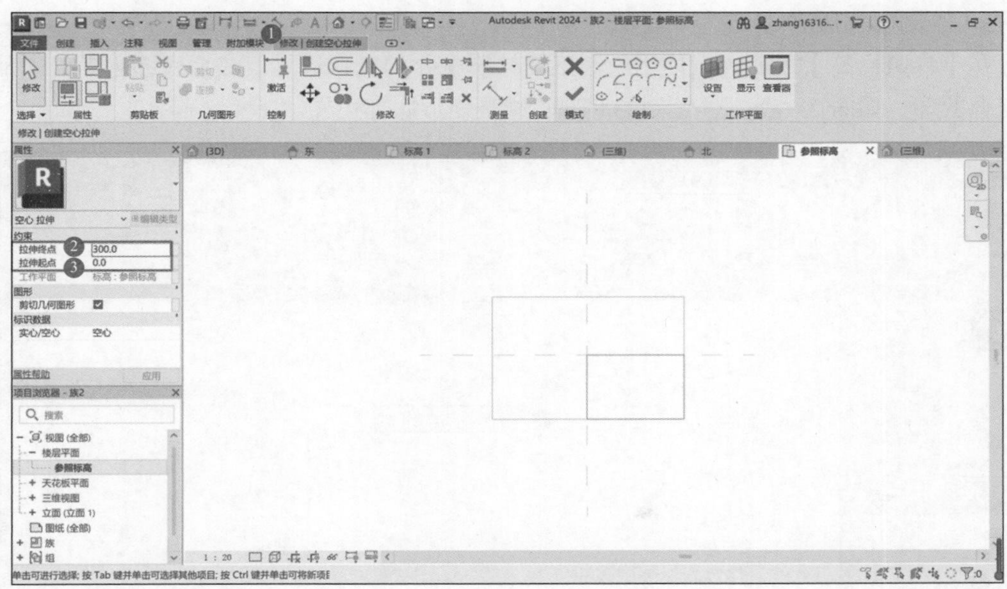

图 2-7 编辑【空心拉伸】

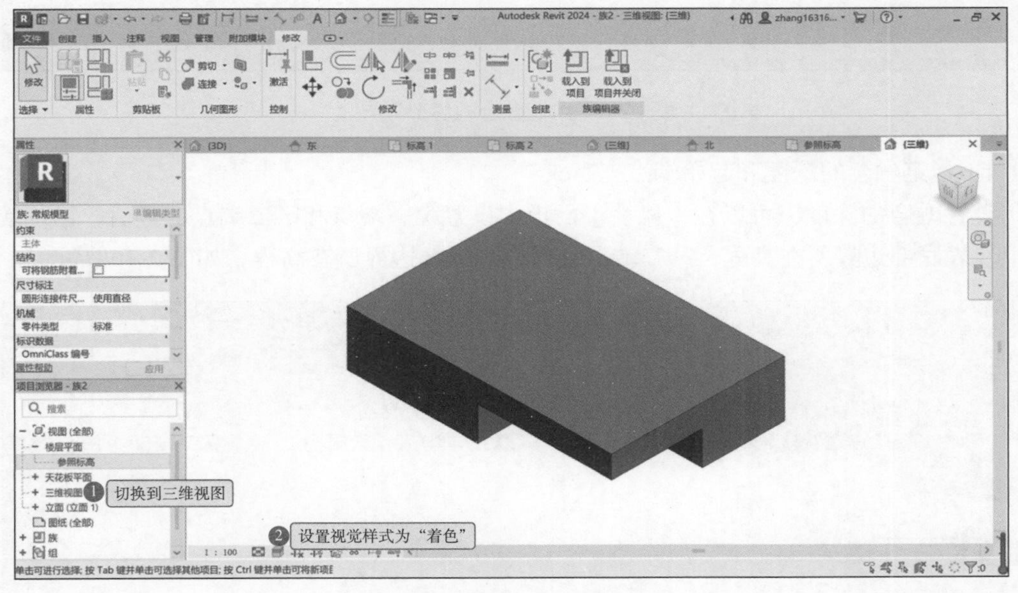

图 2-8 完成【空心拉伸】的绘制

2.2.2 创建融合模型

1. 创建实体融合模型

1）选择族样板

打开 Revit 软件，单击【族】→【新建】按钮来创建一个新的族文件，在弹出的对话框中选择【公制常规模型】作为族样板文件，进入族的编辑界面。

2）选择【融合】命令

在族编辑界面中，选择【创建】选项卡→【融合】命令创建实体几何图形。

3）绘制底部边界

在【参照标高】平面内，使用绘制工具绘制融合的底部边界。注意底部边界必须是一个闭合的环。如图 2-9 所示，绘制的底部轮廓是矩形底部边界。

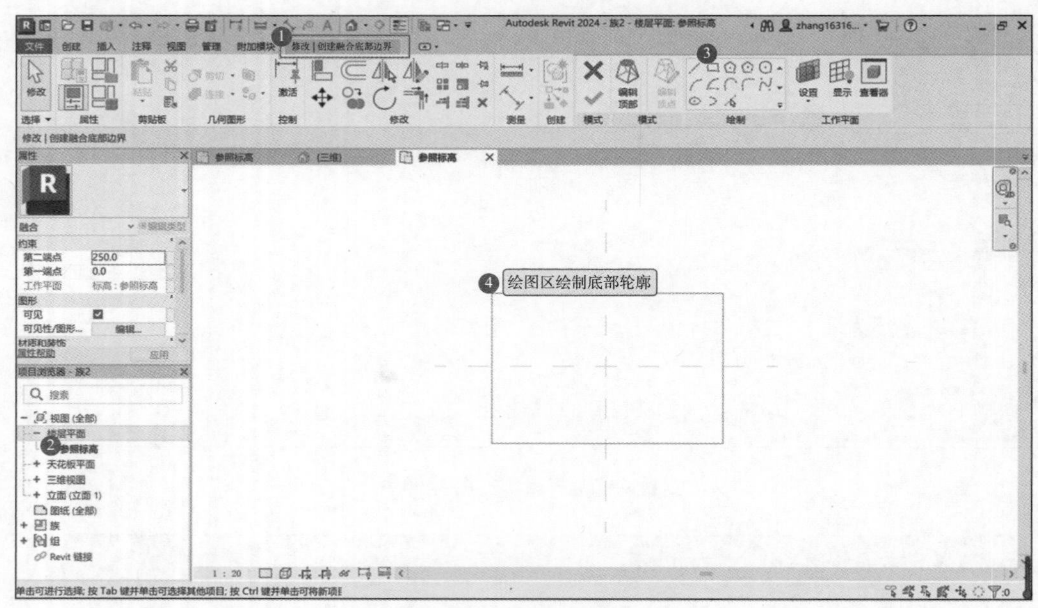

图 2-9　绘制融合的底部边界

4）指定融合的深度和起始端点

设置融合的深度，可以在【属性】面板中设置第一端点和第二端点的数值，第一端点数值代表底部边界所在高程，第二端点数值代表顶部边界所在高程，如图 2-10 所示。

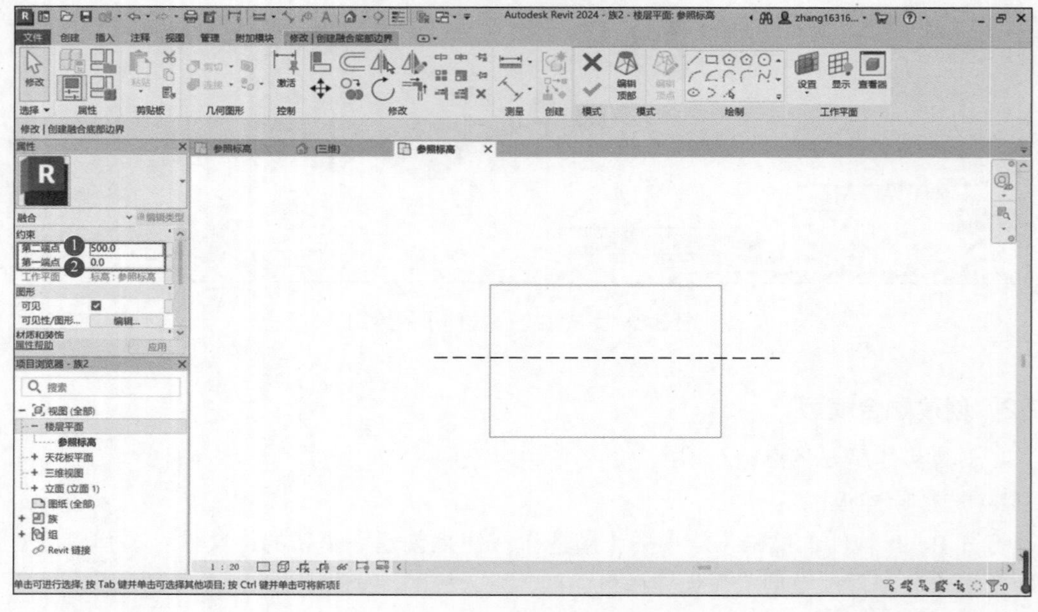

图 2-10　设置融合深度

5）编辑顶部边界

完成底部边界后，切换到【编辑顶点】模式，并在该模式下绘制另一个形状，如图 2-11 中绘制的是一个圆形边界。还可以通过单击【编辑顶点】选项卡编辑顶点连接，以控制融合体中的扭曲量。

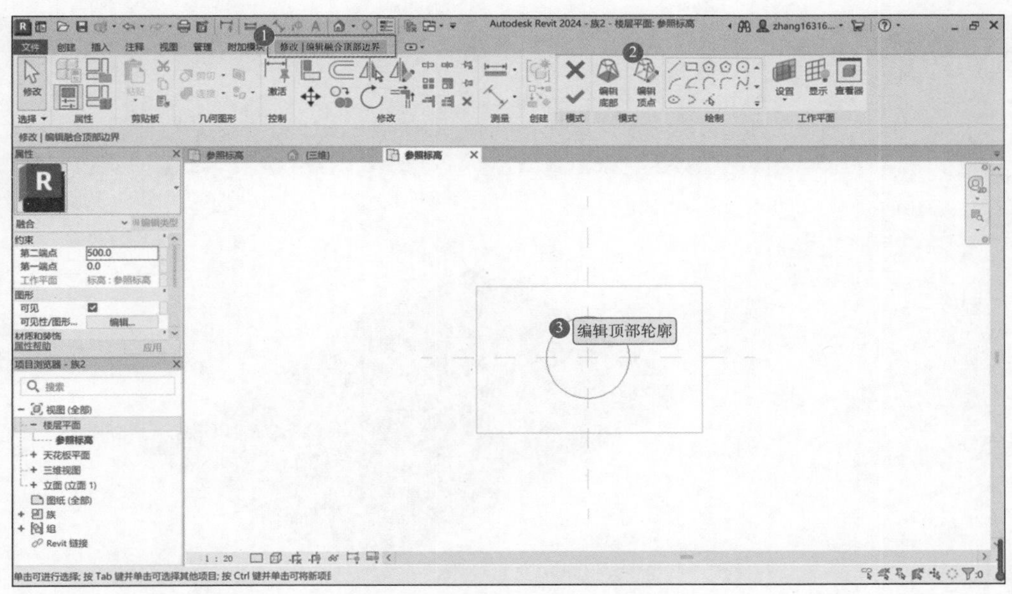

图 2-11　绘制融合的顶部边界

6）设置融合属性

在【属性】面板中，指定融合属性，包括可见性、材质和子类别等。如图 2-12 所示，设置其材质为“大理石 – 深绿色”。

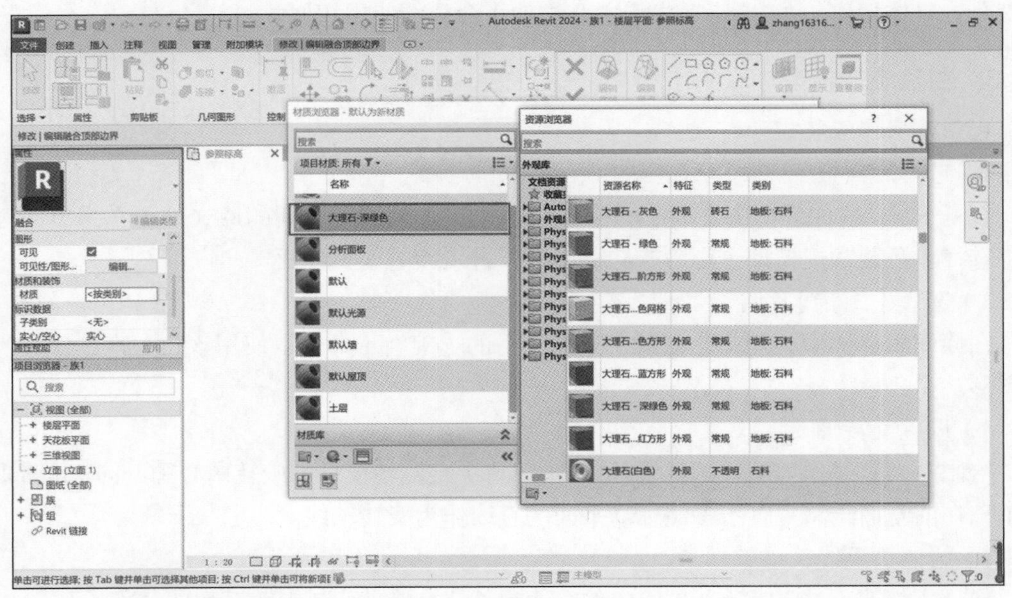

图 2-12　设置融合属性

7）完成编辑并查看调整模型

单击【完成编辑】选项后，退出编辑模式，融合模型即创建完成。通过三维视图来查看创建的融合模型，可使用夹点进一步进行编辑和调整，如图 2-13 所示。单击【文件】→【保存】按钮，保存为“rfa”文件。

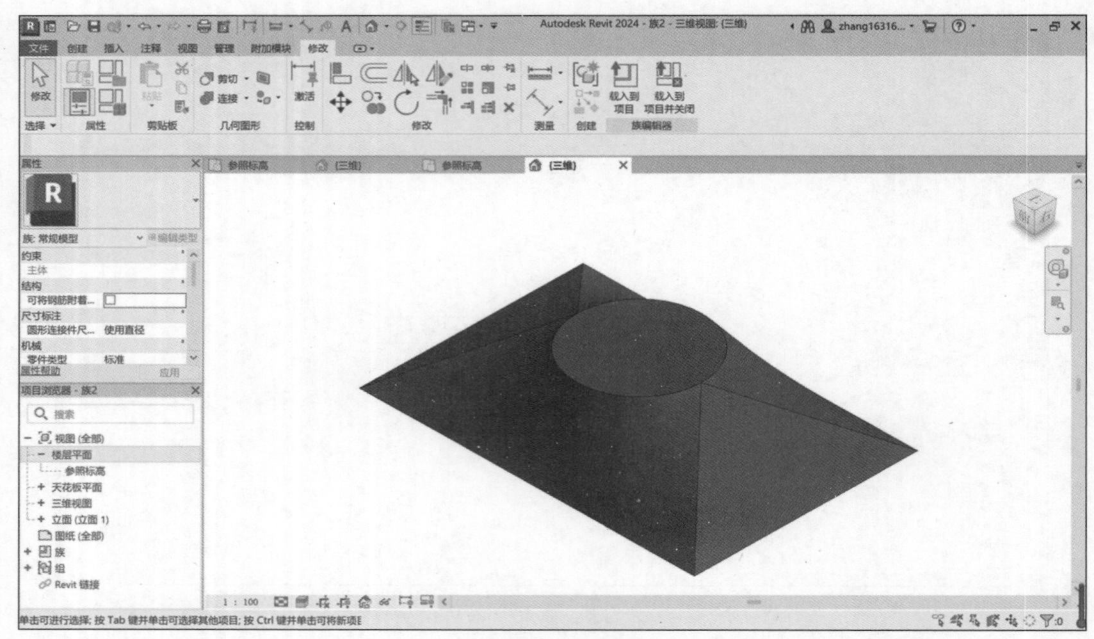

图 2-13　三维视图下的融合模型

2. 创建空心融合模型

可通过使用【空心融合】命令创建三维形状，该形状可用来删除已有实心三维形状的一部分。具体操作与 2.2.1 小节中【空心拉伸】命令的使用相似。

2.2.3　创建旋转模型

1. 创建实体旋转模型

1）选择族样板

打开 Revit 软件，单击【族】→【新建】按钮来创建一个新的族文件，在弹出的对话框中选择【公制常规模型】作为族样板文件，进入族的编辑界面。

2）选择【旋转】命令

在族编辑界面中，选择【创建】选项卡下的【旋转】命令，使用该命令来创建实体几何图形。

3）设置旋转轴

绘制一条直线作为旋转的轴线，这条轴线将决定旋转模型的旋转中心和方向。如图 2-14 所示，在前立面绘制垂直于参照标高平面的直线作为旋转轴线。

4）绘制边界线

选择【修改 | 创建旋转】界面中的【边界线】命令，绘制旋转模型的截面。如图 2-15 所示，在前立面绘制直角三角形作为模型的截面。

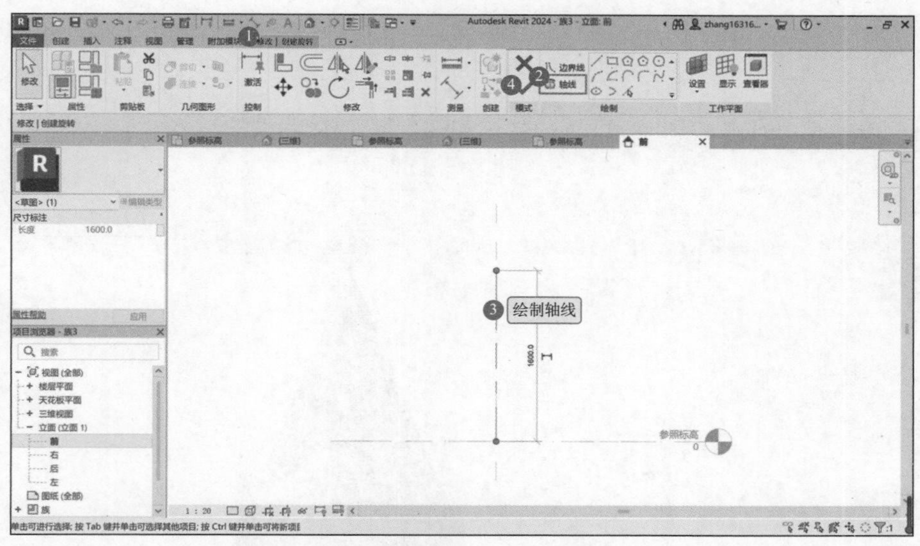

图 2-14　绘制旋转模型的旋转轴线

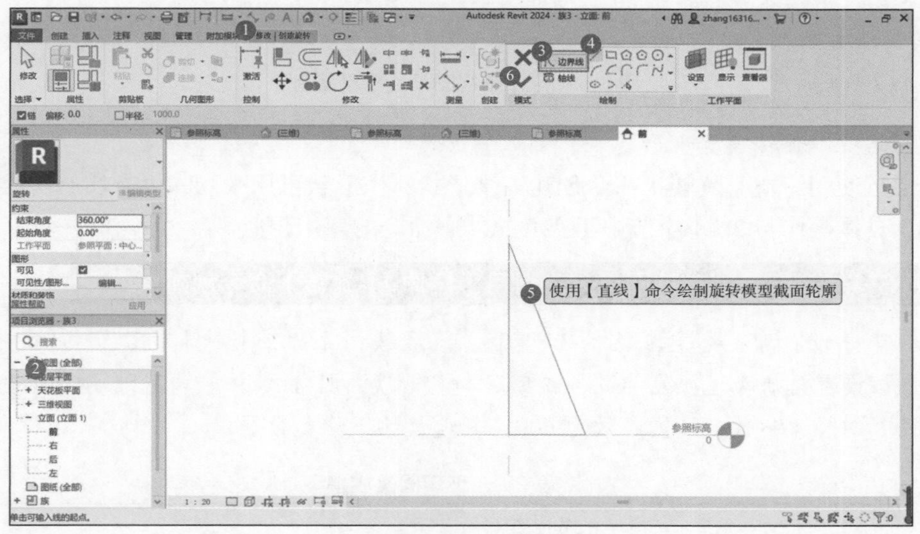

图 2-15　绘制旋转模型的截面

特别提示

绘制边界线时，模型截面必须为封闭图形，且只能在旋转轴线一侧（可有线段与旋转轴所在直线重合）。

5）设置旋转角度

在【属性】面板中，设置旋转的起始和结束角度，通常默认的起始角度是 0°，结束角度是 360°，以创建一个完整的旋转体。

6）查看并调整模型

完成设置后，单击【完成编辑模式】选项，打开三维视图查看旋转模型。视觉样式可选“着色”模式，也可使用夹点进一步进行编辑和调整，如图 2-16 所示，生成的即为圆锥模型。

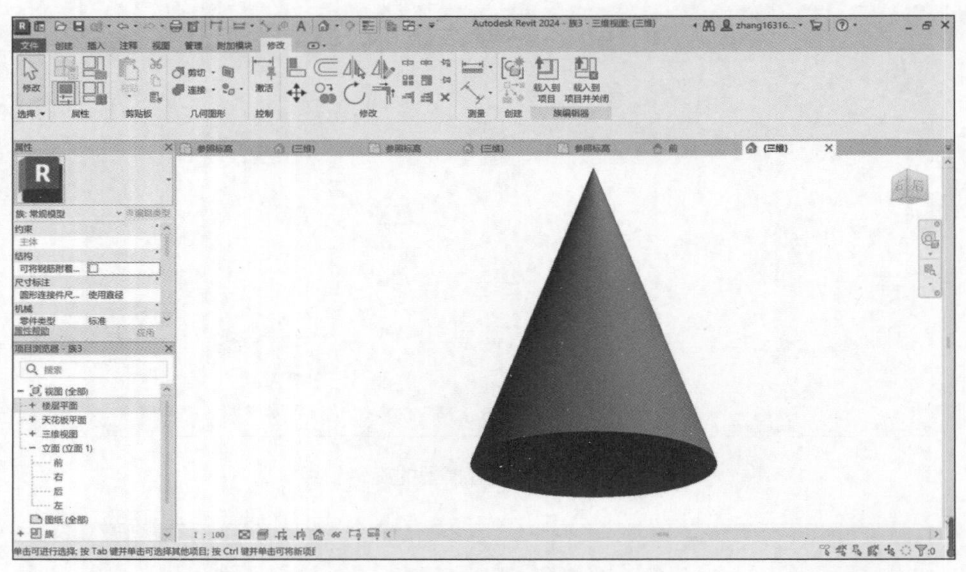

图 2-16　三维视图下的旋转模型

2. 创建空心旋转模型

可通过使用【空心旋转】命令创建三维形状，该形状可用来删除已有实心三维形状的一部分。具体操作与 2.2.1 小节中【空心拉伸】命令的使用相似。

项目任务 2-1　绘制玻璃圆桌——利用【拉伸】【旋转】命令创建族模型

创建一个公制常规模型，名为“玻璃圆桌”；给模型添加 2 个材质参数“桌面材质”“桌柱材质”，设置材质类型分别为“不锈钢”和“玻璃”，具体尺寸见表 2-2。添加名为“桌面半径”的尺寸参数，设置参数为 600，其他尺寸不作参数要求。

表 2-2　玻璃圆桌族模型

族模型展示	模型下载
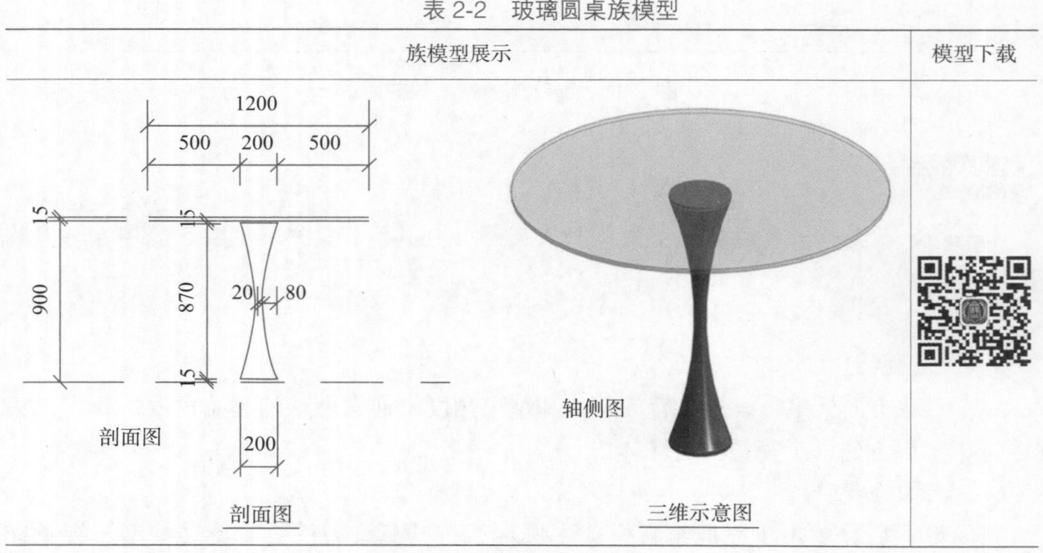	

2.2.4　创建放样模型

1. 创建实体放样模型

（1）打开 Revit 软件，单击【族】→【新建】按钮来创建一个新的族文件，在弹出的对话框中选择【公制常规模型】作为族样板文件，进入族的编辑界面。

（2）在族编辑界面中，选择【创建】选项卡→【放样】命令，使用该命令来创建实体几何图形。

（3）绘制放样的路径，可以是一条直线或者曲线，可以是开放的或者闭合的，但不能有多条路径。如图 2-17 所示，绘制的是直线加曲线的路径。

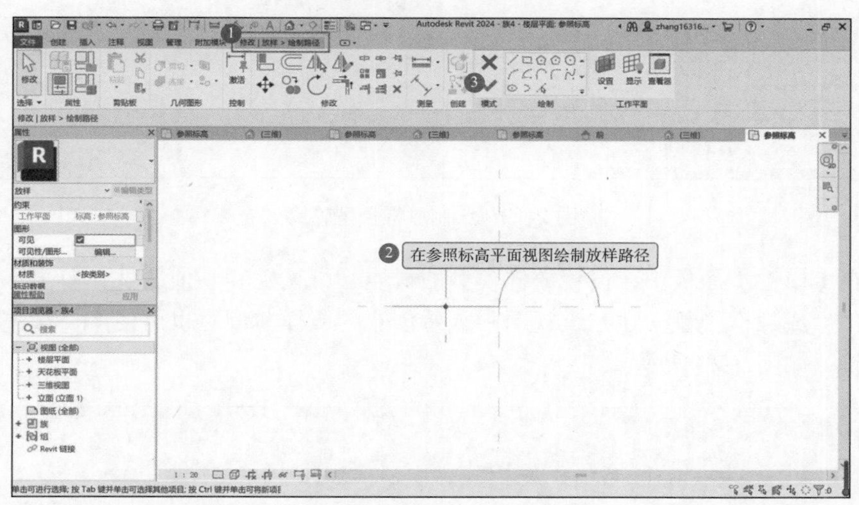

图 2-17　绘制放样模型的路径

（4）设置工作平面，确保工作平面垂直于放样的路径。在工作平面上绘制放样的轮廓，该轮廓必须为封闭图形。如图 2-18 所示，选择【编辑轮廓】命令，选择“立面：右”。如图 2-19 所示，编辑封闭的轮廓草图。

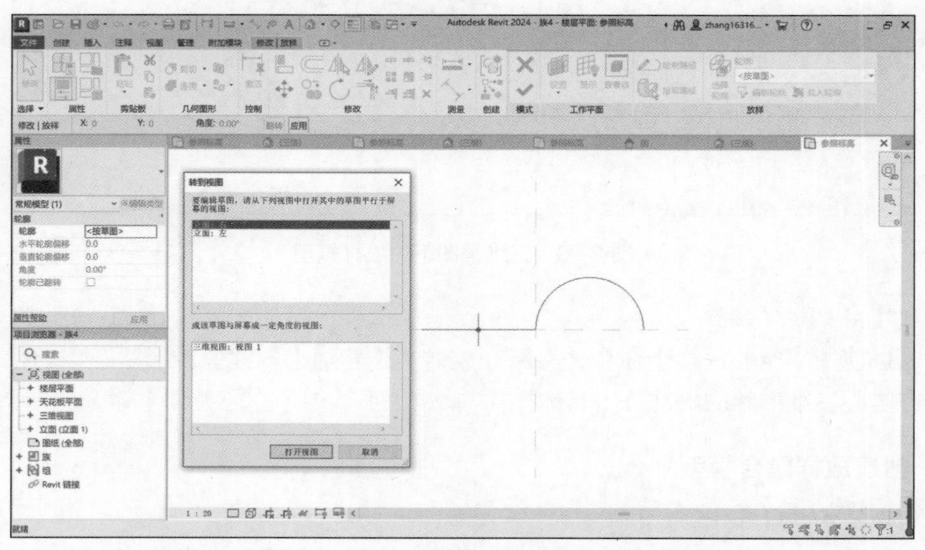

图 2-18　转到相应视图编辑放样模型轮廓

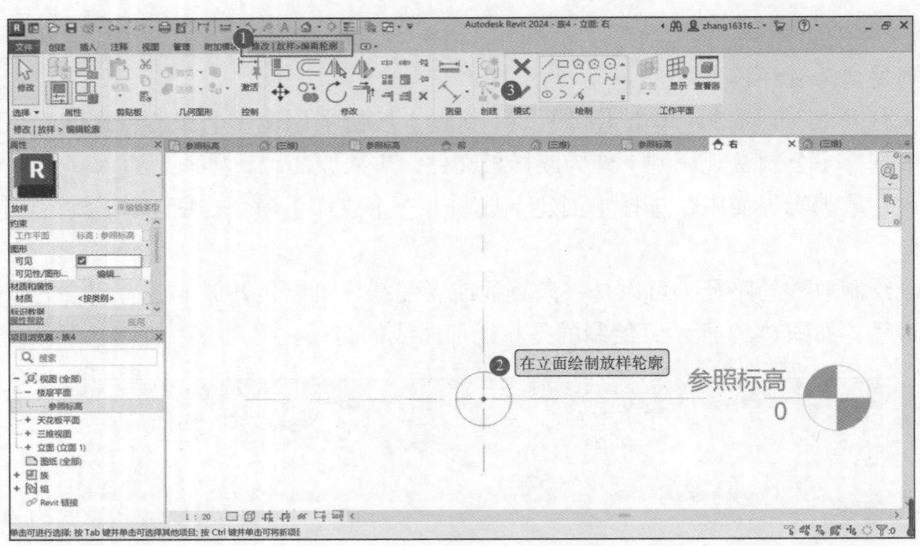

图 2-19　绘制放样模型轮廓

（5）在【属性】面板中，设置放样模型的材质、可见性和其他属性，单击【完成编辑模式】选项生成放样模型。在三维视图中查看创建的放样模型，也可使用夹点进一步进行编辑和调整，如图 2-20 所示。

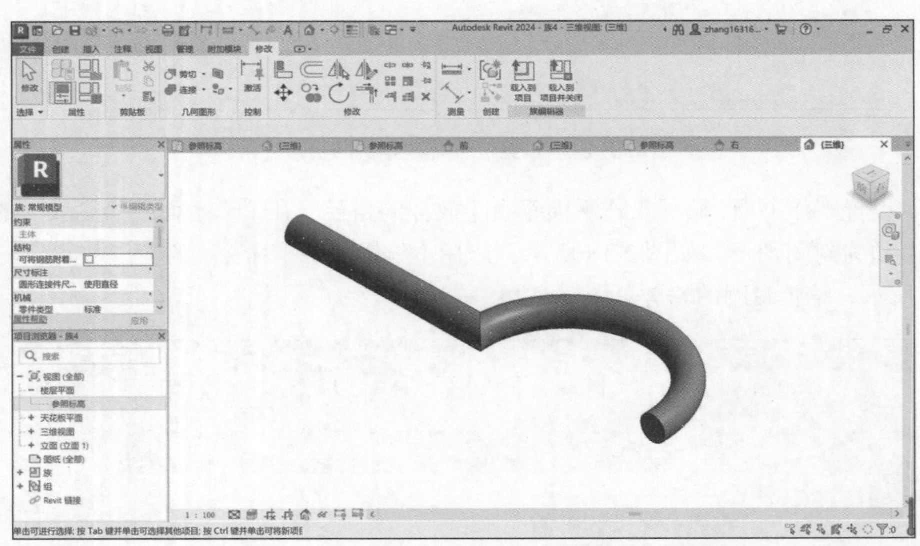

图 2-20　三维视图下的放样模型

2. 创建空心放样模型

可通过使用【空心放样】命令，沿路径放样二维轮廓来创建三维形状，该形状可用来删除已有实心三维形状的一部分。具体操作与 2.2.1 小节中【空心拉伸】命令的使用相似。

2.2.5　创建放样融合模型

1. 创建实体放样模型

（1）打开 Revit 软件，单击【族】→【新建】按钮来创建一个新的族文件，在弹出的对话框中选择【公制常规模型】作为族样板文件，进入族的编辑界面。

（2）在族编辑界面中，选择【创建】→【放样融合】命令，使用该命令来创建实体几何图形。

（3）绘制放样融合的路径，路径可以是直线或曲线，可以通过绘制新路径或拾取路径（即选择现有线和边）来完成。如图 2-21 所示，绘制的是曲线路径。

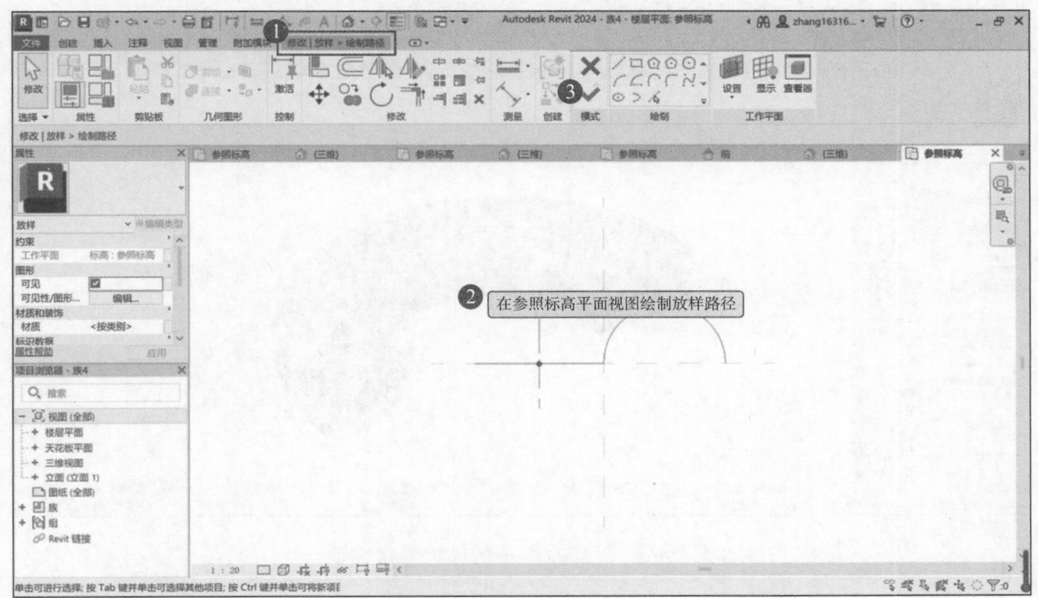

图 2-21　绘制放样融合模型的路径

（4）在路径的起点端点和终点端点所在工作平面分别绘制两个二维封闭轮廓。如图 2-22 所示，在前立面绘制的起点轮廓为矩形，终点轮廓为圆形。

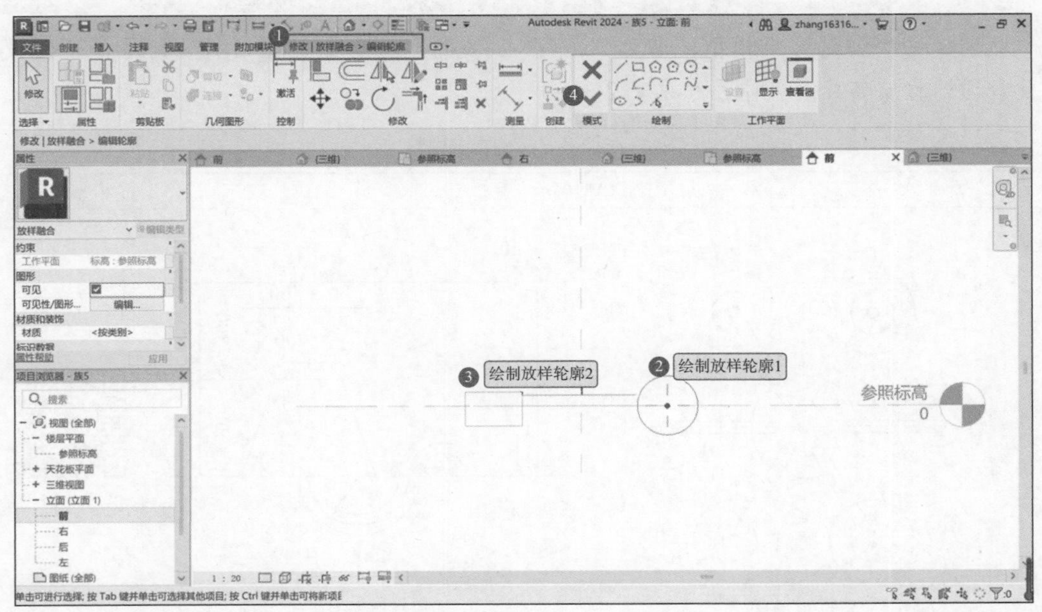

图 2-22　绘制放样融合模型的两个轮廓

（5）在【属性】面板中，设置放样融合模型的材质、可见性和其他属性。单击【完成编辑模式】选项生成放样融合模型，在三维视图中查看创建的放样融合模型，也可使用夹点进一步进行编辑和调整，如图 2-23 所示。

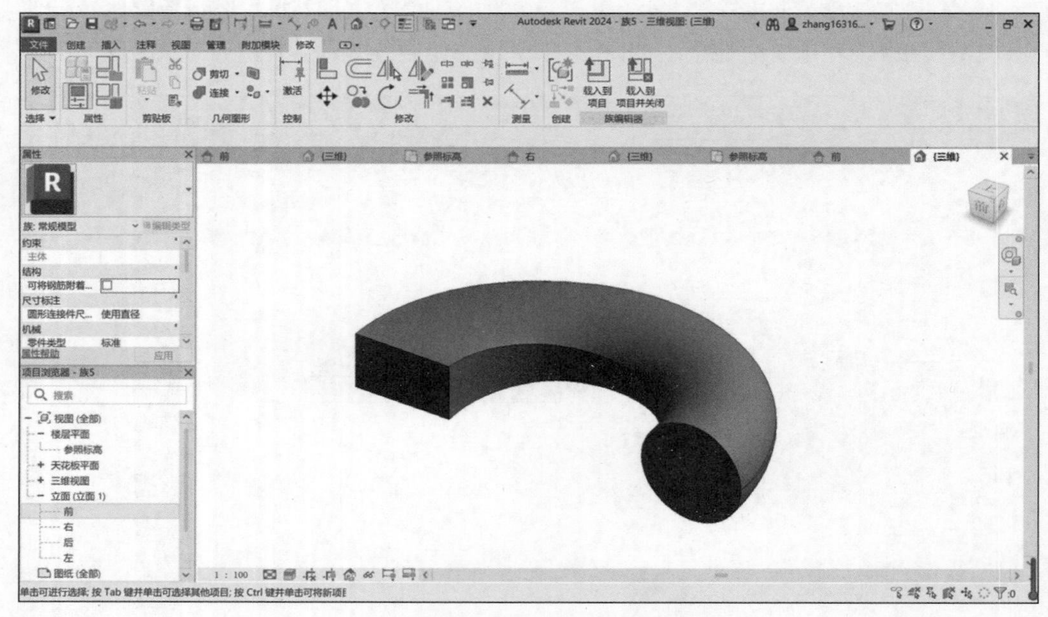

图 2-23　三维视图下的放样融合模型

2. 创建空心放样融合模型

可通过使用【空心放样】命令，创建沿定义的路径放样的融合，该形状可用来删除已有实心三维形状的一部分。具体操作与 2.2.1 小节中【空心拉伸】命令的使用相似。

进阶任务 2-1　创建吊灯——利用【拉伸】【融合】【旋转】【放样】命令创建族模型

创建一个公制常规模型，名为“吊灯”；发挥创意，给模型灯杆、灯罩等部位设计合适的材质参数。具体尺寸见表 2-3。

表 2-3　吊灯族模型

族模型展示	模型下载
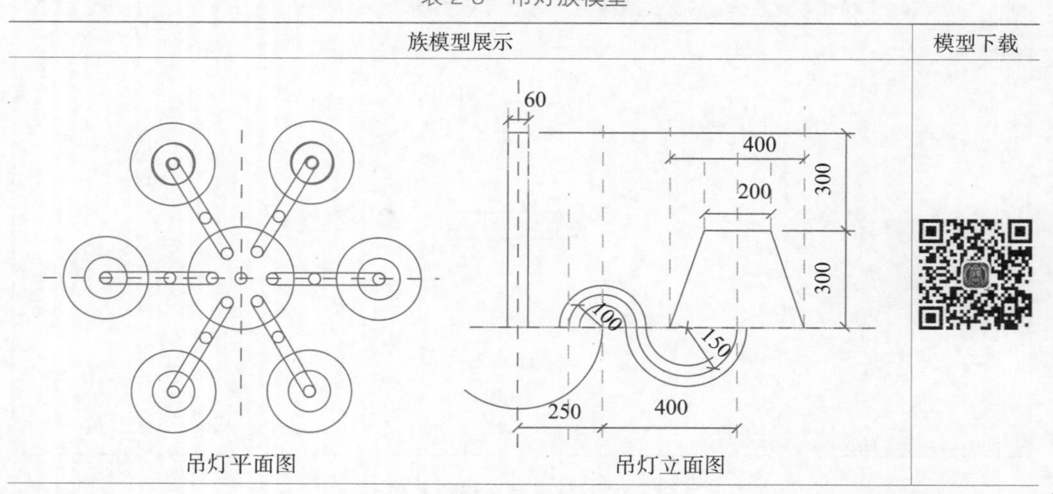	

续表

吊灯三维视图

职业素养案例 2-1　BIM 在古建筑修复领域的应用

中国建筑自古以来在世界上就具有重大影响力，与欧洲建筑、伊斯兰建筑并称为世界三大建筑体系。在 BIM 建模学习过程中，会接触到一些包含古建筑传统元素模型的绘制，如凉亭、灯笼、拱桥族等。

中国古代建筑的类型很多，有宫殿、坛庙、寺观、佛塔、民居和园林建筑等，不仅承载着丰富的历史、哲学、艺术和科技内涵，其独特的建筑风格和审美价值也体现了古人的智慧与才情。坚持以习近平文化思想为引领，不但要学会欣赏中国传统建筑高超的营造技艺、独特的空间形态、恢宏的气度，更要积极发掘蕴含其中的精神追求，更好地修复、保护传统建筑。

BIM 技术在古建筑修复领域也起到了越来越重要的作用。例如，始于明代的古代园林建筑——广东清晖园的修缮，修缮团队就借助 BIM 技术，对整个仿古体系进行了完善和优化设计，通过数字信息仿真模拟建筑物所具有的真实信息，不仅提高了生产效率、节约了修缮成本，还缩短了修缮工期。

通过 BIM 对异形屋面、建筑脊饰、斗拱等的三维模型进行可视化设计，三维可视化设计大大减少了二维设计的隐形失误。比如清晖园的主体建筑船厅，其设计仿照珠江画舫“紫洞艇”，BIM 技术可以帮助更好地呈现这种独特的建筑风格和复杂结构。

BIM 技术还能整合建筑信息：将文物建筑的构件信息、结构信息、材料信息、残损信息、修缮做法等整合在一个相互关联的逻辑系统中。设计师可以在建立大木、小木、瓦石、装修模型时同步载入年代、价值、残损等主要特征信息，最终的图纸是信息模型在不同维度上的表达，方便以三维的方式观察设计对象。

BIM 技术还实现了勘察记录信息的永久保留，如清晖园中的一些独特工艺和历史信息，都可以通过 BIM 技术进行记录和保存。

BIM 技术还能更科学地进行施工设计指导：可以规定实施工序，把材料、构造等传统施工工艺体现在三维 BIM 的房屋修缮图中，让病害的诊断和治疗措施的制订更直观。像八角壁裂池这种建造手法别具一格、不用灰泥黏结的池壁，其修缮过程可以通过 BIM 技术进行更精确的规划和指导。

BIM 技术在清晖园修缮工作中的应用，是利用现代科技赋能传统文化的创新实践，使传统建筑在新时代中焕发新的光彩。

在对传统建筑的修缮过程中，建筑行业的从业人员不仅要更好地理解自己的文化根源，增强文化自信和民族自豪感，也要时刻注意保持传统文化的本真性和完整性，保持对传统建筑、传统文化的敬畏和尊重，充分利用现代科技手段，推动传统文化的创新与发展，同时也要让其在现代社会中焕发更加绚丽的光彩。

2.3 概念体量

在 Revit 中，体量是一种用于设计和分析建筑形态的三维形状，可以用来进行初步的形态设计、体量分析以及结构和空间的规划。体量分为两大类：内建体量和可载入体量族。

1. 内建体量

内建体量是在项目中直接创建的，用于表示项目中独特的体量形状。它们通常用于单个项目中，不能被载入其他项目中。

2. 可载入体量族

可载入体量族可以创建为独立的族文件，并且可以在多个项目中重复使用。

2.3.1 创建形状

以可载入体量族为例，创建可载入体量族的步骤如下。

（1）打开 Revit 软件，单击【族】→【新建】按钮创建一个新的族文件，在弹出的对话框中选择“概念体量”文件夹下的“公制体量”样板文件，进入族的编辑界面，如图 2-24 所示。

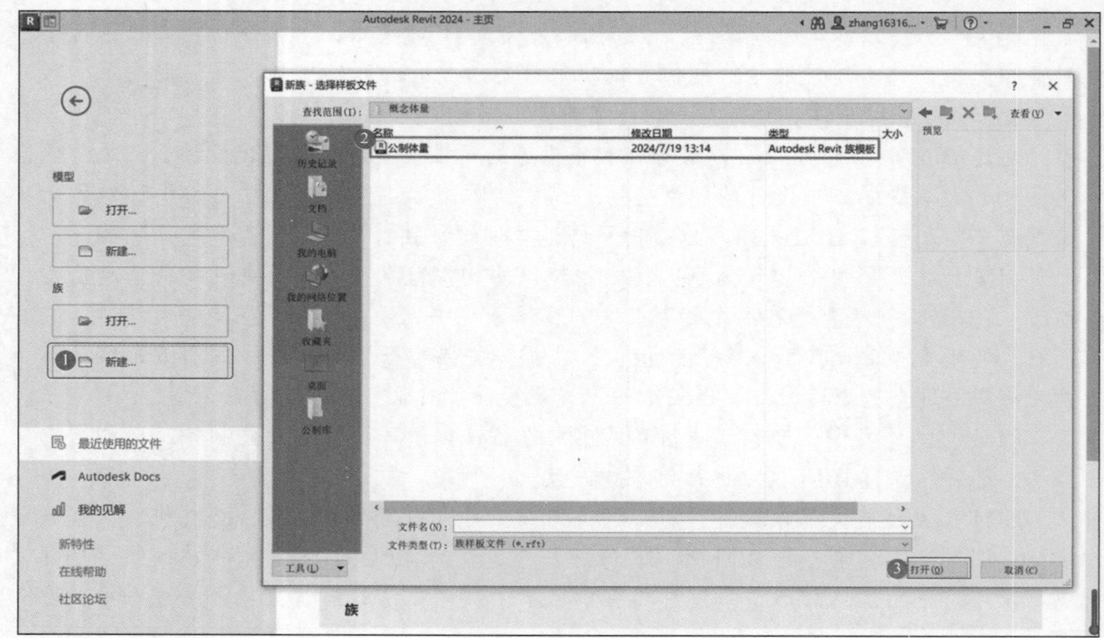

图 2-24　选择体量族的样板文件

（2）选择一个合适的工作平面来绘制体量形状，可以通过在立面图创建不同的标高来定义工作平面，如图 2-25 所示，在东立面创建标高 2。

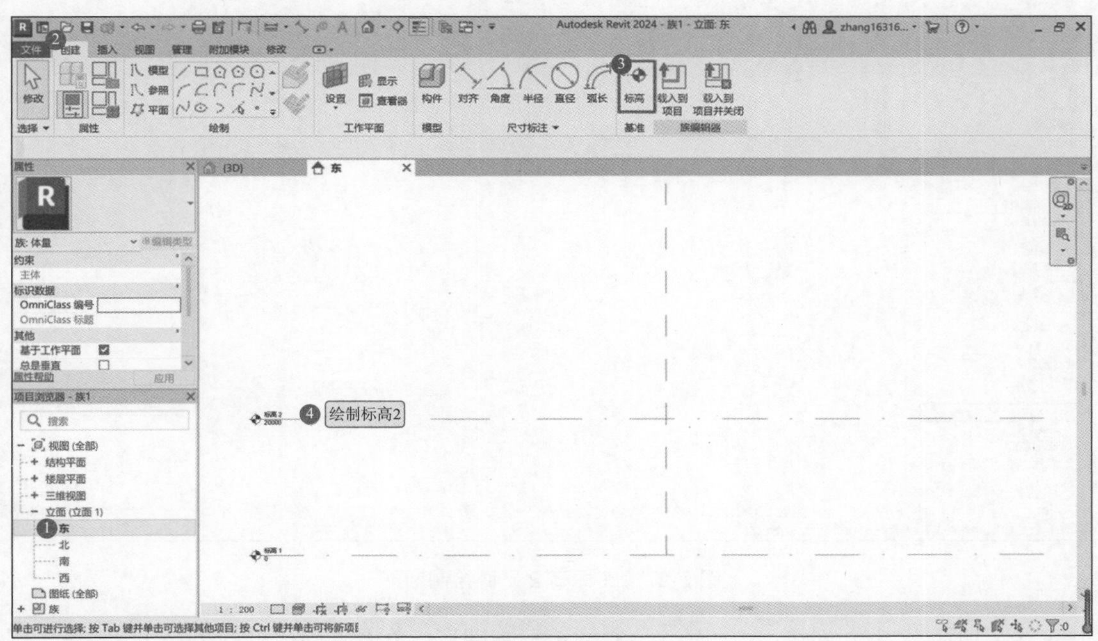

图 2-25　新建标高

（3）使用绘图工具在所选工作平面上绘制封闭形状，如在标高 1 平面绘制矩形，在标高 2 平面绘制圆形，如图 2-26 和图 2-27 所示。

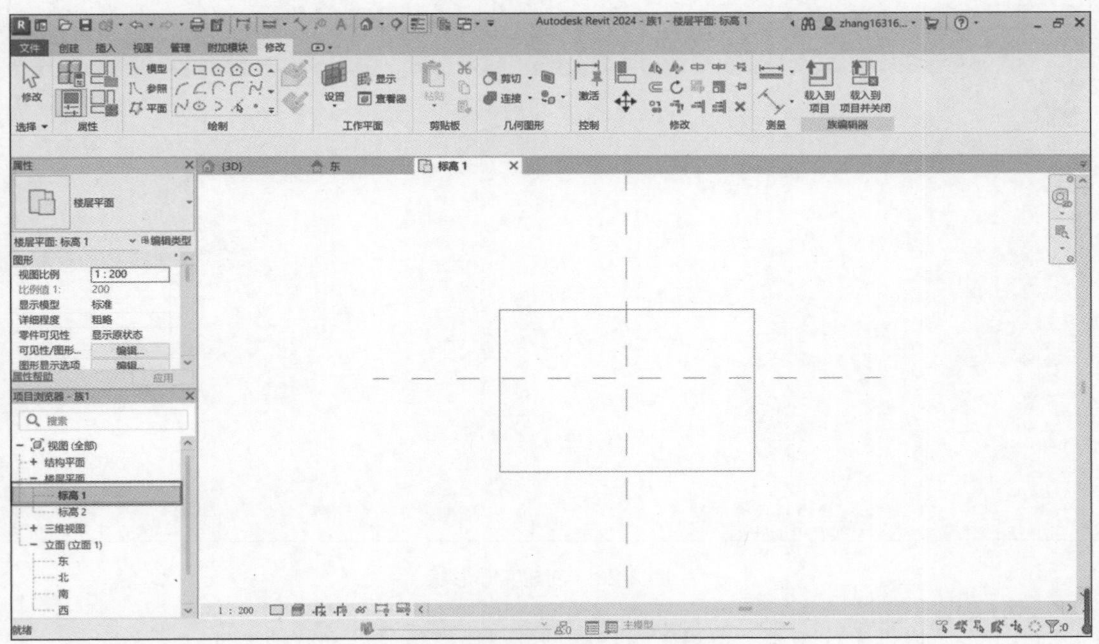

图 2-26　在标高 1 平面绘制矩形

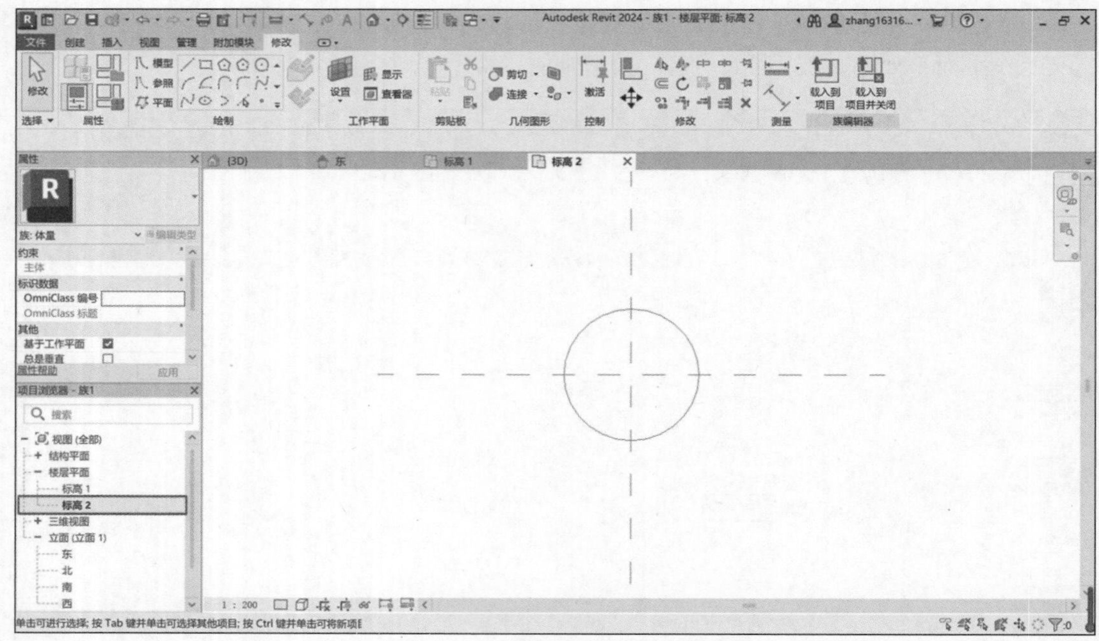

图 2-27 在标高 2 平面绘制圆形

（4）切换至三维视图，选中刚才绘制的矩形和圆形，单击【创建形状】→【实心形状】选项卡，生成体量，可将视觉样式切换成【着色】模式，如图 2-28 和图 2-29 所示。

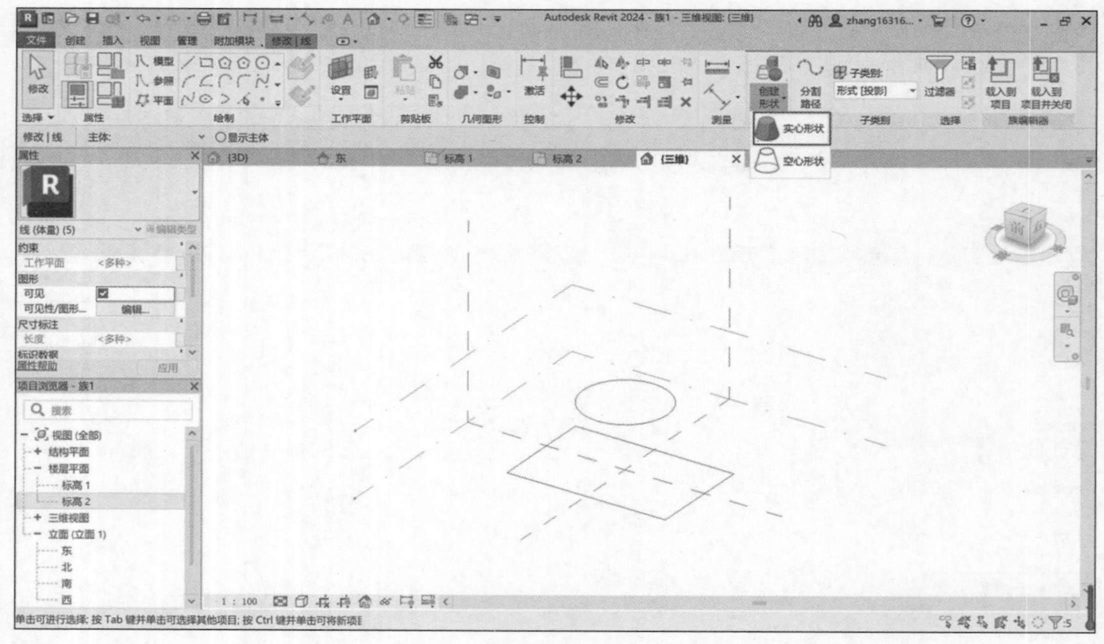

图 2-28 创建实心形状

（5）在【属性】面板中，可设置体量模型的材质、可见性和其他属性。

（6）完成体量创建后，可将其保存为可载入族，以便在其他项目中重复使用，如图 2-30

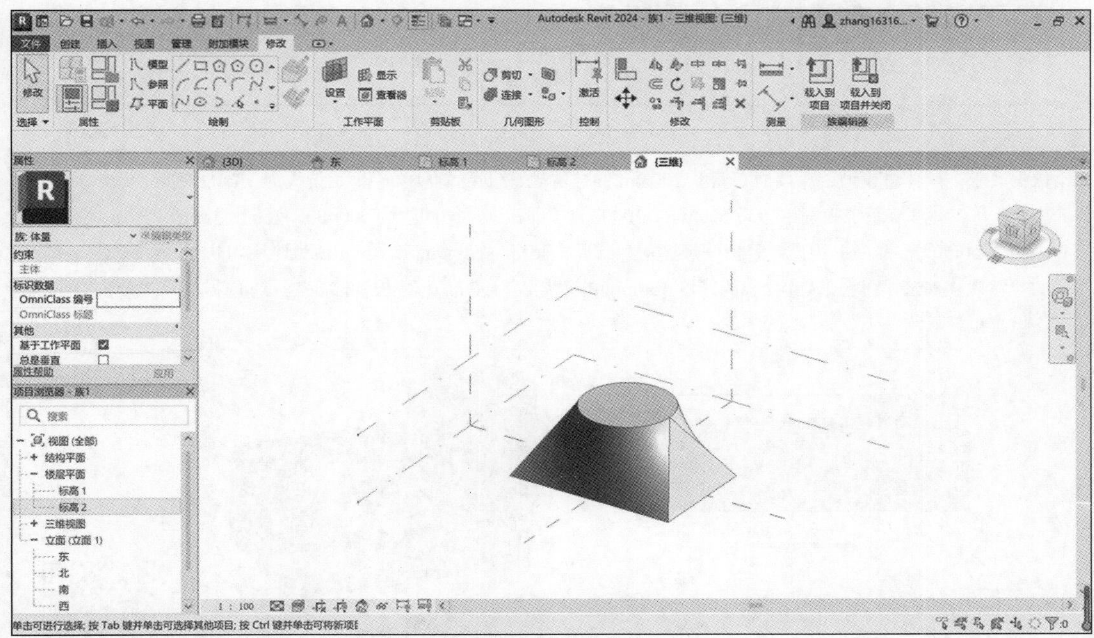

图 2-29　三维视图下的体量模型

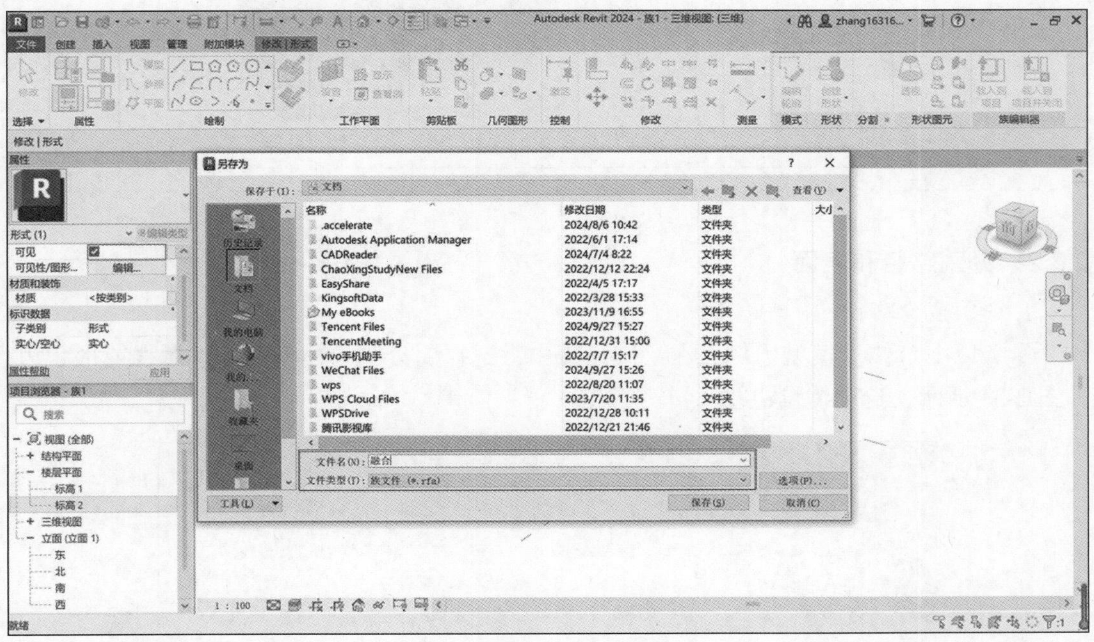

图 2-30　保存体量模型

所示。

本例相当于使用族编辑命令中的【融合】命令创建模型。除此之外 Revit 还能创建出利用拉伸、旋转、放样、放样融合等命令绘制出的体量形状。

项目任务 2-2　创建体量楼层模型

表 2-4　体量楼层模型

体量模型展示	模型下载
根据要求创建体量模型：①墙面为厚度 200mm 的“常规 -200mm 厚墙面”，定位线为“核心层中心线”；②幕墙系统为网格布局 600mm × 1000mm（即横向网格间距为 600mm，竖向网格间距为 1000mm），网格上均设置竖梃，竖梃均为圆形，竖梃半径 50mm；③屋顶为厚度 400mm 的“常规 -400mm”屋顶；④楼板为厚度 150mm 的“常规 -150mm”楼板，标高 1 至标高 6 上均设置楼板。	
南立面图 1:500 平面图 1:500 题目来源：2019 第一期“1+X”建筑信息模型（BIM）职业技能等级考试题	

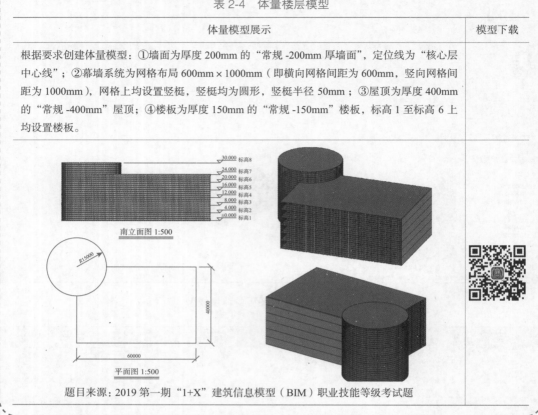

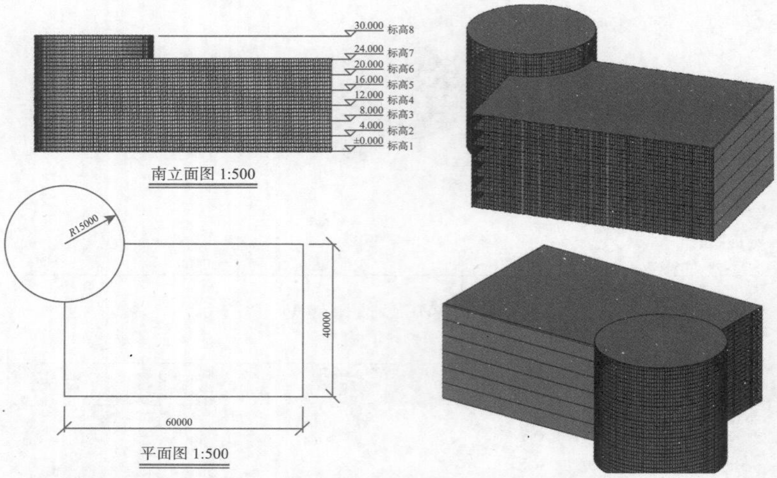

2.3.2　分割路径和表面

1. 分割体量路径

（1）以上节体量模型为例，在绘图区域中，选择要分割的模型线、参照线或形状边，如图 2-31 所示，选中体量边线。

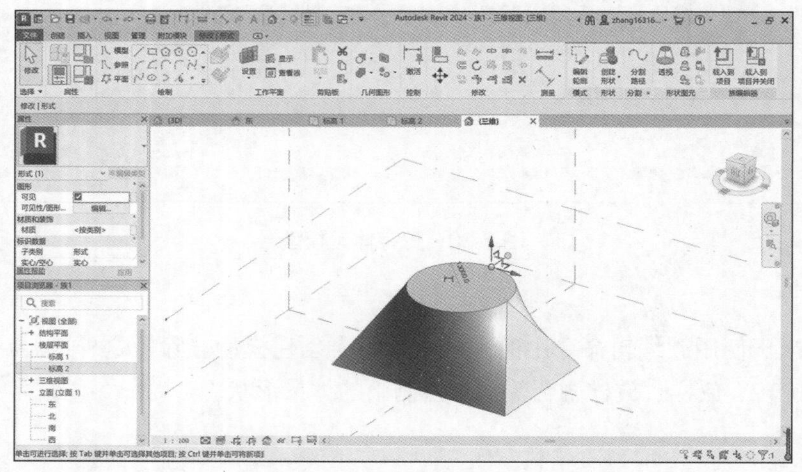

图 2-31　选择要分割的线

（2）单击【分割路径】选项卡，默认情况下，路径将分割为具有 6 个等距离节点的 5 段（英制样板）或具有 5 个等距离节点的 4 段（公制样板），如图 2-32 和图 2-33 所示。

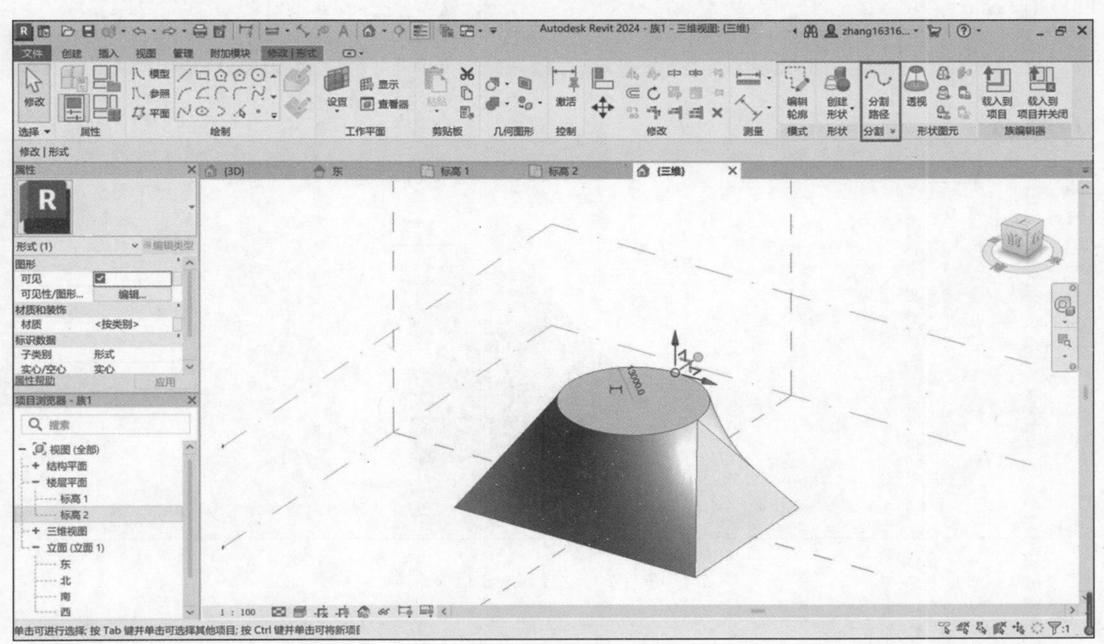

图 2-32　单击【分割路径】选项卡

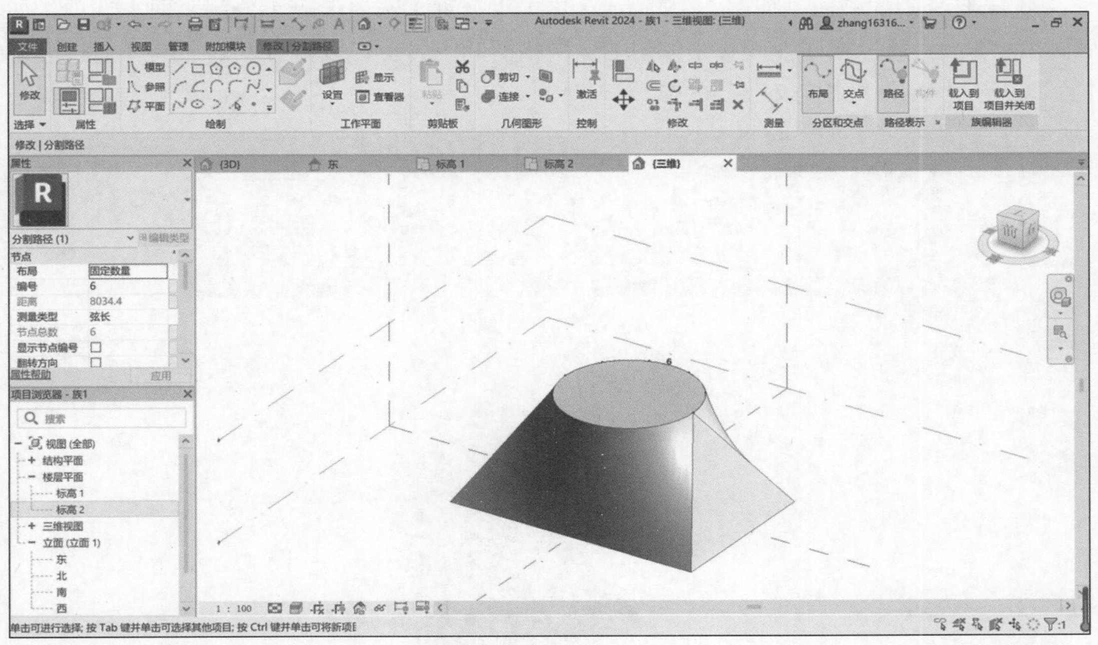

图 2-33　分割体量路径

（3）可修改分割的路径所显示节点数，完成后按 Enter 键更改分割数，如图 2-34 所示，将节点数修改为 8。

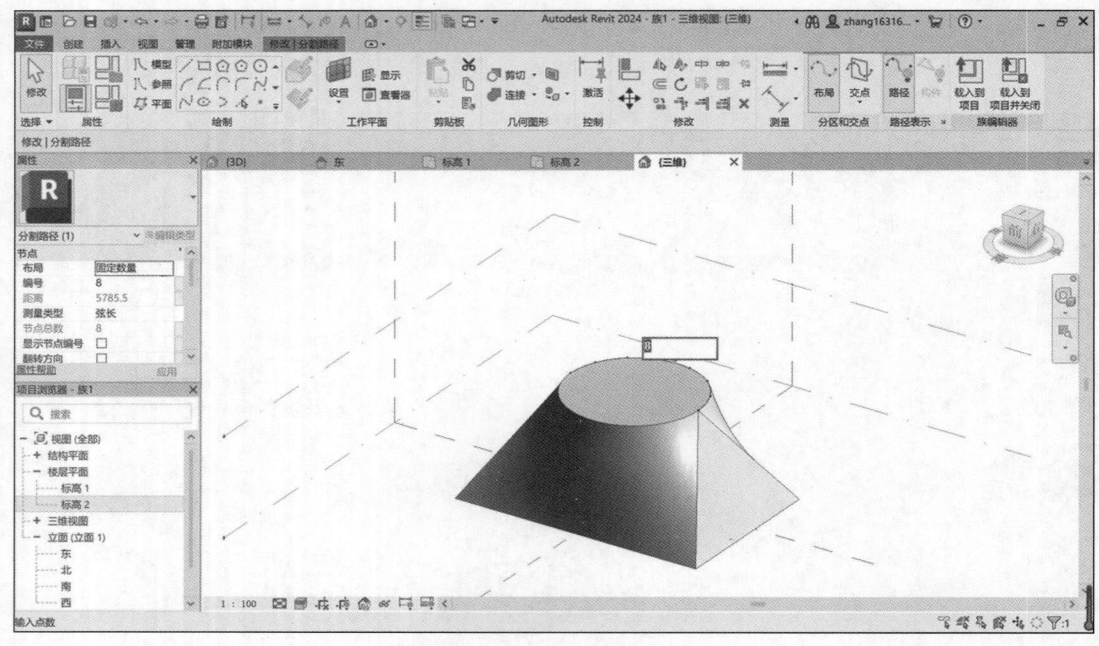

图 2-34　修改分割路径的节点数

2. 分割体量表面

1）使用 UV 网格分割表面

选择要分割的表面，如图 2-35 所示，单击【分割】选项卡→【分割表面】选项，如图 2-36 所示。通过在属性面板中编辑 UV 网格的间隔，可以设置分割的布局，通过设置【距离】或【数量】来定义分割的参数。

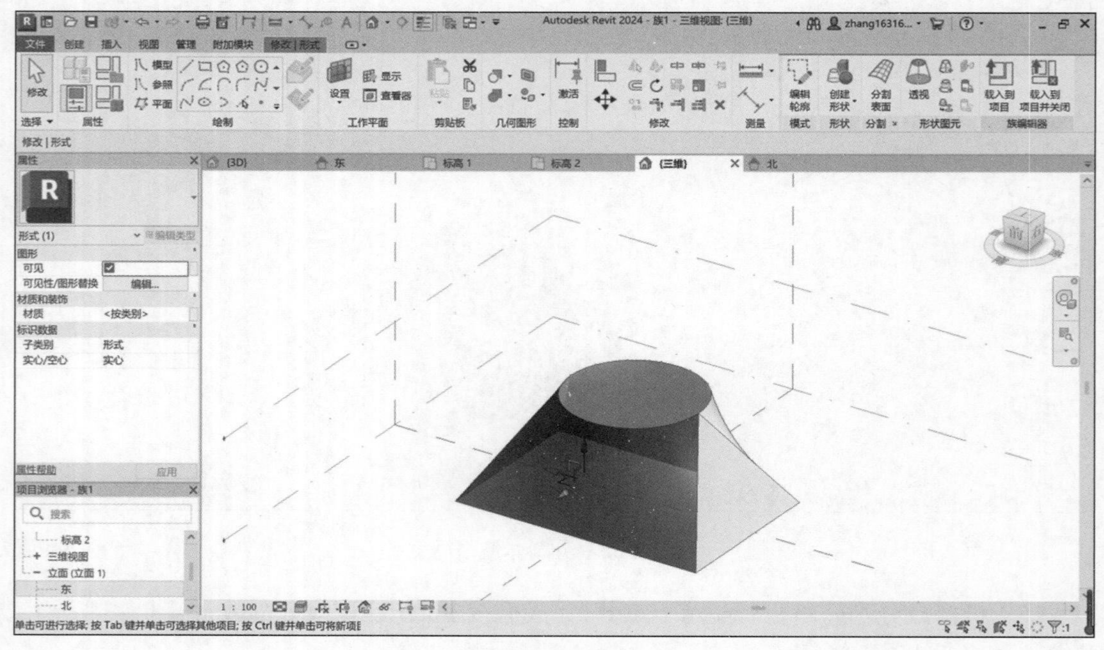

图 2-35　选择分割表面

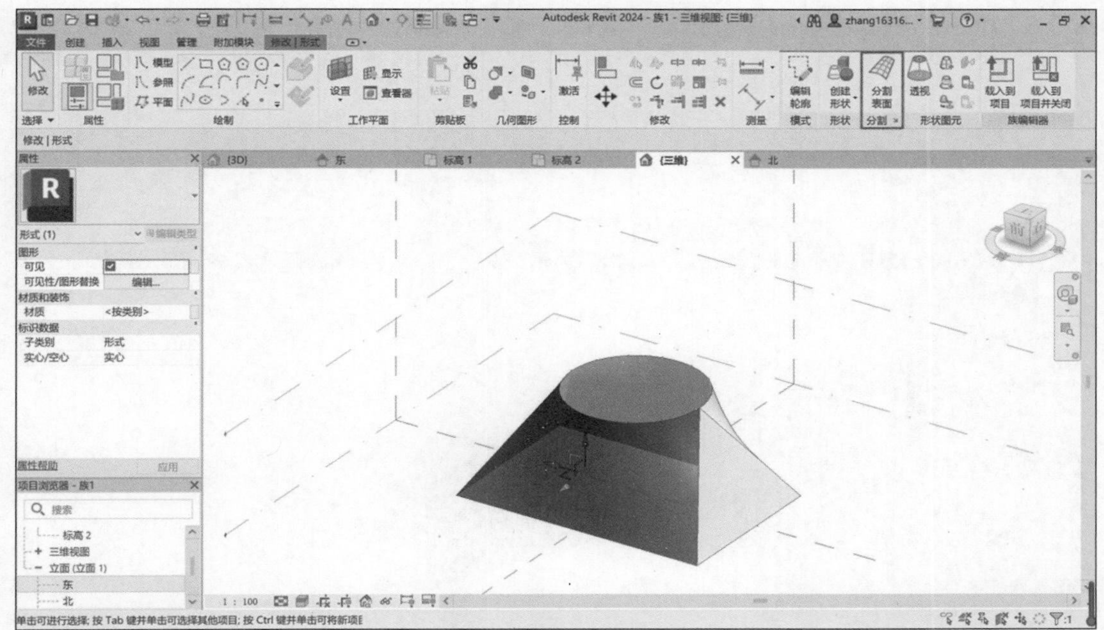

图 2-36　单击【分割表面】选项

2）使用参照平面分割表面

在体量表面所在的视图中单击【绘制】选项卡→【平面】选项来绘制参照平面，并将参照平面命名，如图 2-37 所示，绘制命名为“1”的参照平面。选择要分割的表面，在【UV 网格和交点】面板上取消 UV 网格分割，选择【交点列表】，如图 2-38 所示。在弹出的对话框中可选择用作分割参照的标高、轴网和参照平面，在本例中，选取参照平面 1，如

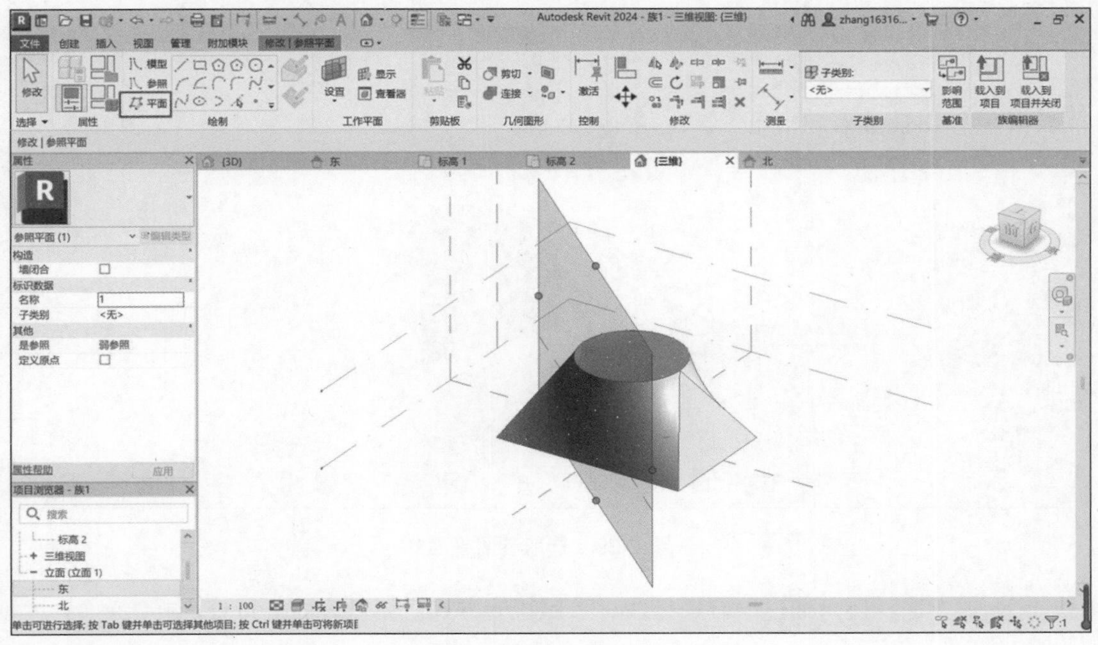

图 2-37　绘制参照平面

图 2-39 所示。单击【确定】按钮后，表面会根据所选的分割参照进行分割，如图 2-40 所示。

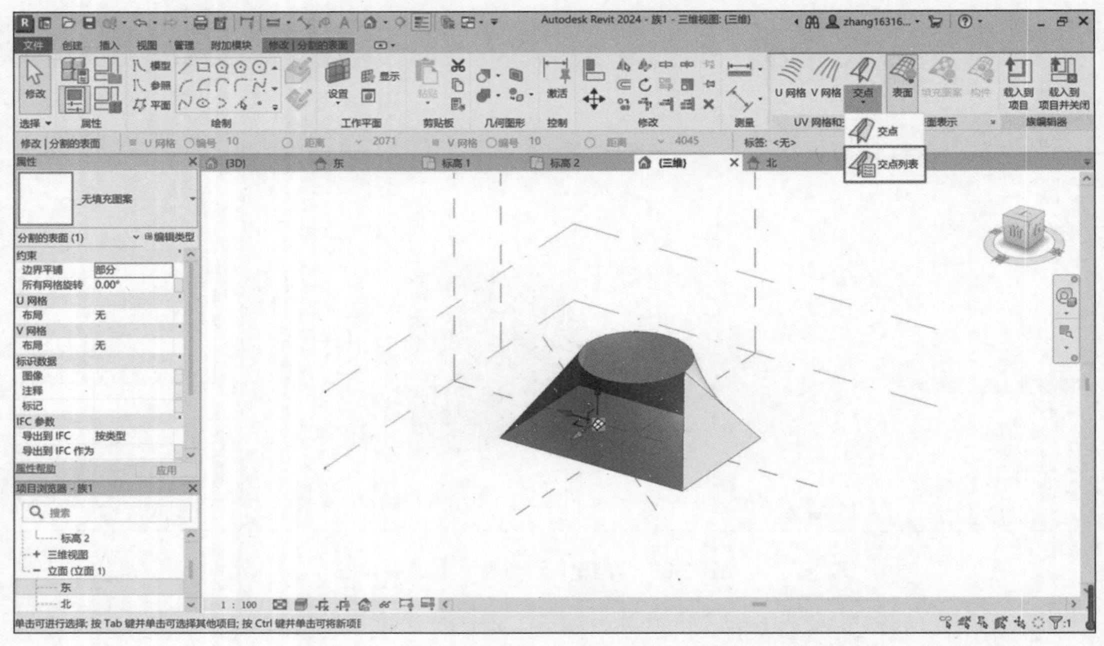

图 2-38　选择【交点列表】

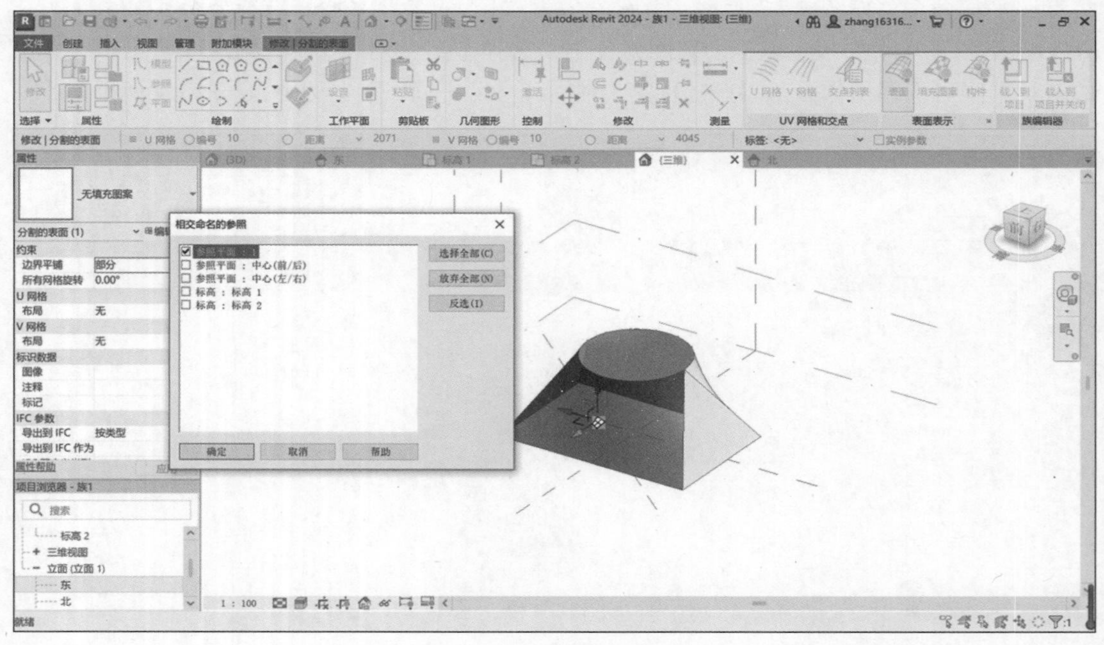

图 2-39　选取参照平面

除上述方法，还可通过绘制模型线、参照线等方式对体量表面进行分割。

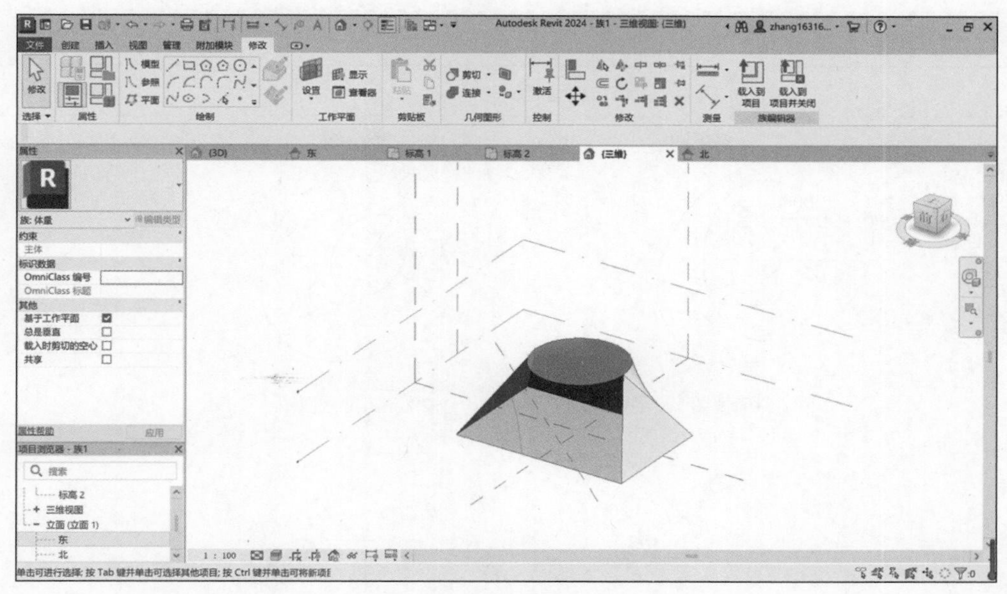

图 2-40　完成体量表面分割

进阶任务 2-2　创建体量模型——“小蛮腰”

创建参数化体量模型，并为塔身添加名称为“小蛮腰材质”的材质参数，材质颜色为“浅蓝色”；塔尖 U、V 分割网格数量均为 5；完成模型后以“小蛮腰”命名并保存。具体要求见表 2-5。

表 2-5　体量模型——小蛮腰

体量模型展示	模型下载
塔尖 600.000 顶部斜面 北侧顶部 460.000 南侧顶部 450.000 塔身最细处 280.000 塔底 0.000 140000 10000 170000 280000 东立面图　　三维视图	

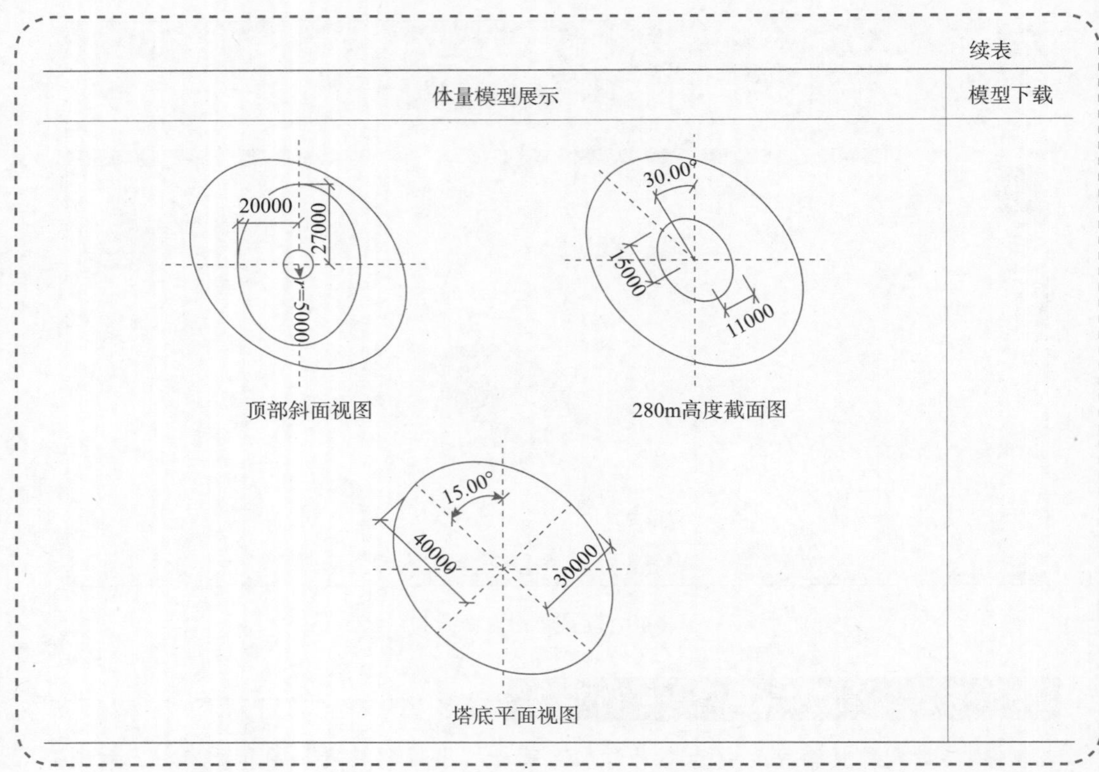

续表

体量模型展示	模型下载
顶部斜面视图 280m高度截面图 塔底平面视图	

本章小结

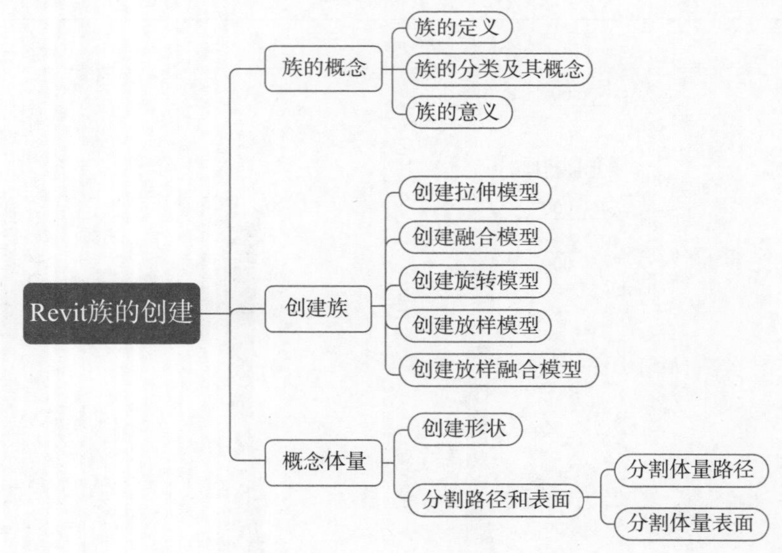

第3章 Revit结构模型的创建

教学目标

1. 了解结构柱、结构梁、结构基础、结构墙、结构楼板的结构构造。
2. 掌握Revit软件项目创建的方法。
3. 掌握Revit软件结构梁、结构柱、结构基础的创建方法。
4. 掌握Revit软件结构墙、结构楼板的创建方法。

教学要求

能力要求	掌握层次	权重
会创建标高轴网	掌握	20%
会创建结构梁、结构柱、结构基础	掌握	50%
会创建结构墙、结构楼板	掌握	30%

本章任务一览

案例展现
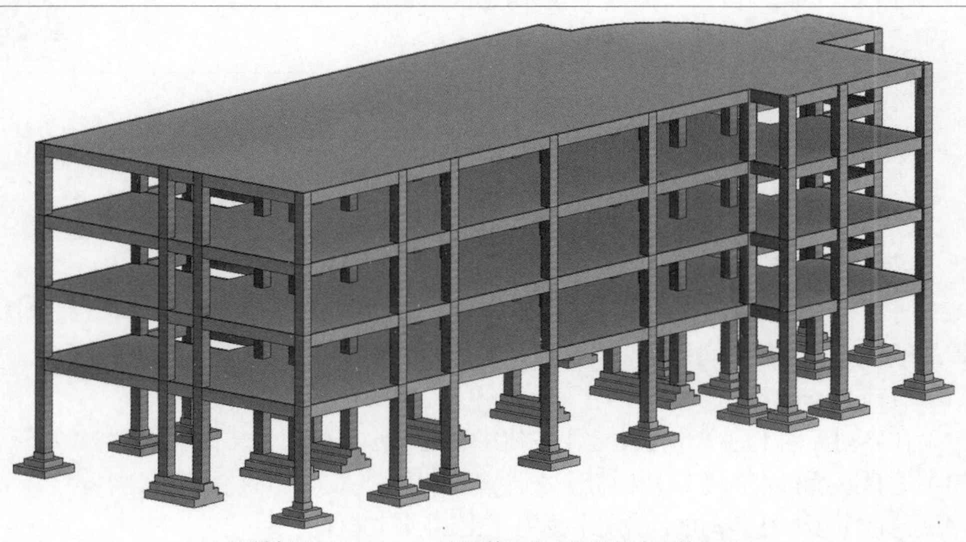 试题来源："1+X"BIM考试第一期中级结构真题第五题

续表

序　号	任务内容	任务分解	视频讲解
项目任务 3-1	创建项目	（1）选择合适的项目样板； （2）设置项目信息； （3）保存项目	
项目任务 3-2	创建标高	（1）在立面视图绘制标高并调整样式； （2）生成标高对应的结构平面并保存	
项目任务 3-3	创建轴网	（1）在平面视图绘制轴网； （2）调整轴网样式并保存	
进阶任务 3-1	利用【阵列】命令创建标高轴网	（1）绘制标高； （2）绘制水平、垂直直线轴网； （3）利用阵列命令绘制径向轴网； （4）调整标高轴网样式并保存	
项目任务 3-4	创建结构柱	（1）载入结构柱族文件； （2）设置参数； （3）根据图纸布置结构柱	
项目任务 3-5	创建结构梁	（1）载入结构框架族文件； （2）设置参数； （3）根据图纸布置结构梁	
项目任务 3-6	创建结构基础	（1）载入基础族； （2）设置基础参数； （3）根据图纸布置结构基础	
项目任务 3-7	创建结构楼板	（1）设置楼板参数； （2）绘制楼板二维轮廓； （3）生成楼板	

3.1 项 目 创 建

3.1.1 选择项目样板

Revit 软件系统自带了构造样板、建筑样板、结构样板等样板文件，可以通过选择系统自带的结构样板文件创建一个新的项目，具体步骤如下。

（1）启动 Revit 软件。

（2）在启动界面上，单击【新建】按钮来创建一个新的项目文件，如图 3-1 所示。

（3）选择系统自带的【结构样板】文件。

（4）勾选【项目】，单击【确定】按钮，创建项目文件。

当然，也可以载入预先创建的其他项目样板文件来创建新项目。

新手小站 3-1　项目和项目样板有什么区别？

1）项目文件（.rvt 格式）

项目文件是 Revit 设计过程中的主要工作文件，可以包含多个视图和图纸。

2）项目样板文件（.rte 格式）

项目样板文件是预设的项目文件模板，包含了一系列的预设设置，如单位、比例、图层、族类型、视图模板等。样板文件通常用于标准化设计流程，确保团队成员使用一致的设计标准和工作方法。项目样板不包含具体的模型数据，而是作为创建新项目文件的起点。

上一章节学习的 Revit 可载入族的文件格式为 .rfa；族的样板文件格式为 .rft。

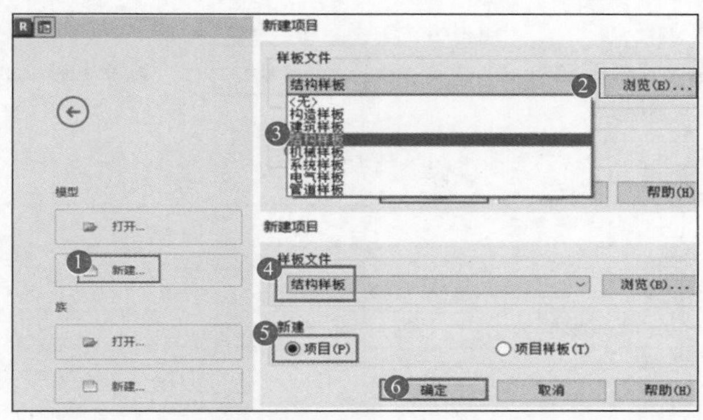

图 3-1　选择项目样板文件创建项目

3.1.2　设置项目信息

在 Revit 中，在功能区单击【管理】选项卡→【项目信息】按钮，可设置各种项目参数，包括项目名称、项目编号、项目状态、客户姓名、项目地址等，如图 3-2 所示。

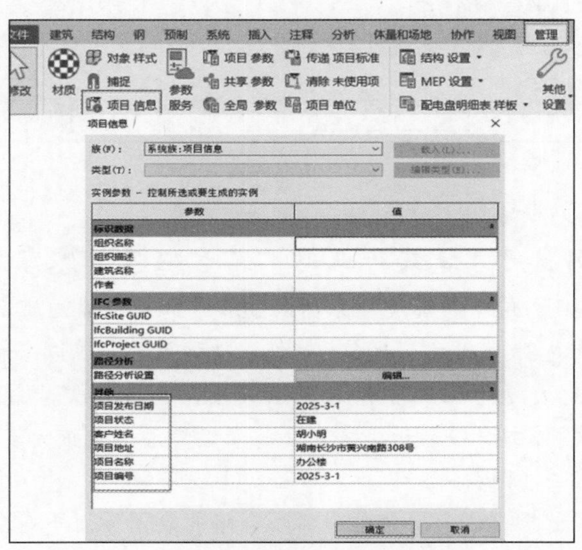

图 3-2　设置项目信息

3.1.3 设置项目单位

建筑结构设计中，设置项目单位是一个重要的步骤，因为单位设置会影响到整个项目中所有元素的尺寸和参数。

设置项目单位的步骤如下：在功能区单击【管理】选项卡→【项目单位】按钮，可设置项目单位，如长度、面积、体积、角度、距离等，如图 3-3 所示。对于每个类别，也可选择适当的单位格式，例如，长度可以选择“毫米”“厘米”“米”等。不仅如此，还可以设置单位的精度，即小数点后的位数。完成设置后，单击【确定】按钮保存单位设置。

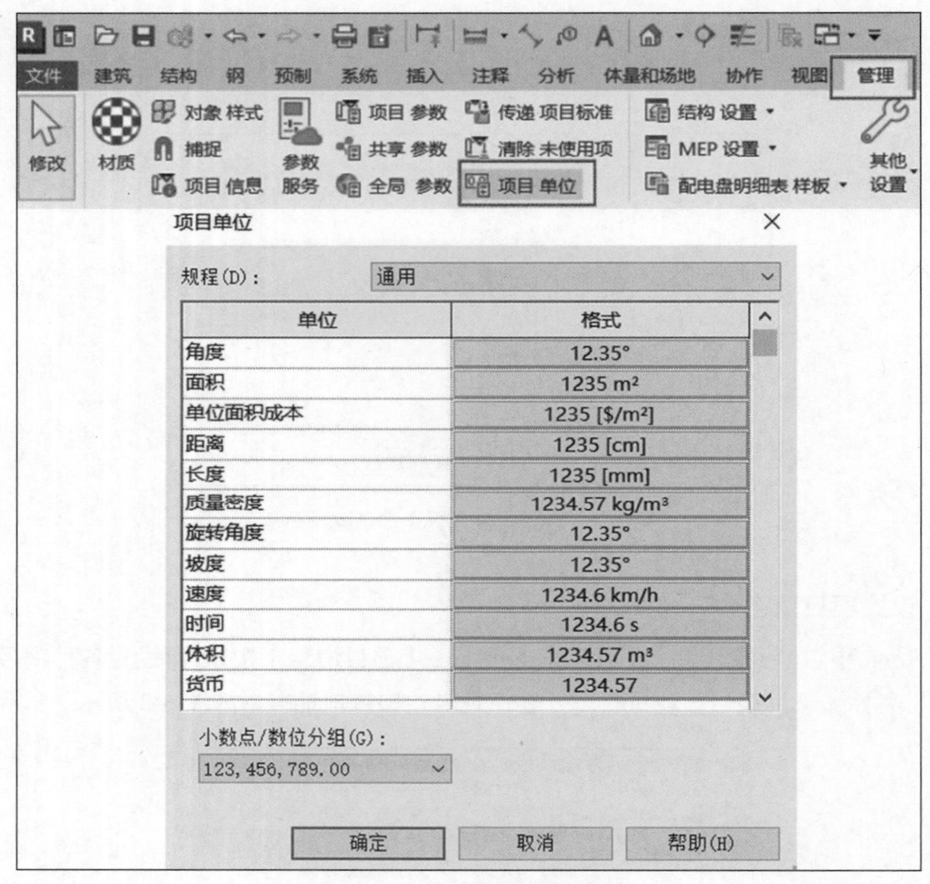

图 3-3 设置项目单位

职业素养案例 3-1 建筑行业对“草台班子”零容忍

1986 年 3 月 15 日，位于新加坡实龙岗路 305 号的新世界酒店倒塌，在一分钟内变成一片废墟，事故造成 33 人死亡、104 人受伤，被称为“二战以来新加坡最大的灾难”。

新世界酒店所处大厦的正式名称是联益大厦，由商人黄康霖以低成本建造，于 1971 年落成，楼高六层，另设一层地下停车场。新世界酒店是该大厦三楼至六楼的租户，二楼为一家夜总会，一楼则为一家银行。

根据亚洲新闻频道报道，大厦是由一名不合格的绘图员而不是专业的结构工程师设计的。绘图员错估了大厦所能承受的重量，仅仅计算了大厦的活荷载，但没有计算大厦的静荷载。大厦不能承受自身的重量，倒塌只是时间的问题。事故发生时，三根梁柱在倒塌之时裂开，而其他梁柱又未能支撑裂开的梁柱，因而导致了大厦的倒塌。

在倒塌事件发生后，20世纪70年代在新加坡建成的大厦均被进行了结构检查，其中部分大厦因结构不稳固而需疏散。政府亦因此加强建筑物的监管。自1989年起，所有建筑物设计均须由认可的查验员复查。而商用建筑物在建成后每隔5年，便需经过新加坡建设局工程师的检查。

倒塌事件发生后5年，一幢9层高的新酒店于1991年3月28日在原址兴建，并在1994年开幕，定名为富都大酒店，提供85间客房。

所以说，“世界是个草台班子”只能是个调侃。在BIM建筑设计过程中，应当认真检查复核每一个项目单位；验证所有构件尺寸和标注是否准确无误；对模型细节进行精细化处理；管理好项目文档，确保所有设计决策和变更都有记录并可追溯；建立和遵循严格的质量控制流程……简而言之，作为建筑行业的从业者，应当具备强烈的责任感和法治精神，无论哪个环节，都应当严格遵守相关法律法规和行业标准，做专业的人、做专业的事，拒绝“草台班子”，确保工程质量和安全。

3.1.4　保存项目

保存项目是一个简单但非常重要的步骤。可以单击屏幕顶部的“快速访问工具栏”中的【保存】按钮，或者使用快捷键Ctrl + S来保存项目。也可以将项目保存为不同的文件名或保存在不同位置。依次单击【文件】→【另存为】→【项目】按钮，完成操作，如图3-4所示。

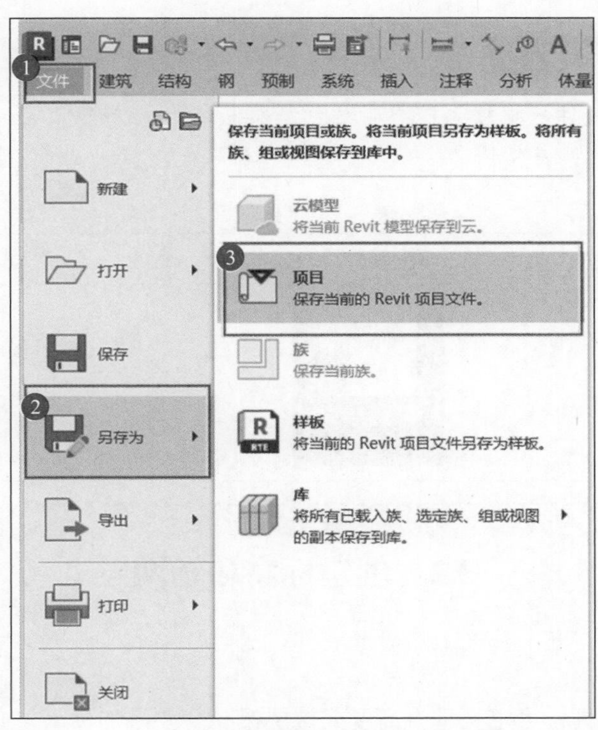

图3-4　项目的保存

新手小站 3-2　我的项目文件存哪里去了？

初学者常常会疑惑，项目文件一旦不小心关闭就找不到文件自动保存的位置。此时可以单击【文件】→【选项】→【文件位置】选项，找到系统默认存储路径，如图 3-5 所示。初学者一定要定期备份项目文件，防止意外情况导致数据丢失。

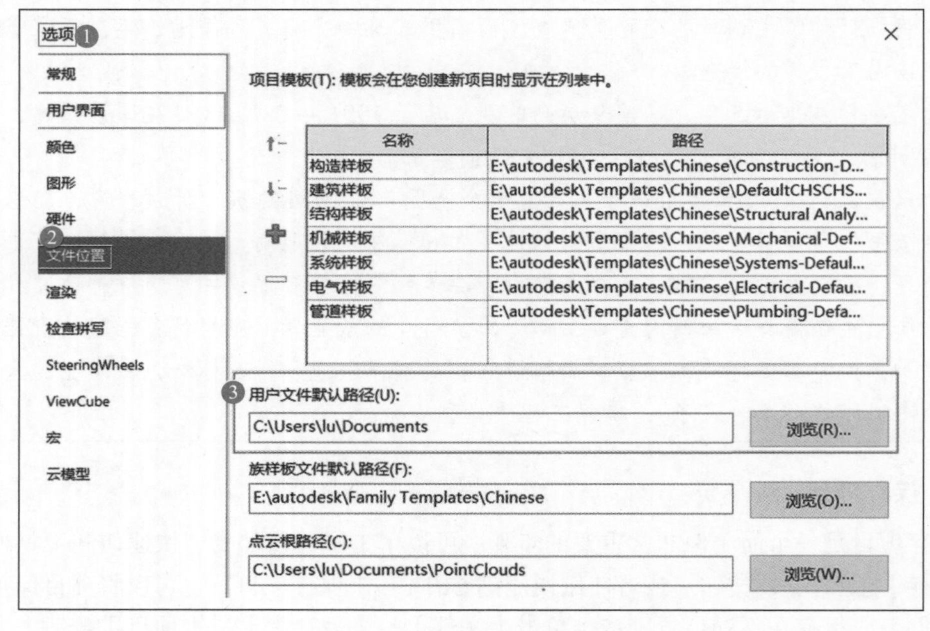

图 3-5　项目文件默认存储路径

项目任务 3-1　创建项目

请启动 Revit 软件，根据系统自带的结构样板文件，新建项目“3.1.1 教学楼结构模型 .rvt”并保存，见表 3-1。

表 3-1　创建项目

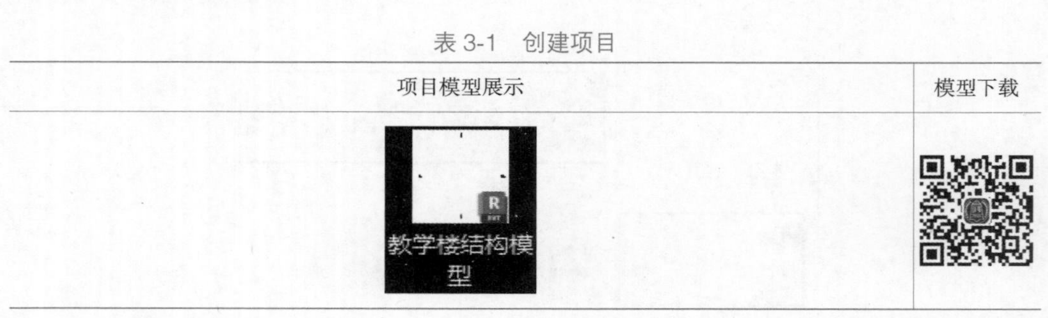

项目模型展示	模型下载
教学楼结构模型	

3.2　创建标高和轴网

3.2.1　创建标高

使用【标高】工具，可定义垂直高度或楼层标高。要添加标高，必须处于剖面视图或立面视图中。添加标高时，可以创建一个关联的平面视图。

项目任务 3-2　创建标高

打开“3.1.1 教学楼结构模型”文件，为项目创建标高和相应的结构平面，并保存项目文件，命名为“3.2.1 教学楼结构模型（标高）.rvt”，见表 3-2。

表 3-2　创建标高

项目模型展示	模型下载
15.600 标高5 11.400 标高4 7.800 标高3 4.200 标高2 ±0.000 标高1	

1. 打开视图

打开要添加标高的剖面视图或立面视图，例如，项目任务 3-2 中，在项目浏览器中打开东立面视图，如图 3-6 所示。

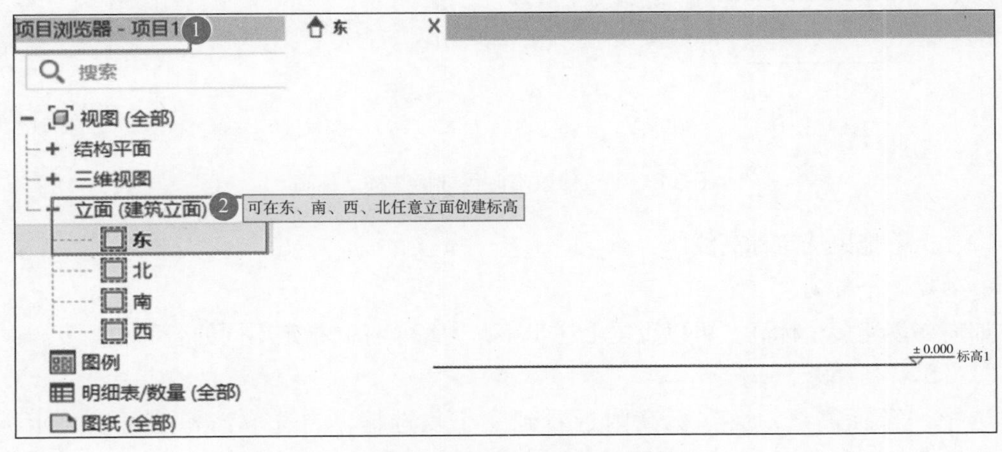

图 3-6　在立面视图创建标高

2. 单击【标高】按钮

在功能区的【建筑】选项卡中，单击【标高】按钮，或者按快捷键 LL 并按 Enter 键，如图 3-7 所示。

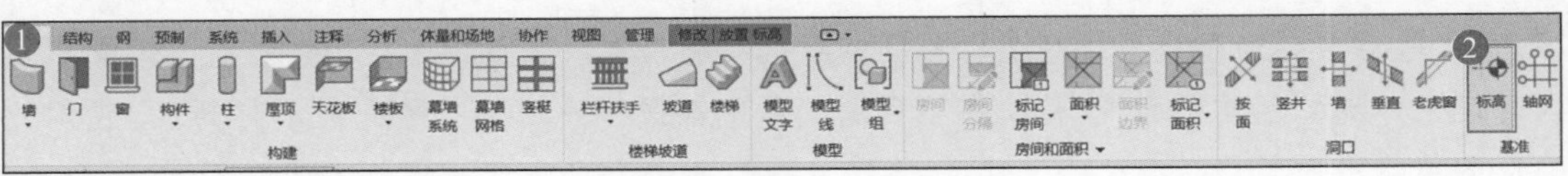

图 3-7　单击【标高】按钮

3. 绘制标高线并命名

将光标放置在绘图区域之内进行绘制，单击以确定标高线的起点，然后移动鼠标到所需位置并再次单击以确定终点，通过水平移动光标绘制标高线。最后输入标高的名称，例如“标高 1”。

4. 修改标高

如有必要，可按照下列方式在立面视图修改标高线。

（1）调整标高线的尺寸。选择标高线，单击蓝色尺寸操纵柄，并向左或向右拖曳光标。

（2）升高或降低标高。选择标高线，并单击与其相关的尺寸标注值，输入新尺寸标注值。

（3）重新标注标高。选择标高并单击标签框，输入新标高标签。

5. 移动标高

如有必要，可以按照下列方式移动标高线。

（1）选择标高线。在该标高线与其直接相邻的上下标高线之间将显示临时尺寸标注。选定标高线的上方和下方将显示临时尺寸标注。单击临时尺寸标注，键入新值，并按 Enter 键，如图 3-8 所示。

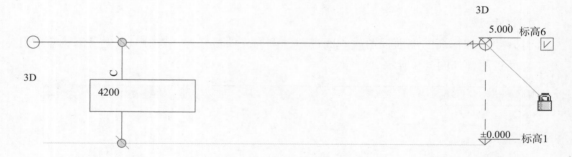

图 3-8　通过修改临时尺寸标注移动标高

（2）上下拖曳选定标高线。

6. 创建多个标高

如需要创建多个标高，可以重复上述步骤，为每个标高指定不同的名称和高度。

7. 显隐标高编号

选中一条标高线，会在标高附近看到一个复选框，勾选取消勾选可以显示标头 4.200 标高6；反之取消勾选可以隐藏标头。

新手小站 3-3　为什么我创建的标高没有生成相应的平面视图？

初学者创建标高后，会遇到标高相对应的平面不显示的情况。例如，创建了 5 个标高，“标高 4”“标高 5”的结构平面却没看见，如图 3-9 所示，这是为什么呢？

创建标高时，若勾选了“创建平面视图” 修改 | 放置 标高 ☑创建平面视图 平面视图类型... 偏移: 0.0 选项，软件会自动生成与标高名称相同的结构平面视图。例如，创建“标高 4”“标高 5”时忘记勾选“创建平面视图”，在项目浏览器中就找不到相应“标高 4”“标高 5”所对应的结构平面了。

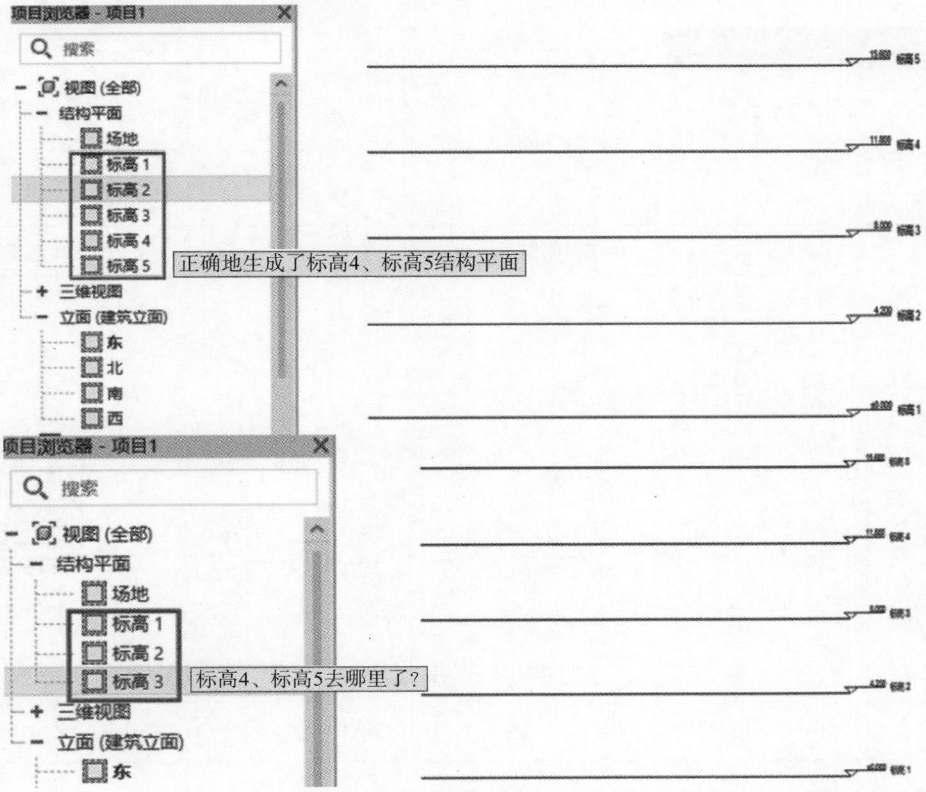

图 3-9 标高平面视图

单击【视图】→【平面视图】→【结构平面】选项，添加“标高 4”“标高 5”，就可以为这两个标高创建新的结构平面视图，如图 3-10 所示。

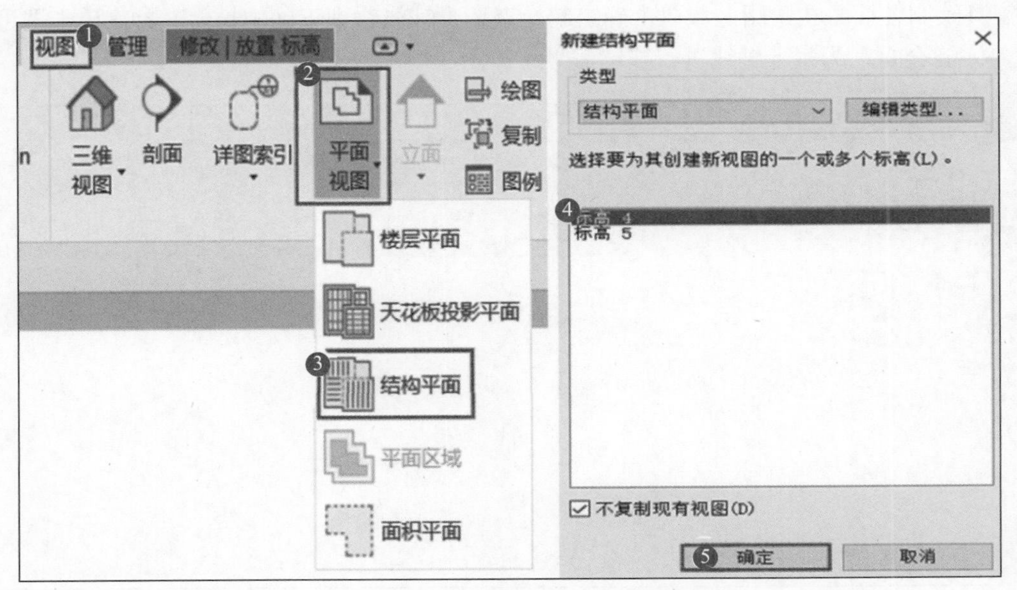

图 3-10 创建标高相应的结构平面视图

3.2.2 创建轴网

项目任务 3-3 创建轴网

打开“3.2.1 教学楼结构模型（标高）.rvt”项目文件，创建轴网，并保存为“3.2.2 教学楼结构模型（轴网）.rvt”，见表 3-3。

表 3-3 创建轴网

项目模型展示	模型下载

1. 绘制轴网

打开要添加轴网的平面视图，在功能区的【建筑】选项卡中，选择【轴网】命令，或按快捷键 GR 并按 Enter 键确认。在【修改 | 放置轴网】选项卡下的绘制面板中使用直线 ⟋ 工具绘制轴线，在绘图区域单击确定起始点，当轴线达到正确的长度时再次单击即可完成。Revit 会自动为每条轴线进行连续编号，如图 3-11 所示。

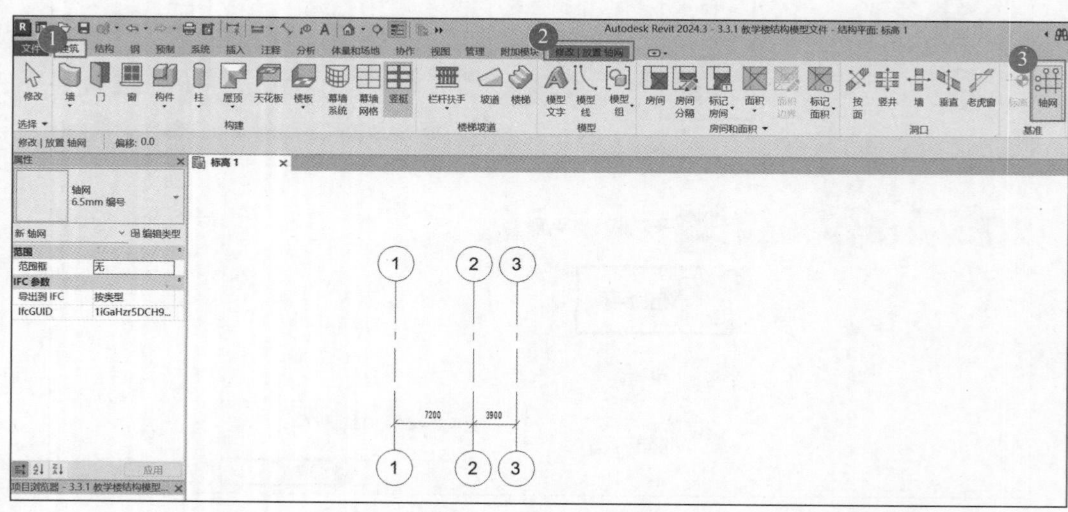

图 3-11 绘制轴网

2. 修改轴网类型

单击要调整的轴线，在左侧的属性栏，单击【编辑类型】选项，在弹出的【类型属性】对话框中，可以选择或修改轴网的类型：“默认”或已经创建的自定义轴网类型。例如，项目任务 3-3 中，轴网中段值修改为“连续”；勾选轴号两个端点显示。

修改轴号，可在左侧的属性面板中的【名称】属性值一栏输入数字或者字母。例如，项目任务 3-3 中，完成 1～9 号水平轴线的绘制后，创建垂直轴线 A 时，系统会自动连续标号轴线名称为 10，此时可通过以上方法修改轴线名称为 A，如图 3-12 所示。

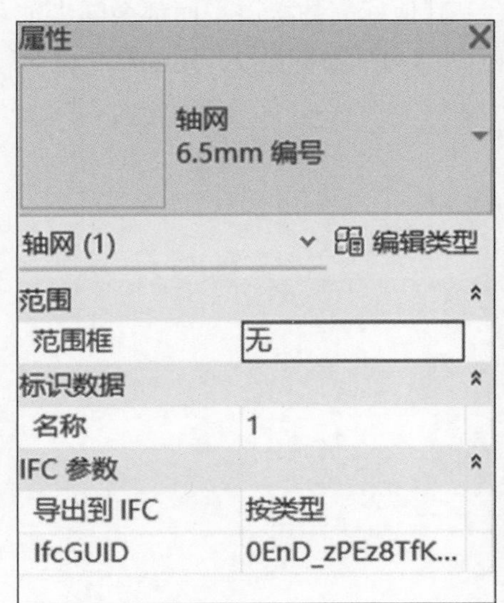

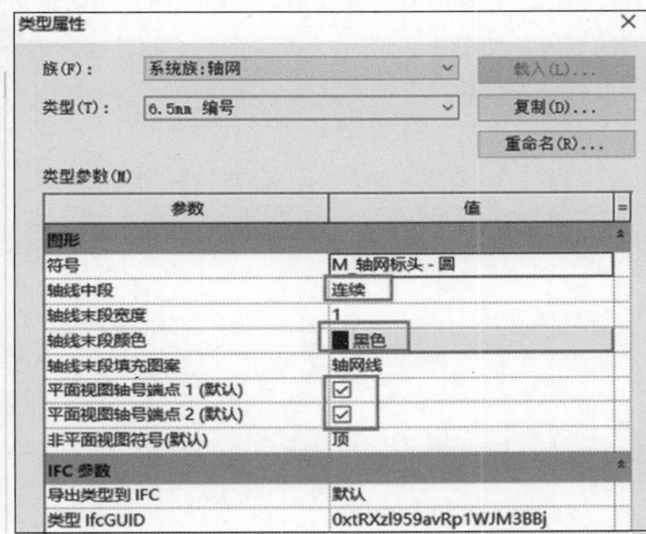

图 3-12　修改轴网类型

3. 调整轴线的长度和轴号显隐

1）调整所有轴线

绘制轴线时，可以让各轴线的头部和尾部相互对齐。如果轴线是对齐的，则选择线时会出现一个锁以指明对齐。要调整所有轴线长度时，选择一条轴线，单击轴线端点处的紫色小圆点，然后拖动以延长或缩短轴线，可实现多根轴线同时调整。

2）调整单根轴线

要调整单根轴线的长度，单击要调整的轴线端点，单击小锁转换成未锁定状态，再拖曳控制柄，可将项目中的 A 轴线长度调整至 6 轴线的位置，如图 3-13 所示。

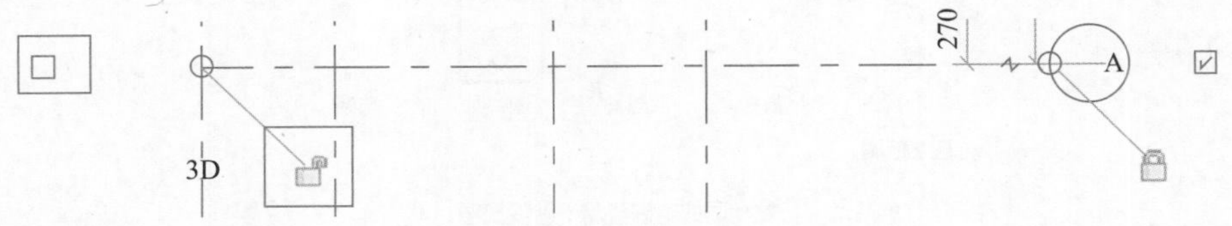

图 3-13　调整单根轴线长度

3）轴线轴号显隐藏

同样，和标高编号显隐一样，也可以取消勾选轴线左端复选框中的勾号，隐藏 A 轴线左端轴号的显示。

4）为轴号添加弯头

当相邻轴线轴号重叠影响美观的时候，可以单击轴号附近的【添加弯头】符号，将轴号布置到更合适的位置。

5）设置轴网的影响范围

在 Revit 中，轴网的影响范围功能允许将基准图元的范围和外观复制到平行视图中，这个功能可确保在不同的视图和标高之间保持轴网的一致性。通过影响范围设置，可以将轴网同步到其他标高图纸。框选轴网，在菜单栏中选择【影响范围】命令，在影响范围设置窗口中，勾选所有需要同步的楼层平面。单击确定后，其他标高的楼层平面都会同步轴网的更改。如图 3-14 所示，设置标高 1 的轴网影响范围到结构平面标高 2，则标高 2 的轴网可调整为与标高 1 轴网样式一致。

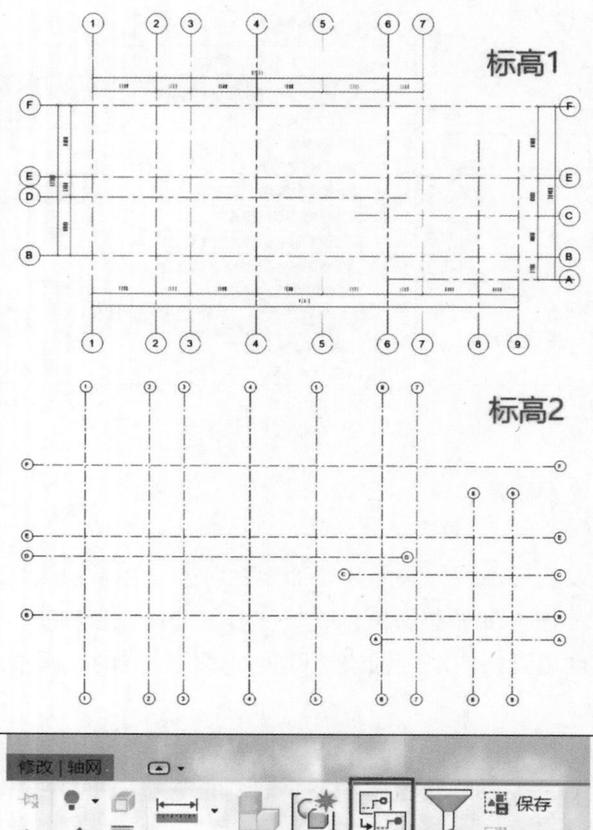

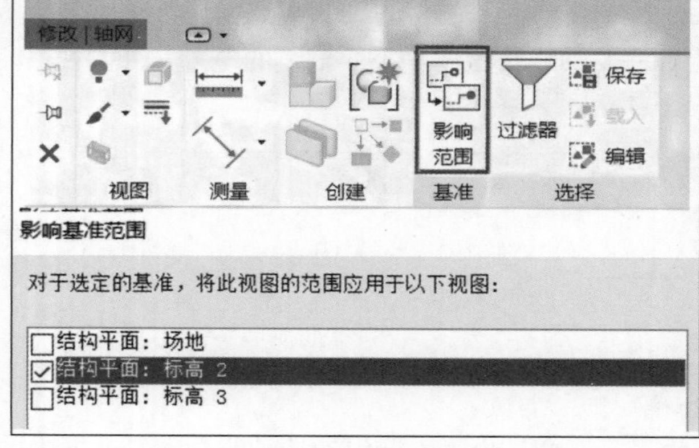

图 3-14　修改轴网的影响范围

进阶任务 3-1　利用【阵列】命令创建标高轴网

利用【阵列】命令创建标高和轴网，见表 3-4。

表 3-4　利用【阵列】命令创建标高轴网

项目模型展示	模型下载
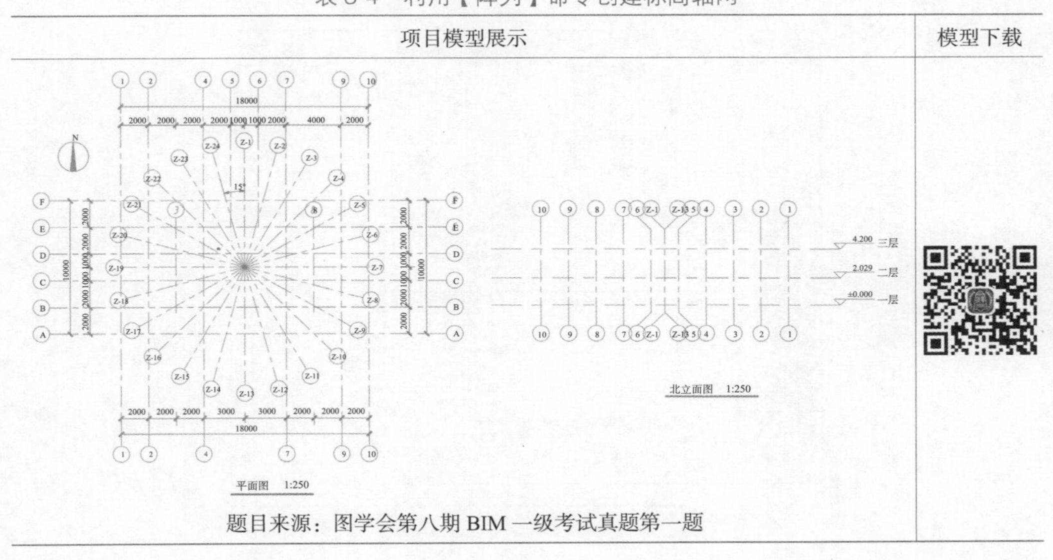 题目来源：图学会第八期 BIM 一级考试真题第一题	

3.3　创建结构柱

项目任务 3-4　创建结构柱

打开“3.2.2 教学楼结构模型（轴网）.rvt”，为项目创建结构柱，保存文件并命名为“3.3.1 教学楼结构模型（结构柱）.rvt”，见表 3-5。

表 3-5　创建结构柱

项目模型展示	模型下载
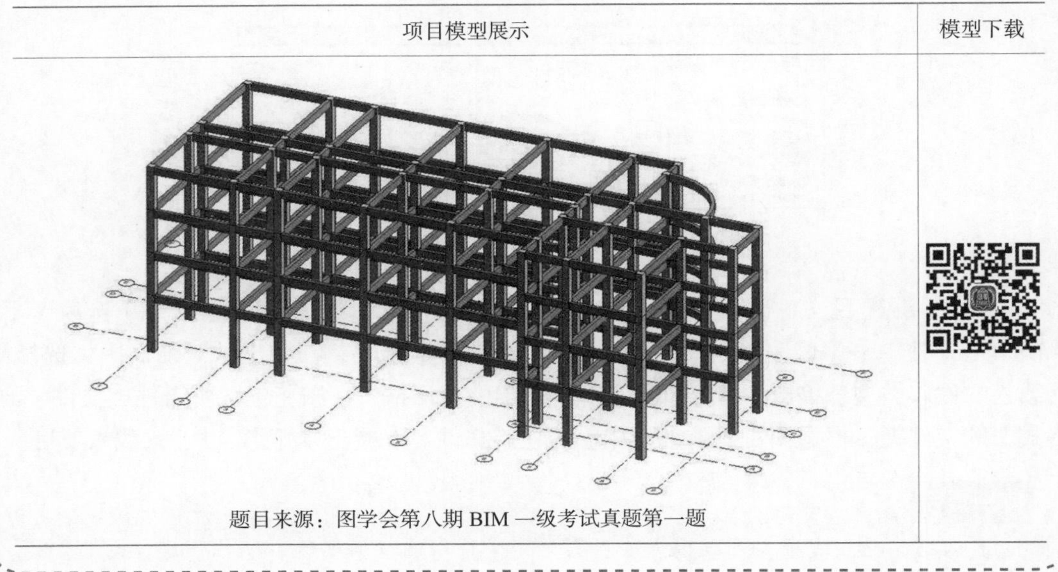 题目来源：图学会第八期 BIM 一级考试真题第一题	

3.3.1 载入结构柱族文件

结构柱是建筑模型中的垂直承重图元。创建结构柱，首先需要选择与图纸相匹配的结构柱族文件，导入项目文件中，以项目任务 3-4 为例，可以通过以下步骤完成，如图 3-15 所示。

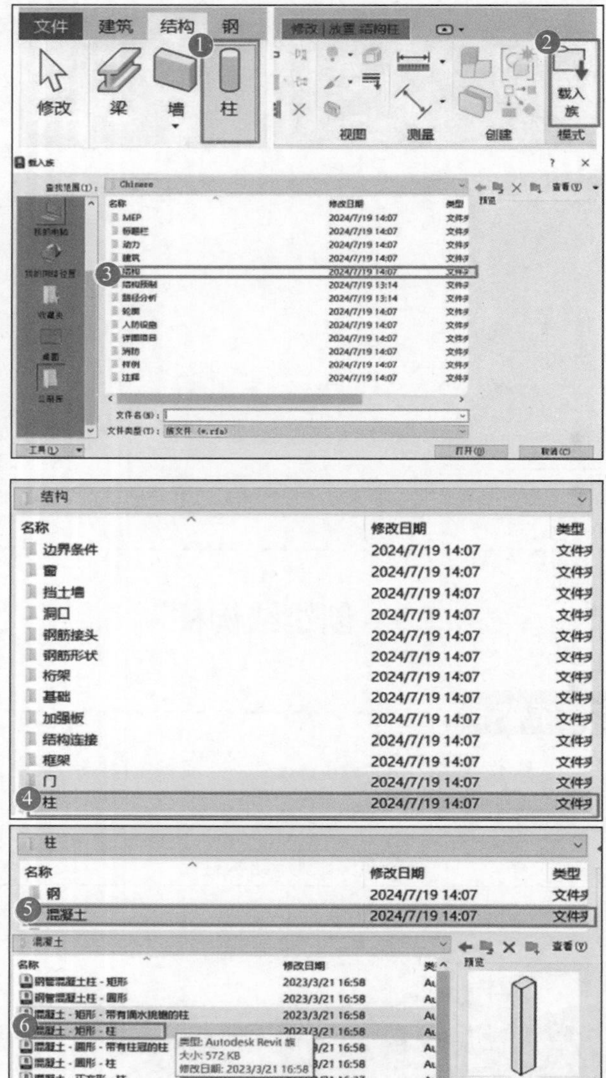

图 3-15 载入结构柱文件

打开 Revit 项目文件“教学楼结构模型 – 轴网 .rvt”，在功能区的【结构】选项卡下，依次单击【柱】→【修改 | 放置结构柱】→【载入族】选项；在弹出的对话框中，选择需要载入的柱族类型，单击【打开】按钮。在弹出的对话框中，浏览包含所需柱族文件（.rfa 格式）的文件夹，根据项目要求选择相应的柱族文件“混凝土 – 矩形 – 柱”，载入项目。

特别提示

载入结构柱族之前，可以根据项目需求定义特定的柱族属性，也可创建自己的柱族。

3.3.2　设置结构柱族类型参数

在 Revit 中，结构柱族类型参数是定义结构柱行为和特性的关键因素可以控制柱的尺寸、形状、材质和其他属性。

项目任务 3-4 中，依次单击【属性】→【编辑类型】→【复制】按钮，创建名称为“600×600mm”的新的混凝土结构柱类型，并在弹出的【类型属性】对话框中修改混凝土矩形柱的界面尺寸 b 和 h 值，均设置为“600mm”。其中，b 表示结构柱截面水平方向的长度，h 表示结构柱截面垂直方向的长度，最后单击【确定】按钮，如图 3-16 所示。

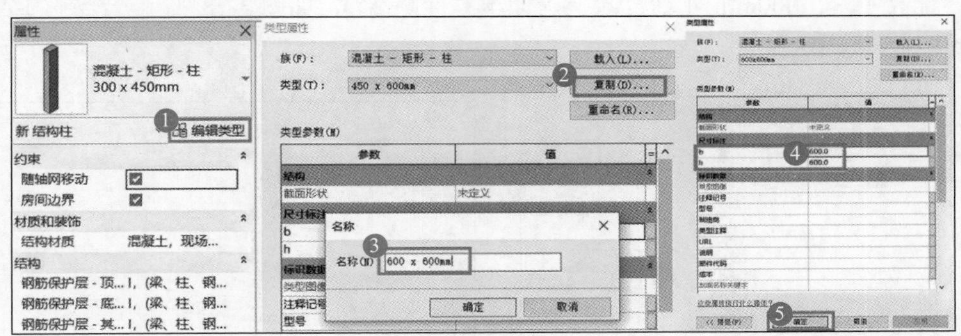

图 3-16　设置结构柱类型截面尺寸

3.3.3　设置结构柱实例参数

在 Revit 中，结构柱实例参数是用于控制特定结构柱实例的属性，这些参数可以在放置结构柱后进行修改以适应具体的设计需求。常见的结构柱实例参数包括约束条件、柱定位轴线、底部和顶部标高、底部和顶部偏移、柱的顶部和底部端点是否约束到轴网、材质和装饰、结构材质、尺寸标注等。

在项目任务 3-4 中，选择结构柱后，依次单击【属性】→【结构和材质】→【混凝土，现场】选项，在弹出的对话框中选择材质“混凝土，现场浇筑 -C30”，最后单击【确定】按钮，将结构柱的材质设置为“现浇混凝土 C30”，如图 3-17 所示。

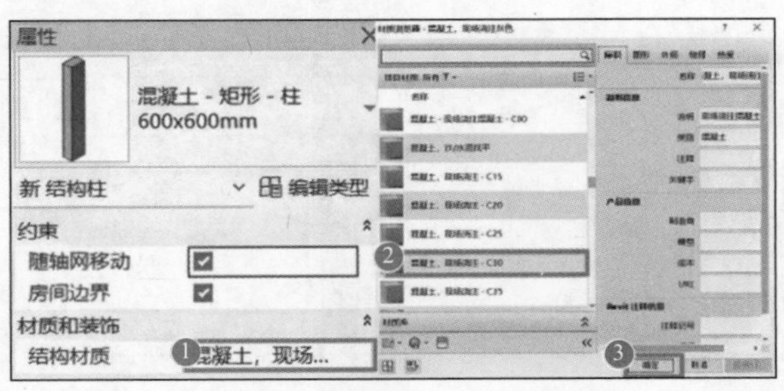

图 3-17　设置结构柱的材质

3.3.4　放置结构柱

1. 放置单个垂直结构柱

双击【项目浏览器】→【结构平面】下拉菜单→【标高 1】选项，进入结构平面“标高 1”

平面放置结构柱。单击功能区中的【结构】→【柱】按钮，在左侧属性面板中选择设置好的结构柱类型“混凝土 – 矩形 – 柱 600 × 600mm”，单击【修改 | 放置结构柱】下拉选项卡中的【垂直柱】按钮，进行垂直结构柱的放置。

在放置结构柱之前，可在选项栏中预选结构柱的高度或深度进行放置。项目任务 3-4 中，设置【高度】值为“标高 2”。下一步，切换到结构“标高 1”平面，在绘图区域将出现结构柱的预览位置，鼠标光标放置于① – 轴网交点处会出现自动捕捉，单击即在轴线相交处放置了结构柱。单击结构柱，修改左侧属性栏中的【底部偏移】值为“–900”（表示结构柱从“标高 1”下 900mm 处垂直向上延伸至“标高 2”），如图 3-18 所示。绘制的结构柱三维视图如图 3-19 所示。

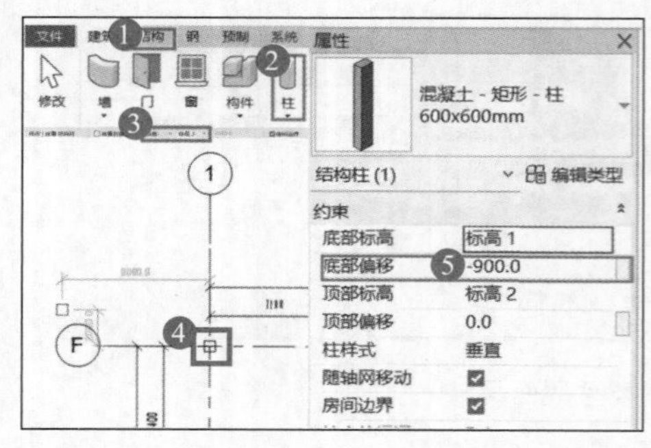

图 3-18 放置垂直结构柱

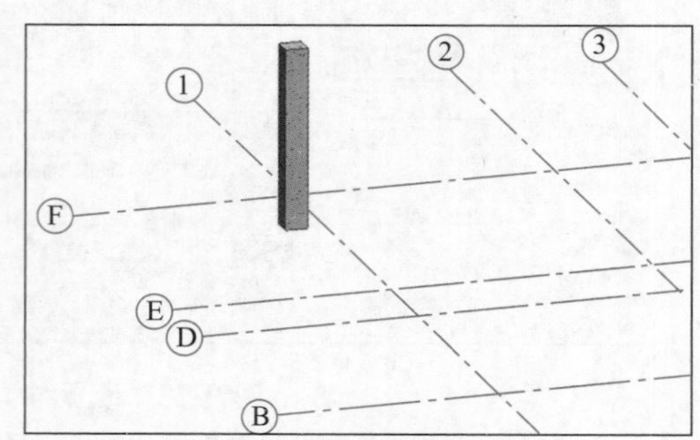

图 3-19 结构柱三维视图

新手小站 3-4 结构柱放置“高度”“深度”设置分不清楚。

初学者在放置结构柱时，有时会分不清楚柱的“高度”与“深度”设置的区别，错误的设置往往会导致柱不可见或重复放置，这该如何解决呢？

“深度”指以当前视图标高为基准，向下延伸的距离；而“高度”则与之相反，指以当前标高为基准，向上延伸的距离。例如，当前视图为“标高 2”结构平面（标高为 4.200），放置结构柱，设置“深度”值为“标高 1”，则结构柱立面位置如图 3-22 左图所示；若在当前视图“标高 2”放置结构柱，设置“高度”值为“标高 3”，结构柱立面位置则如图 3-20 右图所示。

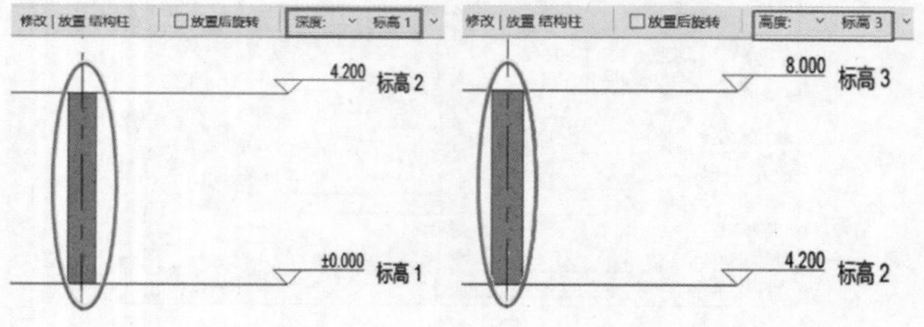

图 3-20 放置结构柱高度和深度的设置

2. 轴网处放置多个垂直结构柱

通过【项目浏览器】面板，将视图切换到“标高 1”结构平面，单击功能区中的

【结构】→【柱】按钮，在左侧属性面板中选择设置好的结构柱类型“混凝土–矩形–柱 600×600mm”，单击【修改 | 放置结构柱】选项卡→【在轴网处】按钮，在绘图区选择想要放置柱的轴网线，可以使用窗口选择或交叉选择来选择多条轴网线。选定轴网线之后，Revit 会自动在轴网交点处放置柱的预览，可按空格键旋转柱的方向，然后单击鼠标放置多个结构柱。“项目任务 3-4 一层结构柱”的结构柱可通过以上方式进行放置，如图 3-21 所示。

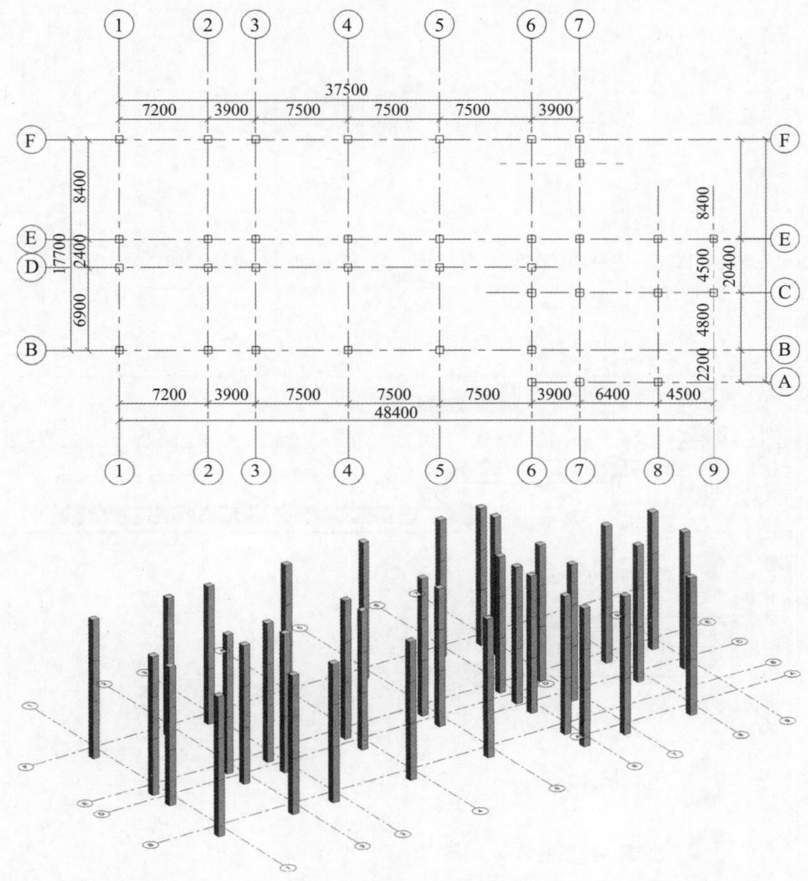

图 3-21　一层结构柱的平面视图与三维视图

3. 复制结构柱到其他结构平面

在 Revit 中放置其他楼层的结构柱，既可以按照一层结构柱布置的方式重复进行操作，也可以通过复制的方式进行快速建模。以项目 3-4 为例，具体步骤如下。

在平面视图“标高 1”中，选择要复制的结构柱，同时按下 Ctrl + C 组合键将选中的柱子复制到剪贴板，或在【修改 | 结构柱】选项卡下选择【复制】命令，再选择【粘贴】命令，在下拉菜单中选择【与选定的标高对齐】选项，再在弹出的对话框中选择【标高 2】选项，这时结构平面“标高 1”所有的结构柱就已经复制到标高 2 结构平面了，如图 3-22 所示。

结构柱复制完成后，仍需根据图纸调整柱底部和顶部标高以及偏移量，确保复制的结构柱符合新楼层的设置。以项目任务 3-4 为例，全选【标高 2】结构平面中的所有结构柱，在左侧的属性栏中将结构柱的【底部偏移】和【顶部偏移】值均设置为“0.0”，完成二层结构柱的绘制，如图 3-23 所示。

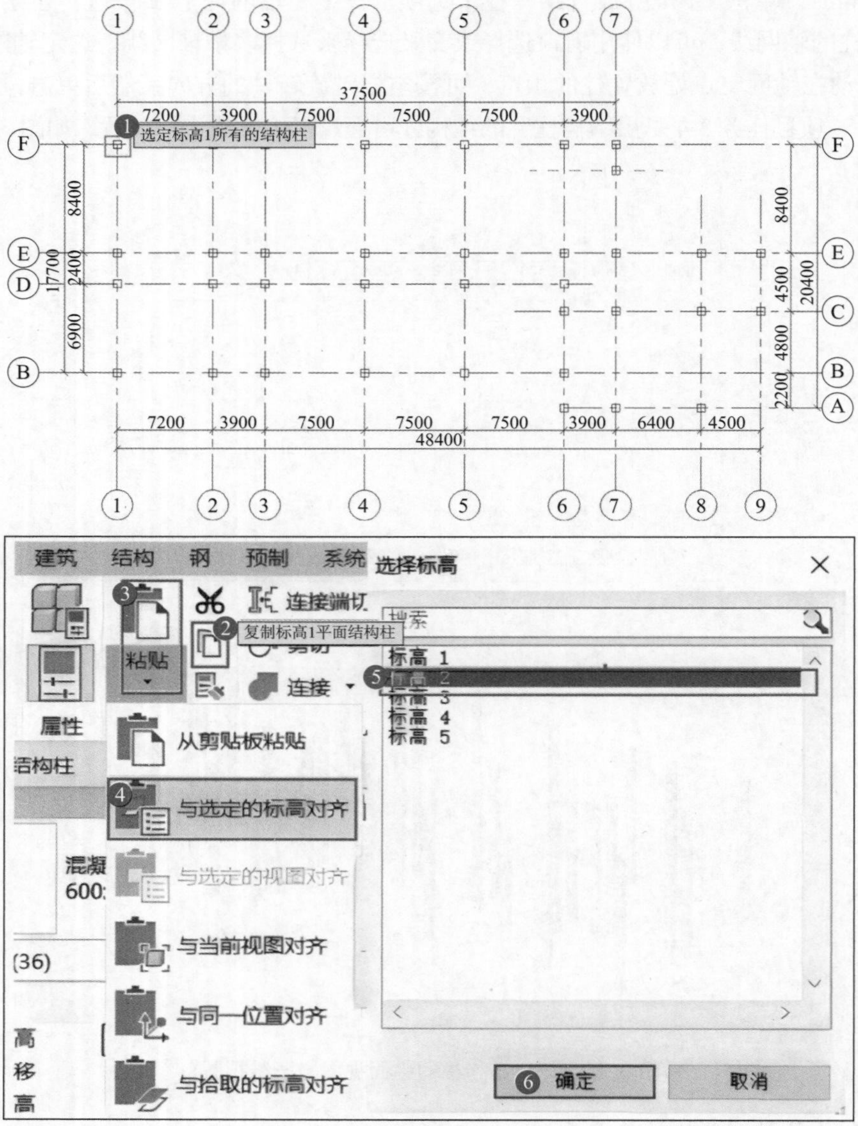

图 3-22　复制结构柱

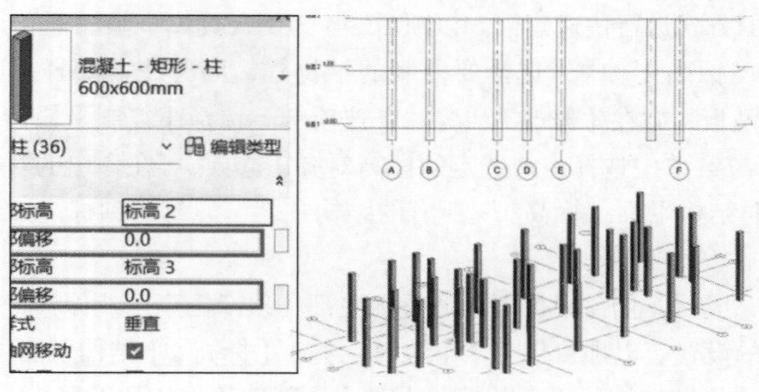

图 3-23　结构柱的高度设置

特别提示

通过“复制 / 粘贴”方式生成的构件，会沿用原始的构件属性值。若本项目中一层的结构柱创建时，是在“标高 2”结构平面设置“深度”为“标高 1”的方式放置生成，那么要复制生成二层结构柱，就需要到“标高 3”结构平面去粘贴，这样结构柱生成才是以“标高 3”为起点往下复制，才能正确地生成二层的结构柱。若把结构柱粘贴到“标高 2”，那么结构柱仍然会沿用放置结构柱时“深度”的设置，复制生成的仍然是一层的结构柱。

3.4　创建结构梁

项目任务 3-5　创建结构梁

打开“3.3.1 教学楼结构模型（结构柱）”，创建结构梁，保存项目并命名为“3.4.1 教学楼结构模型（结构梁）.rvt”，见表 3-6。

表 3-6　创建结构梁

项目模型展示	模型下载
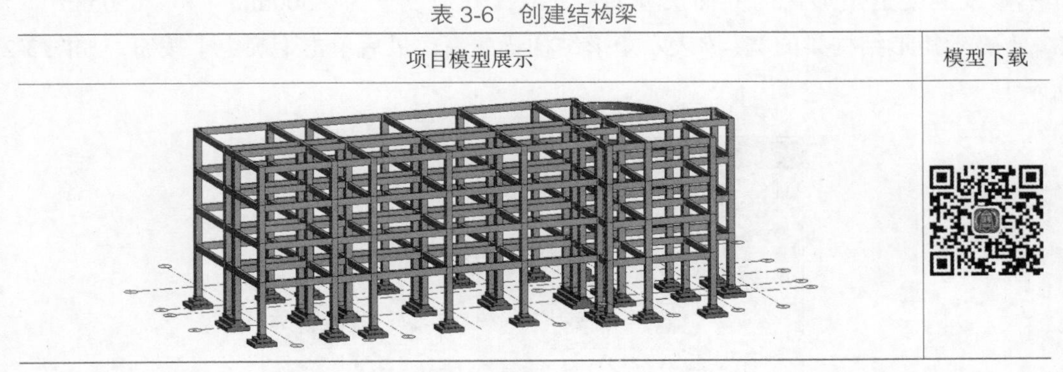	

3.4.1　载入结构梁族文件

与上一节中载入结构柱的方法类似，可载入所需要的结构梁族，以载入项目任务 3-5 中的“混凝土矩形梁为例”，步骤如图 3-24 所示。

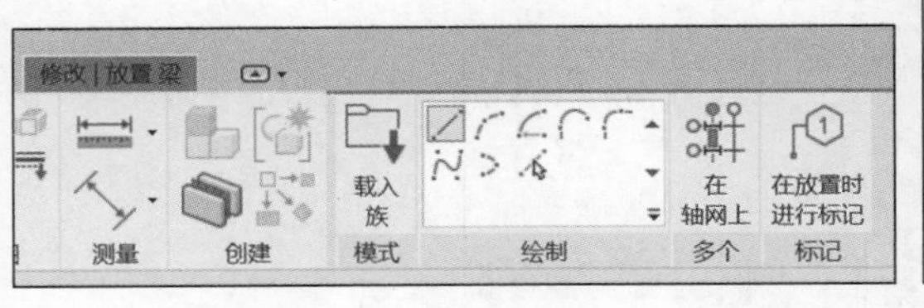

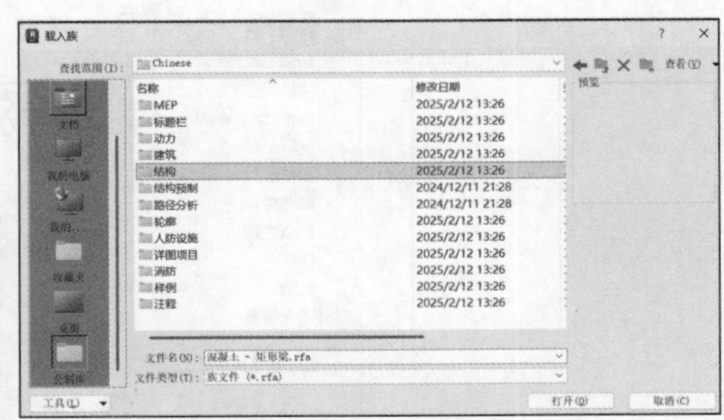

图 3-24　载入结构梁

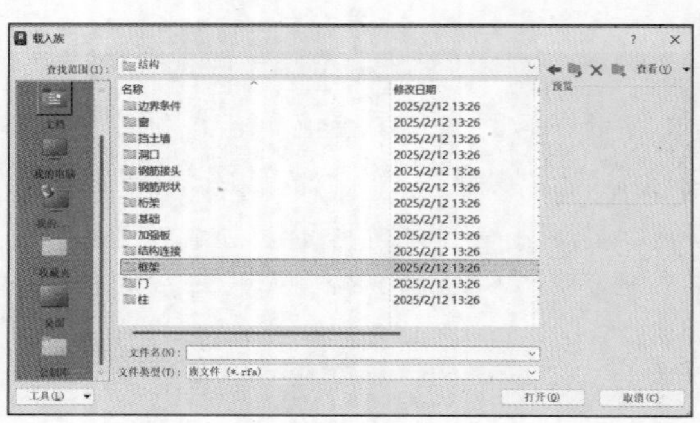

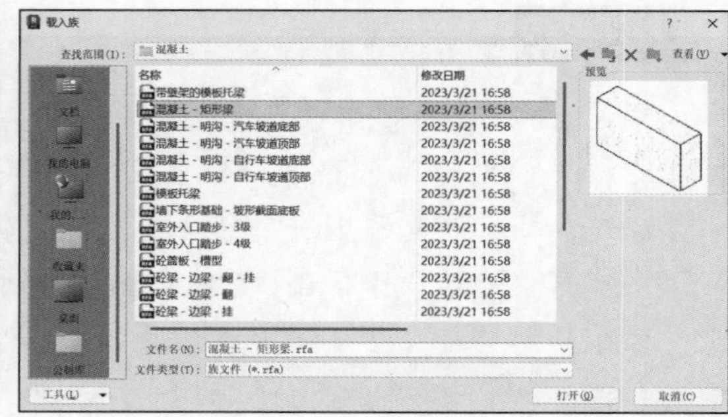

图 3-24（续）

3.4.2 设置结构梁类型参数

结构【类型属性】对话框可设置梁的各种属性，如截面尺寸、材质、横截面旋转角度、梁的起点和终点标高偏移、翼缘宽度、腹杆厚度等。

项目任务 3-4 中，单击【属性】选项卡→【编辑类型】按钮，单击【复制】按钮，创建名称为“KL300×650mm”的新的混凝土矩形梁类型，并在弹出的类型属性选项框中修改混凝土矩形柱的界面尺寸 *b* 和 *h* 值，分别设置为“300mm”和“650mm”。其中，*b* 表示矩形结构梁的宽，*h* 表示矩形结构梁的高，最后单击【确定】按钮，如图 3-25 所示。

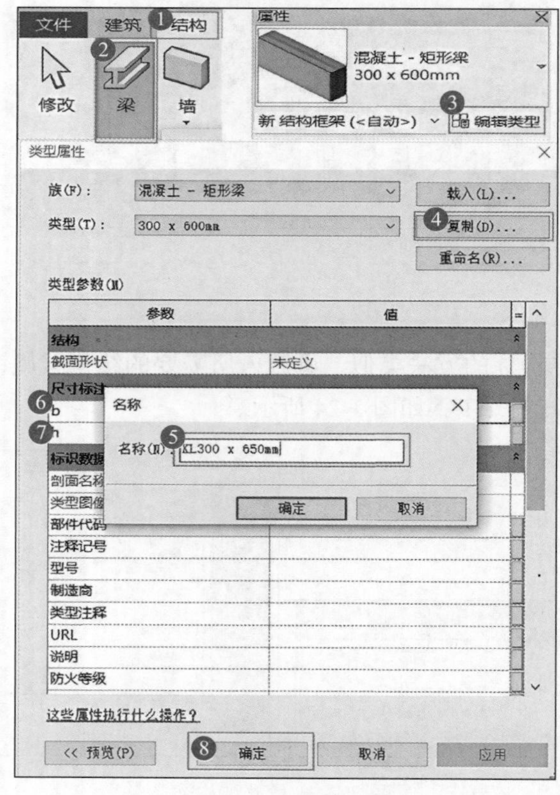

图 3-25　设置结构梁的截面尺寸

3.4.3　设置结构梁的实例参数

结构梁实例参数是用于控制特定结构梁实例的属性，常见的结构梁实例参数包括限制条件（修改梁的起点和终点的标高偏移，以及横截面旋转角度）、几何图形对正、结构材质、尺寸标注（梁的长度和体积等信息）等。

在项目任务 3-5 中，选择结构梁后，单击左侧【属性】→【结构材质】→【混凝土，现场】选项，在弹出的对话框中选择材质“混凝土，现场浇筑 -C30”，并单击【确定】按钮，将结构梁的材质设置为“现浇混凝土 C30”，设置过程与结构柱的结构材质设置类似。

3.4.4　布置结构梁

1. 创建水平结构梁

1）设置结构梁的放置平面

在项目任务 3-5 中，通过分析图纸，通过【项目浏览器】切换视图到结构平面“标高 2”平面放置结构梁。

2）确定结构梁的类型

单击功能区的【结构】→【梁】按钮（快捷键 BM），在左侧属性面板中选择已设置好的混凝土矩形结构梁“KL300 × 650mm”。

3）绘制结构梁

单击【修改 | 放置结构梁】选项卡→【直线】按钮，在绘图区中，依据图纸单击确定梁的起点，沿着轴网，移动鼠标到期望的位置，然后再次单击以确定梁的终点，如图 3-26 所示。

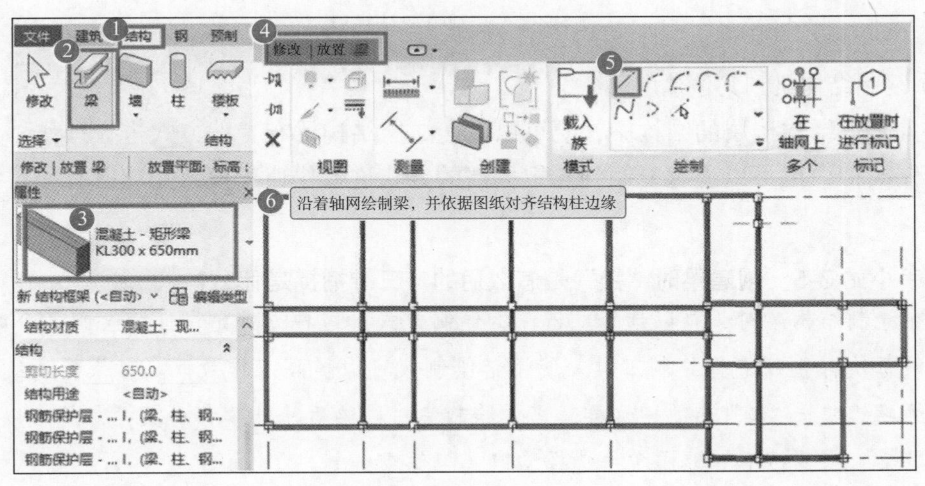

图 3-26　结构梁的绘制

特别提示

在进行结构梁的平面放置时，要仔细核对结构梁的位置。如项目任务 3-5 中，结构梁的边缘是与结构柱的边缘对齐的，因此可在沿着轴网绘制完毕结构梁之后，再利用【对齐】命令（快捷键 AL）进行调整，确定结构梁最终的平面位置。

2. 创建弧形结构梁

1）绘制弧形结构梁

单击【修改 | 放置结构梁】选项卡→【起点–终点–半径弧】按钮，在绘图区中，依据图纸单击确定梁的起点，沿着轴网，移动鼠标光标到期望的位置，然后再次单击以确定梁的终点，如图 3-27 所示。

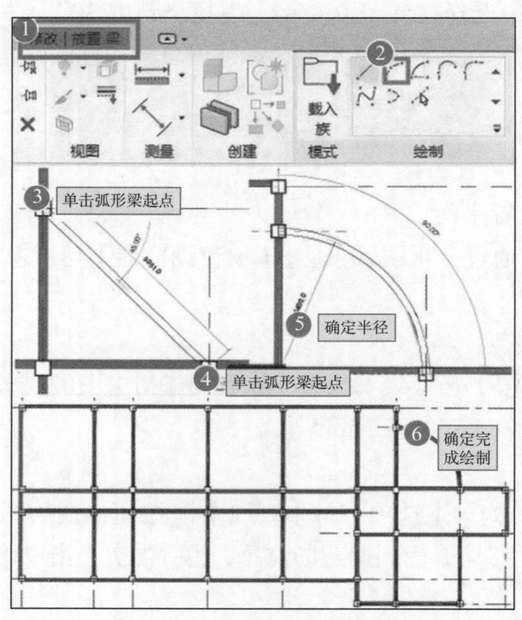

图 3-27　绘制弧形结构梁

2）复制结构梁到其他楼层

布置其他结构楼层的结构梁，既可以按照二层结构梁布置的方式进行操作，与结构柱的复制类似，也可以通过复制到选定标高的方式进行快速建模，完成所有楼层结构梁的绘制。

新手小站 3-5　创建梁时“链”是怎么用的？三维捕捉是什么？

在绘制结构梁时，可以选择“链”的绘制方式。这种方式允许连续绘制多个梁段，而无须每次都重新选择绘制工具。使用链绘制梁可以提高工作效率。如果要连续绘制多个梁段，勾选“链”选项。这样，当你绘制完一段梁后，继续移动鼠标，就可以绘制下一段梁，直到按 Esc 键或右击选择“取消”结束绘制。

在 Revit 中，梁的创建不仅可以在结构平面中进行，也可以在三维视图中实现。当选择了三维捕捉后，可以在三维视图中捕捉结构柱的中点或者边缘线进行结构梁的绘制。什么时候适宜开启三维捕捉绘制结构梁呢？当结构梁需要与已有的柱子、墙体等结构构件准确连接时，或在异形建筑或曲面结构中，开启三维捕捉能确保梁的端点与柱子顶点或墙体边缘更精确地对齐，加快建模的效率、提升建模的质量。

3. 创建倾斜结构梁

绘制完普通水平梁后，可在【属性】面板中修改梁的位置，在【起点标高偏移】和【终点标高偏移】中分别设置梁两端【参照标高】（普通梁放置结构平面）的偏移值，如图 3-28 所示。对于横截面有旋转角度的梁，可通过修改【横截面旋转】角度来实现。

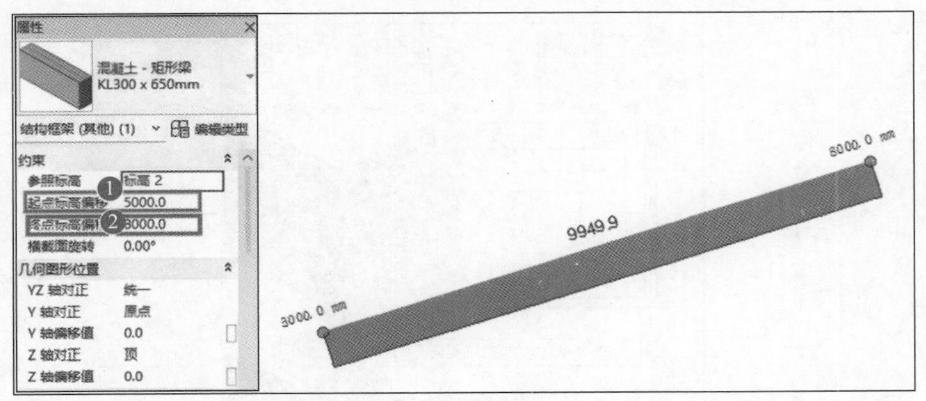

图 3-28　创建倾斜结构梁

3.5　创建结构基础

3.5.1　创建条形基础

条形基础是以墙为主体的结构基础类别。在 Revit 中，可在平面视图或三维视图中沿着结构墙放置这些基础。条形基础被约束到所支撑的墙，并随之移动。

1. 设置条形基础属性

选定条形基础后，可在左侧的【属性】面板中设置条形基础的类型属性和实例属性，如条形基础的高度、材质、标记等，也可以选择合适的材质来模拟不同类型的基础材料，如混凝土、钢筋混凝土等。实例属性和类型属性设置如图 3-29 所示。

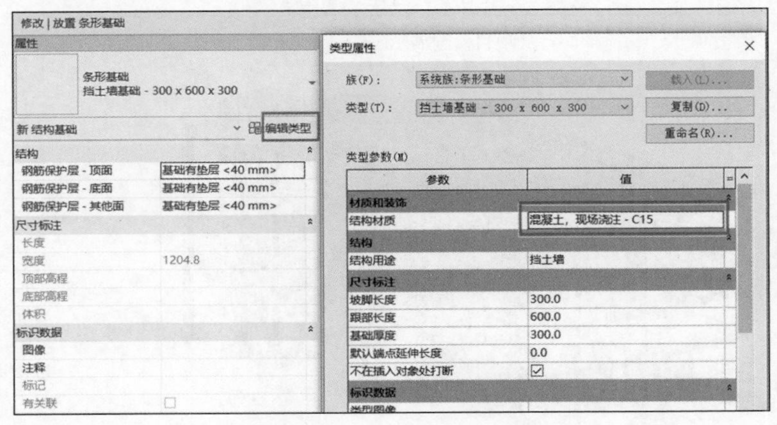

图 3-29　设置条形基础属性

2. 创建条形基础

打开包含结构墙的视图，单击功能区中的【结构】→【基础】→【结构基础：墙】按钮（快捷键 FT），并从类型选择器下拉列表中选择一种墙基础类型：挡土墙或承重墙基础，如图 3-30 所示。

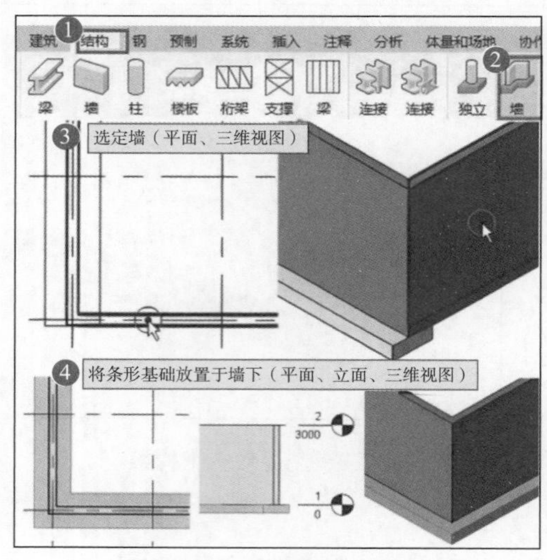

图 3-30　创建条形基础

3.5.2　创建独立基础

独立基础是单独设置的基础，用于支撑单个柱子、墙体或其他独立的竖向结构构件，它通常呈独立的块状，形状有方形、矩形、圆形等。

项目任务 3-6　创建结构基础

打开“3.4.1 教学楼结构模型（结构梁）.rvt”，创建结构基础，保存并命名为“3.5.1 教学楼结构模型（结构基础）.rvt”，见表 3-7。

表 3-7　创建结构基础

项目模型展示	模型下载
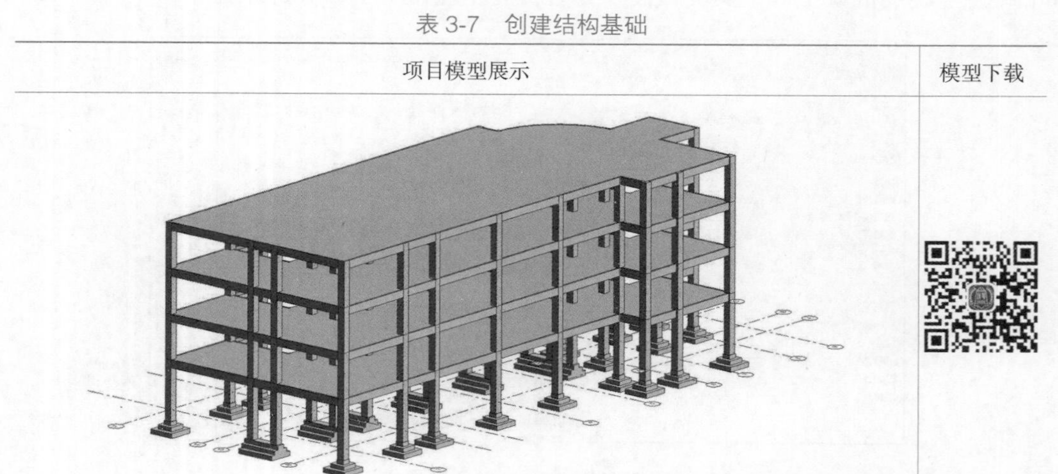	

1. 载入独立基础族文件

切换到相应的结构平面，单击功能区中的【结构】→【基础】→【结构基础：独立】按钮，并从类型选择器下拉列表中选择一种独立基础类型。

项目任务 3-6 中，切换到“标高 1”结构平面视图，选择三阶独立基础，依次单击功能区中的【结构】→【基础】→【结构基础：独立】按钮，在【修改 | 放置独立基础】选项卡下选择载入族，并在弹出的对话框中依次选择【结构】→【基础】→【独立基础–三阶】→【打开】命令，载入符合图纸要求的三阶独立基础族，如图 3-31 所示。

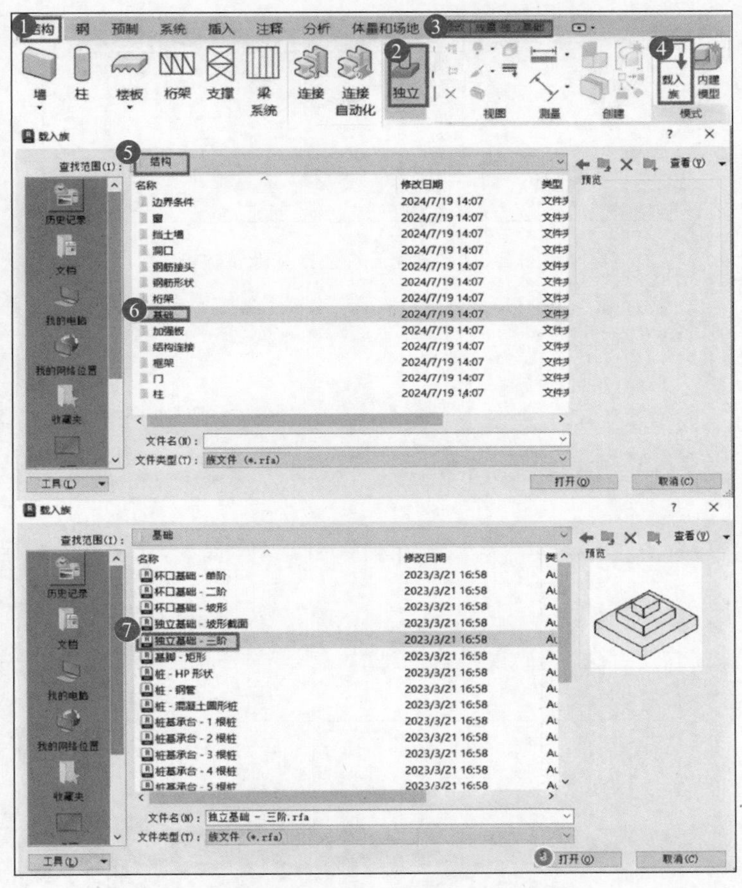

图 3-31　载入三阶独立基础族

2. 设置独立基础参数

在左侧的【属性】面板中，单击【编辑类型】按钮，在弹出的【类型属性】对话框中可调整独立基础族的尺寸标注，包括宽度、长度和厚度等数值。例如，项目任务 3-6 中，在【属性】面板中，可设置独立基础放置的高度为“标高 1”，结构平面往下“900mm”，设置结构材质为“C30 现浇混凝土”，保护层厚度为“30mm”，具体操作如图 3-32 所示。

3. 放置独立基础

切换视图到结构平面“标高 1”，将三阶独立基础重命名为“DJ-1”，根据图纸在绘图区将独立基础放置在相应的平面位置。与放置结构柱类似，可以一次性放置多个基础，也可以在轴网交点处放置，或在柱下方放置，如图 3-33 所示。

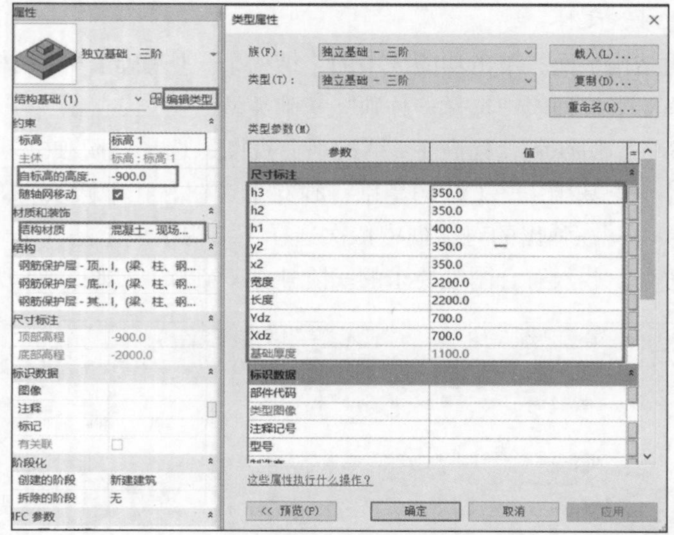

图 3-32　设置三阶独立基础参数

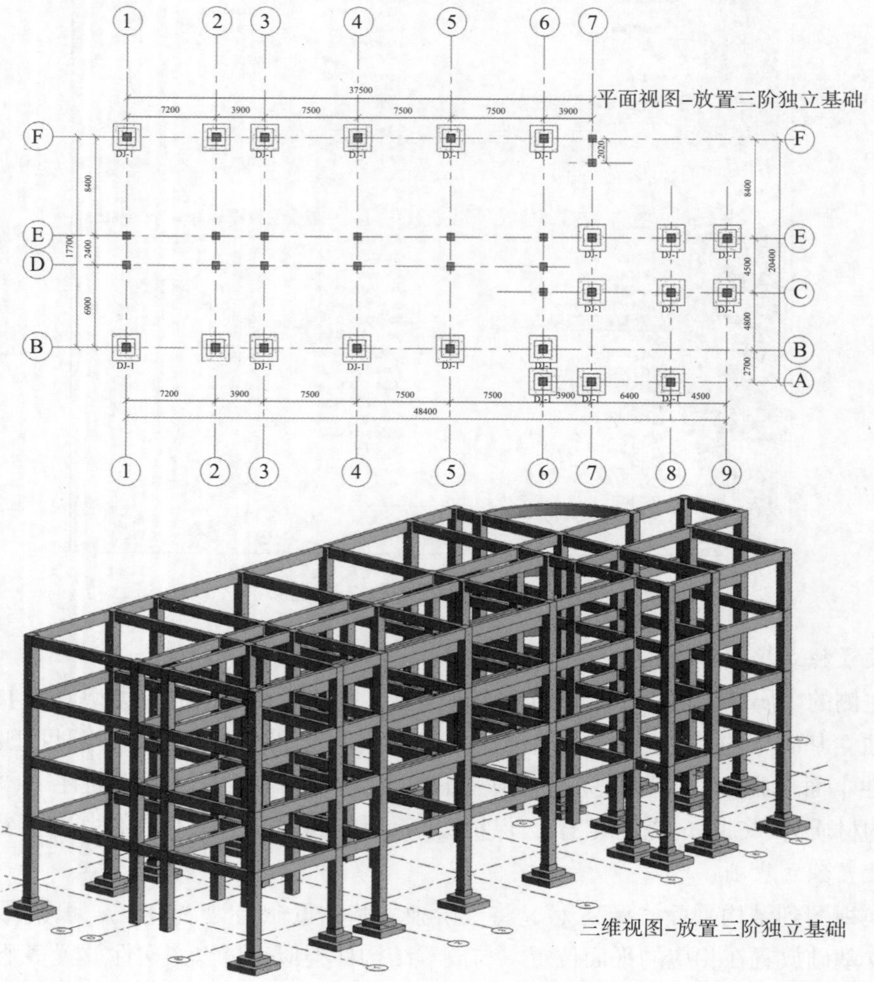

图 3-33　放置三阶独立基础

新手小站 3-6 三阶独立基础类型尺寸标注如何设置？“h1”“y2”“宽度”等数值怎么来的？

将三阶独立基础族载入项目以后，双击基础可进入三阶独立基础族编辑器工作区，通过切换到【参照标高】楼层平面、“前”立面观察族参数的具体设置情况，对照图纸，得到基础的正确尺寸标注值并进行调整。

结合给定图纸的平面图和 1—1 剖面图（图 3-34），能观察到三阶独立基础水平截面为正方形，且宽度和长度数值为“400+350+350+350+350+400”，即 2200mm；结合族编辑器【参照标高】楼层平面图，可确定 Xdz、Ydz 均为“350+350”，即 700mm；可确定 X2 和 Y2 均为 350mm；结合族编辑器“前”立面图，可确定 h1、h2、h3 分别为 400m、350mm、350mm。

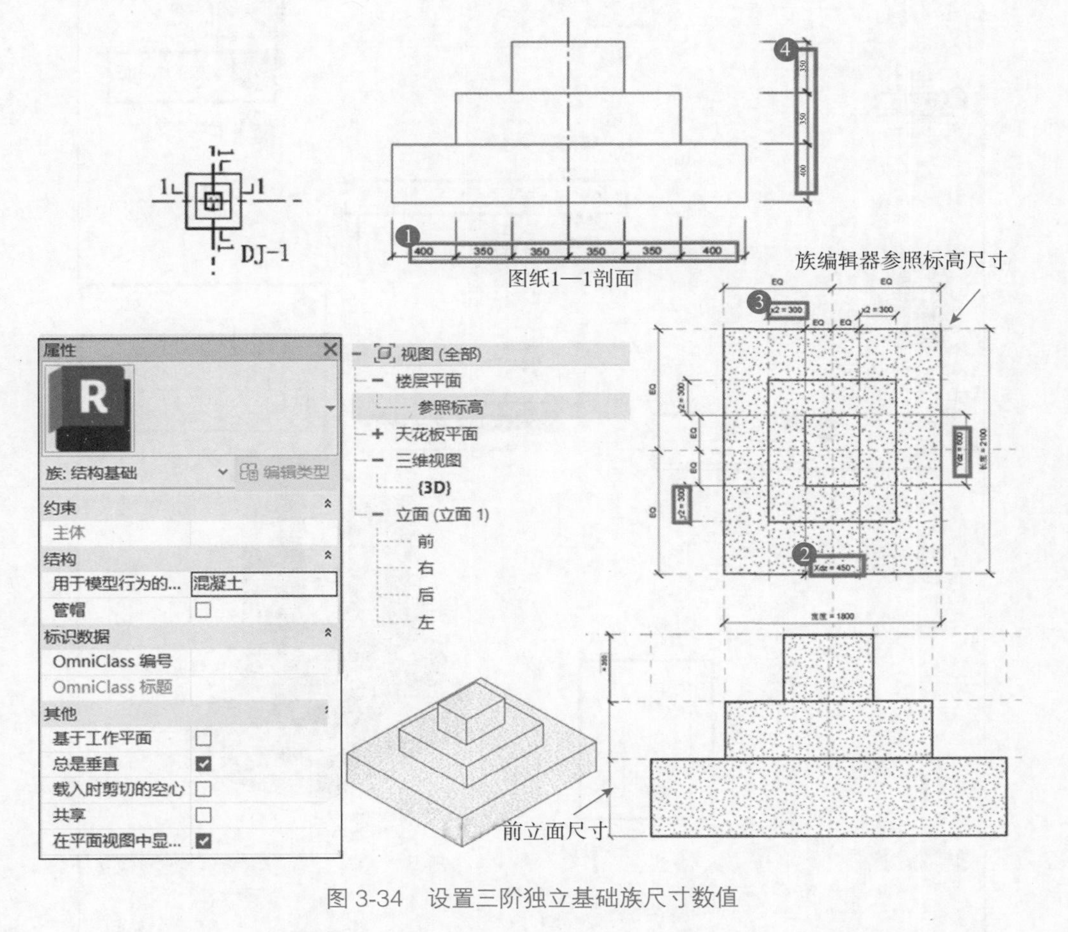

图 3-34 设置三阶独立基础族尺寸数值

3.5.3 创建内建基础

“内建基础族”是指在项目中直接创建的模型，而不是从外部载入的族文件。当系统“可载入族”不能满足特定的项目需求时，可自行创建内建模型。

例如，项目任务 3-6 中的“条形基础 TJ-1”可通过内建基础的方式创建：单击【结构】→【构件】→【内建模型】选项，在弹出的【族类型和族参数】选项卡下选择

【结构基础】选项，并命名为“TJ-1”。单击【拉伸】按钮，在【修改 | 创建拉伸】选项卡下单击【设置】按钮，将工作平面设置为“轴线：D”；选择“南立面”视图，绘制条形基础“1—1”剖面轮廓线，并在左侧的属性栏中设置拉伸起点为“–500”、拉伸终点为“2900”，单击【确定】按钮完成内建基础（条形基础 TJ-1）的绘制。操作步骤如图 3-35 所示。

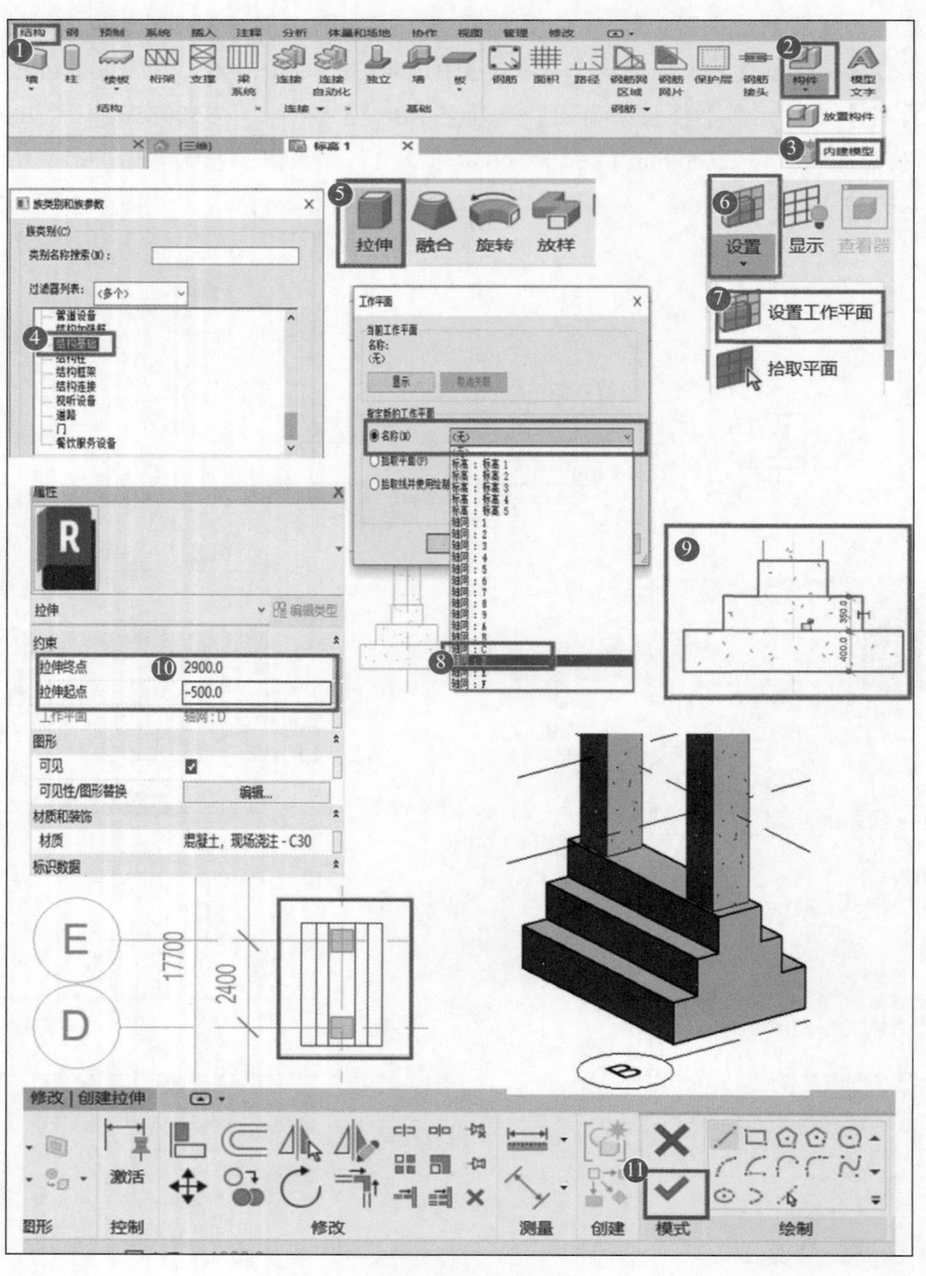

图 3-35　创建内建基础

采用复制的方式绘制所有条形基础“TJ-1”，通过复制并修改内建基础拉伸值的方式完成“TJ-2”“TJ-3”的布置。项目 3-6 中所有“条形基础”平面布置如图 3-36 所示。

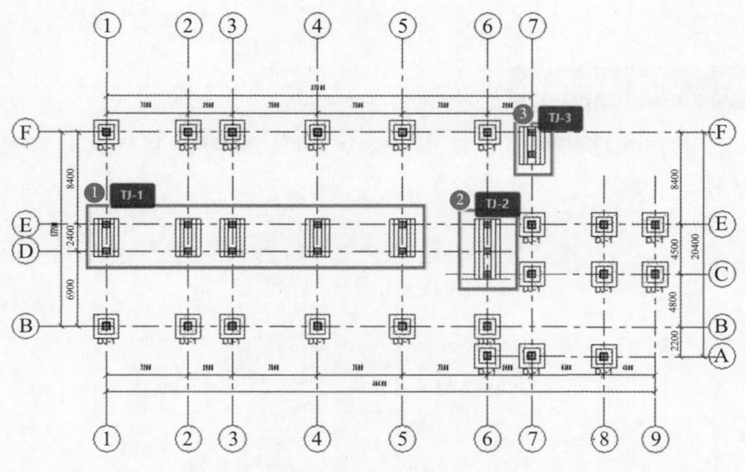

图 3-36　项目 3-6 中“条形基础”的平面布置

3.6　创建结构墙、结构楼板

3.6.1　创建结构墙

单击功能区中的【结构】→【墙：结构】按钮，在左侧【属性】面板中的类型选择器下拉列表中选择墙的族类型；单击【编辑类型】按钮，修改要放置的墙的类型参数；修改要放置的墙的实例属性，指定墙体的尺寸、材质和其他属性等。

基本墙的定义和绘制具体步骤见“项目 4.1 创建墙体”。

新手小站 3-7　建筑墙和结构墙有何区别？

在 Revit 中，建筑墙和结构墙各自具有不同的特点和用途。

建筑墙用于建筑建模，主要用于定义建筑空间的边界和外观。通常用于建筑的初步设计阶段，可以快速创建以进行空间规划和概念设计。建筑墙可以有各种建筑饰面和材质，可以承载门窗等建筑构件。

结构墙用于结构分析和详细设计，包含结构分析属性，可以进行结构分析，如承载力、稳定性和抗震性能。通常用于详细设计阶段，特别是在需要进行结构优化和结构分析的项目中。结构墙具有更多的结构相关属性，如混凝土强度等级、配筋信息等。

在 Revit 中，建筑墙可以转换为结构墙，以便进行结构分析，但这通常需要调整墙的属性以满足结构要求。

如果项目需要进行结构分析或者需要详细的结构设计，应使用结构墙。建筑楼板与结构楼板的区别也类似。建筑楼板主要用于建筑建模，不考虑结构分析，不能直接用于结构分析和钢筋布置。通常用于初步设计阶段，提供建筑空间的布局和位置。而结构楼板则用于结构分析和详细设计，可以进行结构分析和钢筋布置。可以添加跨方向符号，这对于结构分析和施工图绘制非常重要。

3.6.2 创建结构楼板

项目任务 3-7 创建结构楼板

打开“3.5.1 教学楼结构模型（结构基础）.rvt”，创建结构楼板，保存项目并命名为“3.6.1 教学楼结构模型（结构楼板）.rvt”，见表 3-8。

表 3-8 创建结构楼板

项目模型展示	模型下载
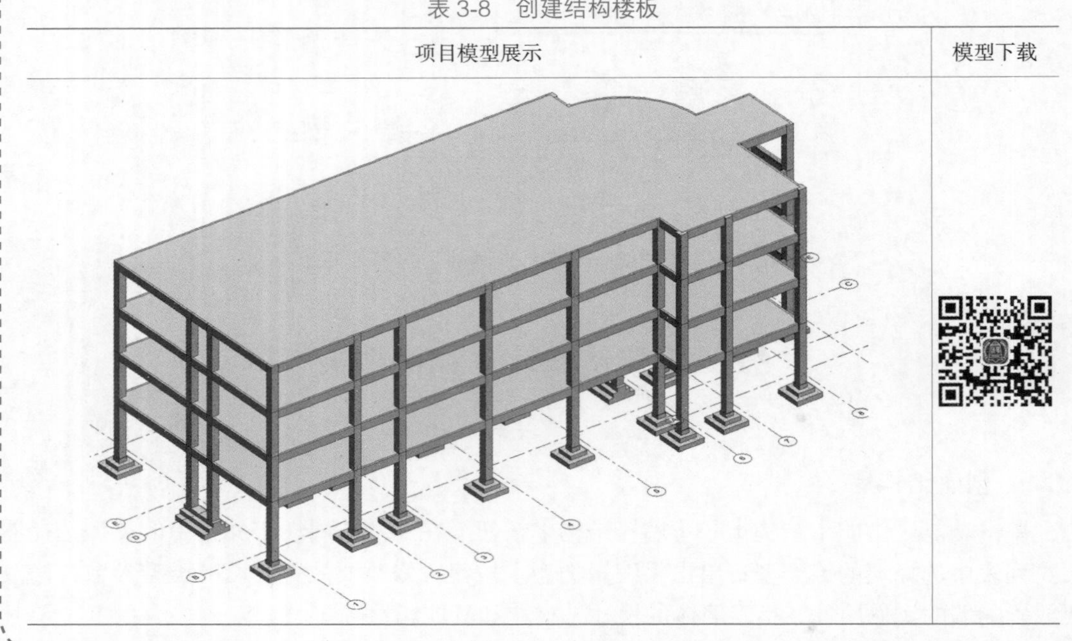	

1. 确定结构楼板的放置平面

在项目任务 3-7 中，“标高 2”“标高 3”“标高 4”“标高 5”需要创建结构楼板，因此切换视图到结构平面“标高 2”进行结构楼板的绘制。

2. 设置结构楼板的实例属性和类型属性

结构楼板的实例属性包括约束条件、结构属性、形状编辑、尺寸标注、标识数据和阶段化等多个方面参数的设置。

结构楼板的类型属性包括结构、图形、材质与装饰、标识数据等参数的设置。

项目任务 3-7 中，单击功能区中的【结构】→【楼板】→【楼板:结构】按钮，在左侧【属性】面板中的类型选择器下拉列表中选择任意结构楼板族类型；单击【编辑类型】按钮，复制重命名结构楼板名称为“结构楼板 120mm”。设置【结构】厚度为“120mm”，结构材质为“现浇混凝土 -C20”。设置结构放置平面为结构平面“标高 2”，保护层厚度设置为 20mm，如图 3-37 所示。

3. 绘制结构楼板

切换到“标高 2”结构平面视图，选择【修改 | 创建楼层边界】选项卡下的【边界线】→【拾取支座】命令，在绘图区拾取梁支座，围成楼板边界线，单击【修改 | 创建楼层边界】修改菜单中的【修剪 / 延伸为角】按钮，在绘图区中，最终确定楼板边界，如图 3-38 所示。注意，要通过设置参照平面（快捷键 RP）的方式，定位楼梯洞口边线，创建楼梯洞口。

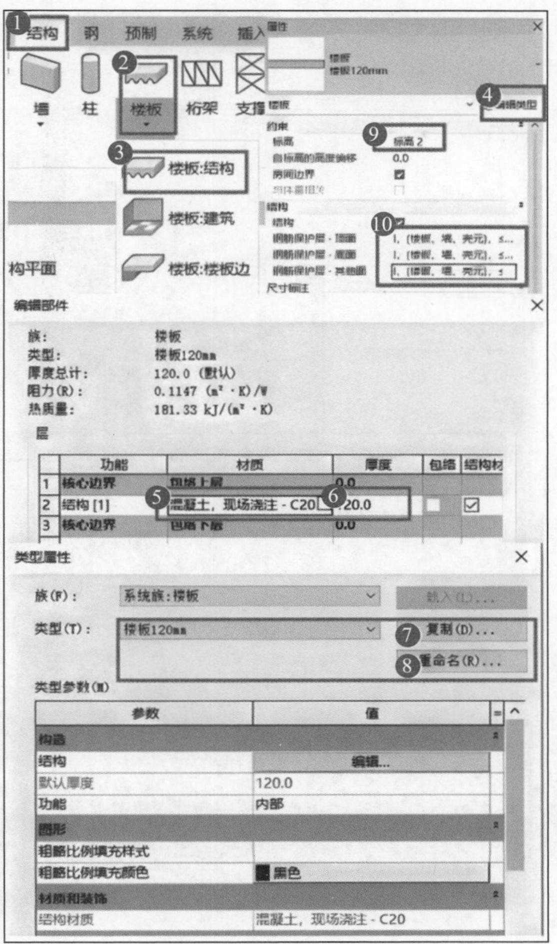

图 3-37　设置结构楼板属性

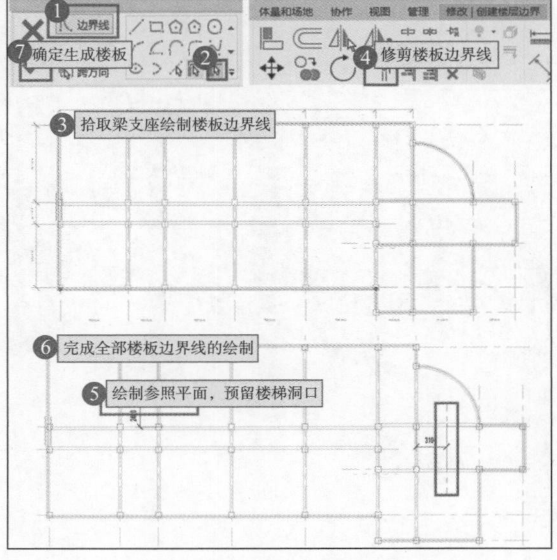

图 3-38　绘制结构楼板

复制结构平面“标高 2”的楼板到“标高 3”“标高 4”“标高 5”,并根据图纸要求调整“标高 5”楼板边界线，如图 3-39 所示。

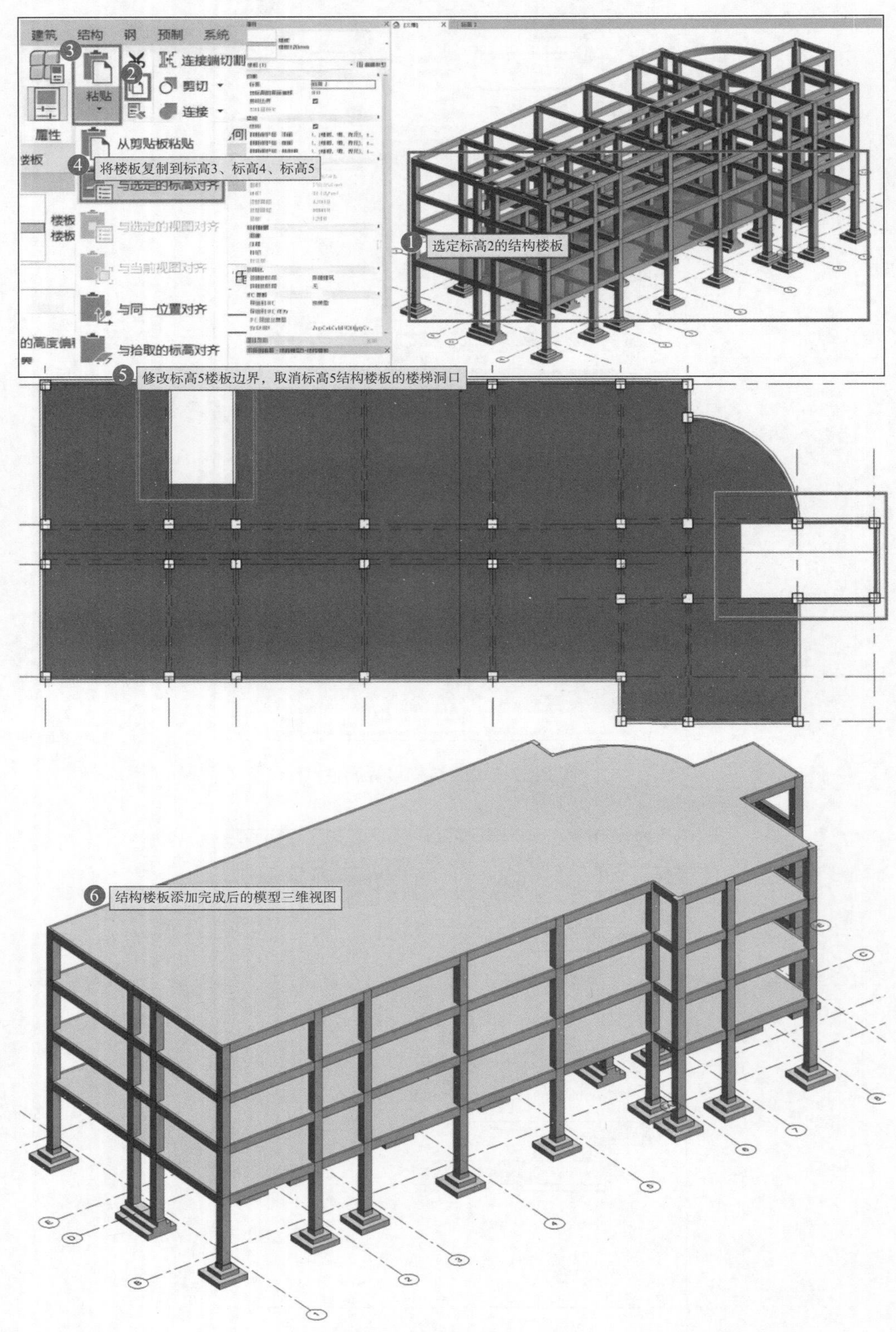

图 3-39　复制结构楼板

本章小结

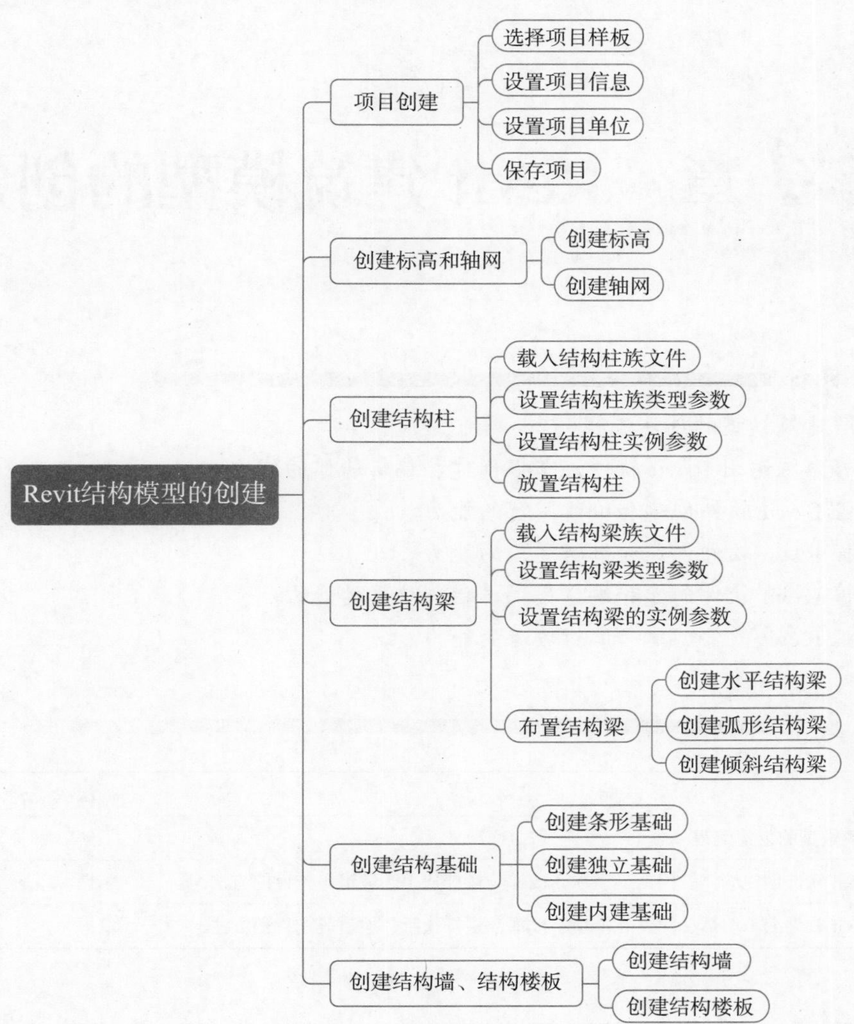
Revit结构模型的创建
项目创建
选择项目样板
设置项目信息
设置项目单位
保存项目
创建标高和轴网
创建标高
创建轴网
创建结构柱
载入结构柱族文件
设置结构柱族类型参数
设置结构柱实例参数
放置结构柱
创建结构梁
载入结构梁族文件
设置结构梁类型参数
设置结构梁的实例参数
布置结构梁
创建水平结构梁
创建弧形结构梁
创建倾斜结构梁
创建结构基础
创建条形基础
创建独立基础
创建内建基础
创建结构墙、结构楼板
创建结构墙
创建结构楼板

第4章 Revit 建筑模型的创建

教学目标

1. 了解建筑模型的创建流程。
2. 能够熟练运用 Revit 软件，掌握创建和编辑墙体的能力。
3. 掌握 Revit 软件创建和编辑门窗的能力。
4. 掌握 Revit 软件创建和编辑屋顶的能力。
5. 掌握 Revit 软件创建和编辑楼梯、栏杆扶手的能力。
6. 掌握 Revit 软件创建和编辑坡道的能力。

教学要求

能力要求	掌握层次	权重
了解建筑模型的创建流程	了解	20%
掌握 Revit 软件创建墙体、门窗、屋顶、楼梯、栏杆扶手、坡道等构件的方法	掌握	40%
掌握 Revit 软件编辑墙体、门窗、屋顶、楼梯、栏杆扶手、坡道等构件的方法	掌握	40%

本章任务一览

案例展现

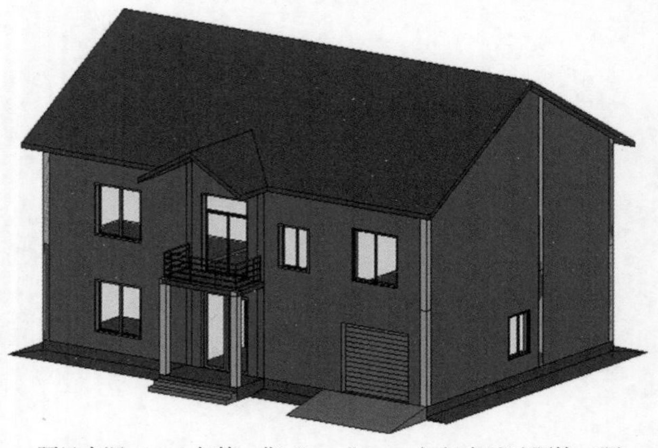

题目来源：2022 年第二期“1+X”BIM 初级考试试题第三题

续表

序　号	任务内容	任务分解	视频讲解
项目任务 4-1	创建墙体	（1）设置墙体类型； （2）在相应的平面视图绘制墙体； （3）设置墙体基本属性，如尺寸、材料等，并保存项目	
项目任务 4-2	创建叠层墙	（1）设置叠层墙； （2）绘制叠层墙并保存项目	
项目任务 4-3	创建幕墙	（1）选择幕墙类型； （2）编辑幕墙类型属性，设置垂直网格、水平网格、垂直竖梃和水平竖梃，包括竖梃分布方式、间距以及竖梃的类型等； （3）绘制幕墙； （4）设置幕墙嵌板并保存项目	
进阶任务 4-1	绘制墙体，使用内建模型工具绘制装饰门框	（1）设置墙体； （2）绘制墙体并修改墙体轮廓绘制门洞； （3）内建族，使用“放样”命令绘制门框； （4）设置墙体、门框材质并保存项目	
项目任务 4-4	创建门窗	（1）选择合适的门窗族； （2）基于墙放置门窗到合适位置并根据图纸调整门窗尺寸，设置好门窗底高度； （3）添加门窗注释并保存项目	
项目任务 4-5	创建屋顶	（1）使用“迹线屋顶”命令，在相应楼层平面绘制屋顶边界二维轮廓线；设置坡度、悬挑等，完成屋顶草图； （2）生成屋顶，并将墙体附着到屋顶，保存项目	
进阶任务 4-2	利用坡度箭头创建屋顶	（1）使用“迹线屋顶”命令，利用坡度箭头在相应楼层平面绘制屋顶边界二维轮廓线，完成屋顶草图； （2）设置屋顶材质并保存项目	
项目任务 4-6	创建楼梯	（1）选择楼梯类型； （2）设置楼梯的梯段类型、平台类型最大踢面高度、最小踏板深度、最小梯段宽度、功能、楼梯起止标高、踢面数量等关键参数； （3）选择楼梯绘制命令，按构件绘制楼梯并进行调整； （4）绘制楼梯间楼板洞口，完成楼梯绘制并保存	
项目任务 4-7	创建栏杆扶手	（1）选择栏杆类型； （2）单击“放置在主体上”，根据需要选择踏板或梯边梁，然后单击楼梯主体，放置栏杆； （3）绘制栏杆路径，创建二层栏杆，并保存项目	
进阶任务 4-3	创建弧形楼梯	（1）选择楼梯类型，设置楼梯起止标高等参数； （2）使用“楼梯（按草图）”命令，绘制楼梯弧形边界线、梯面线； （3）设置栏杆扶手，完成楼梯草图绘制，生成楼梯并保存	

续表

序　号	任务内容	任务分解	视频讲解
项目任务 4-8	创建坡道	（1）选择坡道类型； （2）绘制坡道，创建边界和梯面； （3）调整坡道起点和终点高度，生成坡道并保存	

4.1　创建墙体

4.1.1　墙体概述

墙体是建筑物的重要组成部分，主要起承重、围护、分隔空间的作用。在 Revit 软件中，墙体属于系统族，是建筑模型最常用的构件之一。在功能区的【建筑】选项卡中，单击【墙】按钮，出现【墙：建筑】【墙：结构】【面墙】三种墙体创建命令。

【墙：建筑】：主要用于绘制建筑中的非结构墙，如隔墙。

【墙：结构】：创建过程与【墙：建筑】相似。主要用于绘制建筑中的结构墙，如承重墙、剪力墙等，可以配置钢筋，指定结构受力计算模型。

【面墙】：主要用于体量或者常规模型表面生成各种异形墙体。

Revit 提供了三种类型的墙族：基本墙、叠层墙和幕墙。基本墙可用于创建项目的外墙、内墙以及女儿墙等墙体。叠层墙可用于创建包含一面接一面叠放在一起的两面或多面不同子墙，子墙在不同的高度可以具有不同的墙厚度，但仅“基本墙”系统族中的墙类型可以作为子墙。

4.1.2　创建基本墙

项目任务 4-1　创建墙体

打开“4.1.2 别墅模型创建墙体”项目文件，为项目创建一层所有内外墙体，见表 4-1。墙体主要参数要求如下。

外墙：240mm，10mm 厚灰色涂料（外部）、220mm 厚混凝土砌块、10mm 厚白色涂料（内部）；内墙：240mm，10mm 厚白色涂料、220mm 厚混凝土砌块、10mm 厚白色涂料。

表 4-1　创建墙体

项目模型展示	模型下载
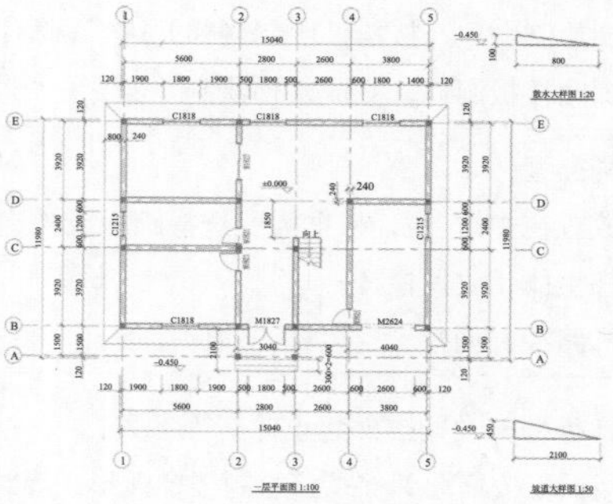 一层平面图	

续表

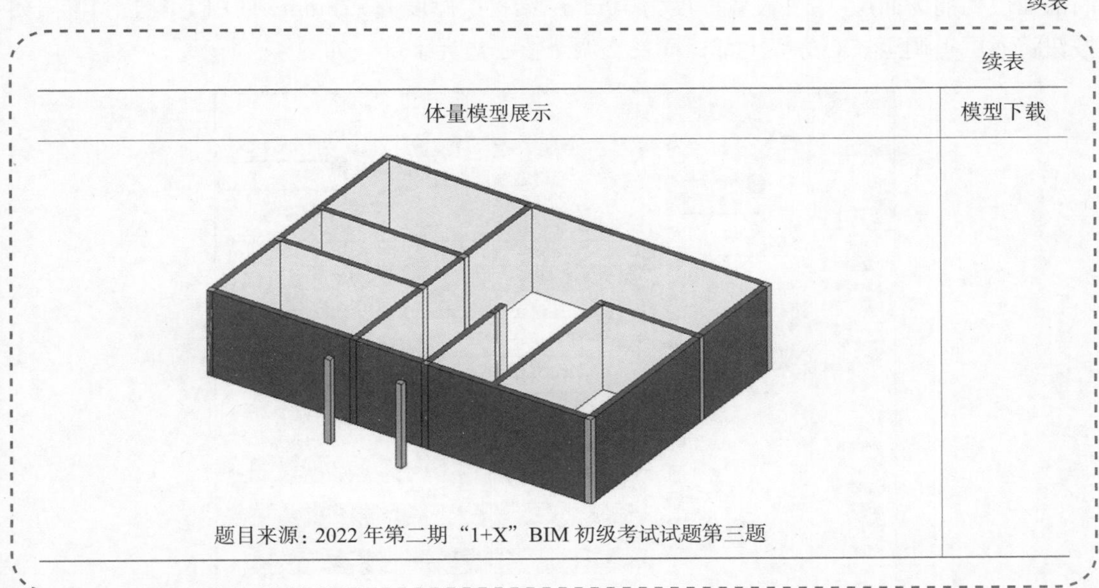

续表

体量模型展示	模型下载
题目来源：2022 年第二期“1+X”BIM 初级考试试题第三题	

1. 定义外墙类型

（1）启动 Revit 软件，打开“4.1.2 别墅模型创建墙体”项目文件，双击【项目浏览器】→【楼层平面】→ F1，打开一层平面视图。

（2）单击【建筑】选项卡→【墙】下拉列表→【墙：建筑】按钮，如图 4-1 所示。

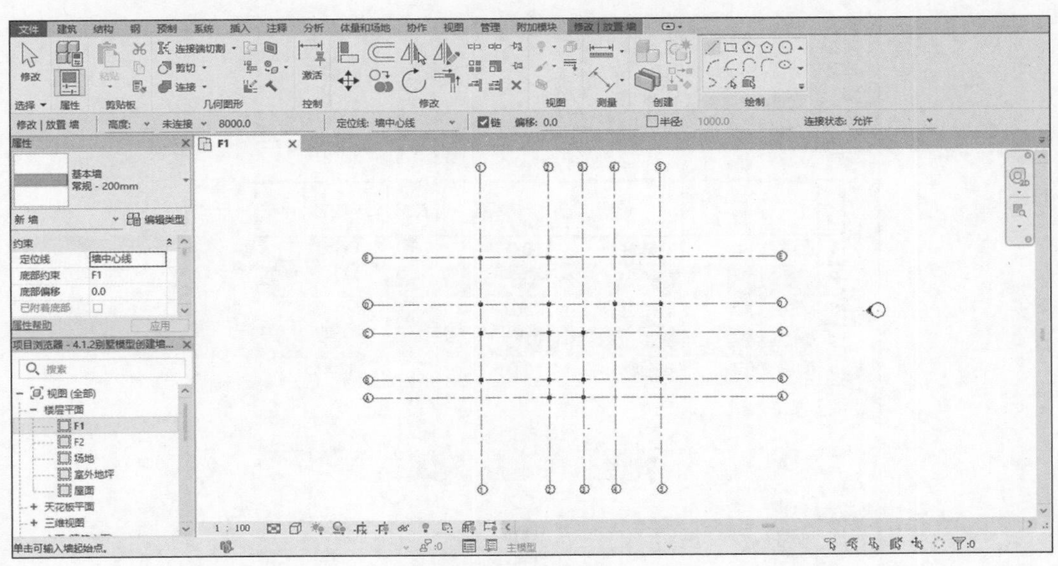

图 4-1　创建基本墙

（3）在【属性】面板，选择类型为“基本墙 : 常规 -200mm”，单击【编辑类型】按钮，在【类型属性】对话框中单击【复制】按钮，输入类型名称为“建筑外墙 -240mm”，如图 4-2 所示，单击【确定】按钮关闭对话框。

（4）单击【类型参数】中【结构】右侧的【编辑】按钮，弹出【编辑部件】对话框，单击【插入】按钮两次，分别插入外墙外部面层和内部面层，更改外部面层功能为面层 1，内部面层功能为面层 2，并设置厚度为 10mm，结构层厚度为 220mm，使用【向上】【向下】按钮将面层 1 调至核心边界上部，面层 2 调至核心边界下部，如图 4-3 所示。

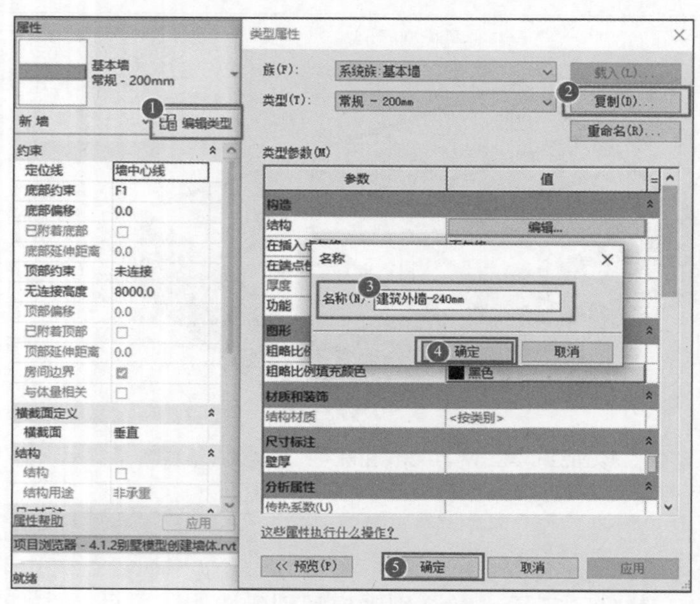

图 4-2　外墙类型属性

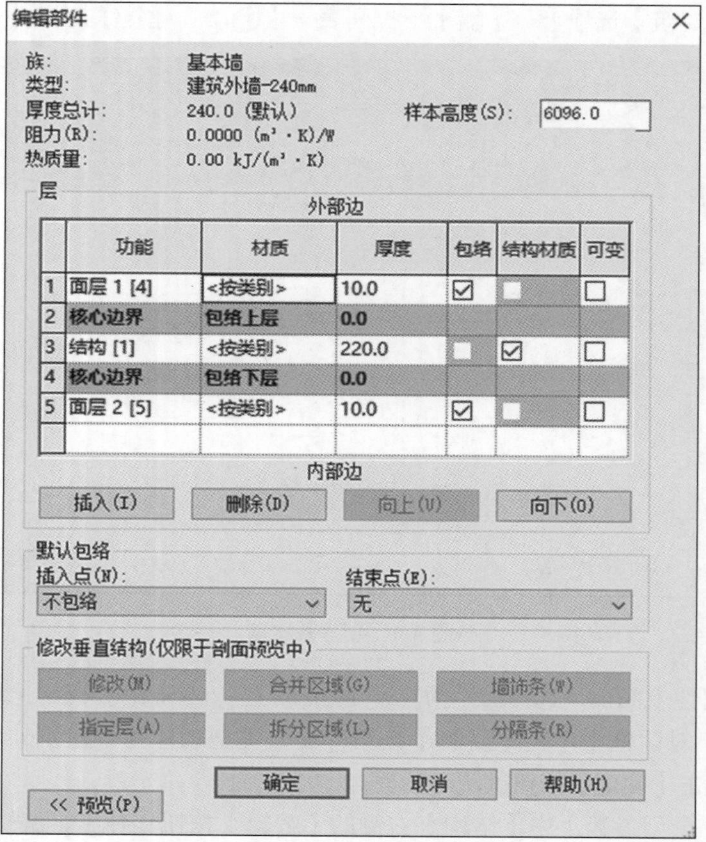

图 4-3　定义外墙层次

新手小站 4-1 墙体编辑部件中【层】功能怎么选择?

Revit 墙体编辑部件中【层】表示墙体的构造层次，各层可以被指定为以下 6 种功能：结构［1］、衬底［2］、保温层 / 空气层［3］、面层 1［4］、面层 2［5］、涂膜层。［ ］内的数字代表优先级，数字越大，该层的优先级越低。其中结构层具有最高优先级。当墙与墙相连时，Revit 会首先连接优先级高的层，然后连接优先级低的层。

结构［1］：支撑其余墙、楼板或屋顶的层。

衬底［2］：作为其他材质基础的材质（如胶合板或石膏板）。

保温层 / 空气层［3］：隔绝并防止空气渗透。

面层 1［4］：面层 1 通常是外层。

面层 2［5］：面层 2 通常是内层。

涂膜层：通常用于防止水蒸气渗透的薄膜。涂膜层的厚度应该为零。

（5）定义材质。单击【面层 1】材质单元格中【按类别】边上的【浏览】按钮，弹出【材质浏览器】对话框，搜索“涂料”，搜索结果显示无灰色涂料，选中【涂料 – 黄色】，右击并单击【复制】按钮，将复制出来的涂料重命名为“灰色涂料”，单击右侧【外观】标签，先单击【复制此资源】按钮，再单击【替换此资源】按钮，在弹出的【资源浏览器】中找到灰色涂料，单击【替换】按钮进行材质替换，完成后关闭【资源浏览器】，如图 4-4 所示。

图 4-4 定义材质外观

单击【图形】标签，勾选【着色】下方的【使用渲染外观】，如图 4-5 所示。单击下方的【确定】按钮完成【面层 1】材质的设置。

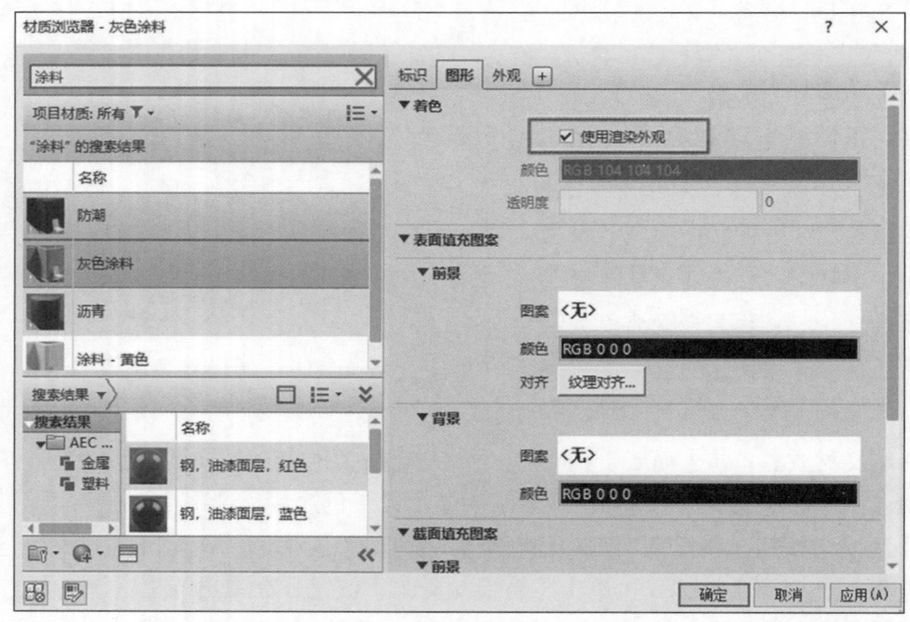

图 4-5 定义材质图形

单击【结构 1】材质单元格中【按类别】边上的【浏览】按钮，弹出【材质浏览器】对话框，搜索【砌块】，选中搜索结果中的“混凝土砌块”，单击下方的【确定】按钮完成【结构 1】材质的设置，如图 4-6 所示。

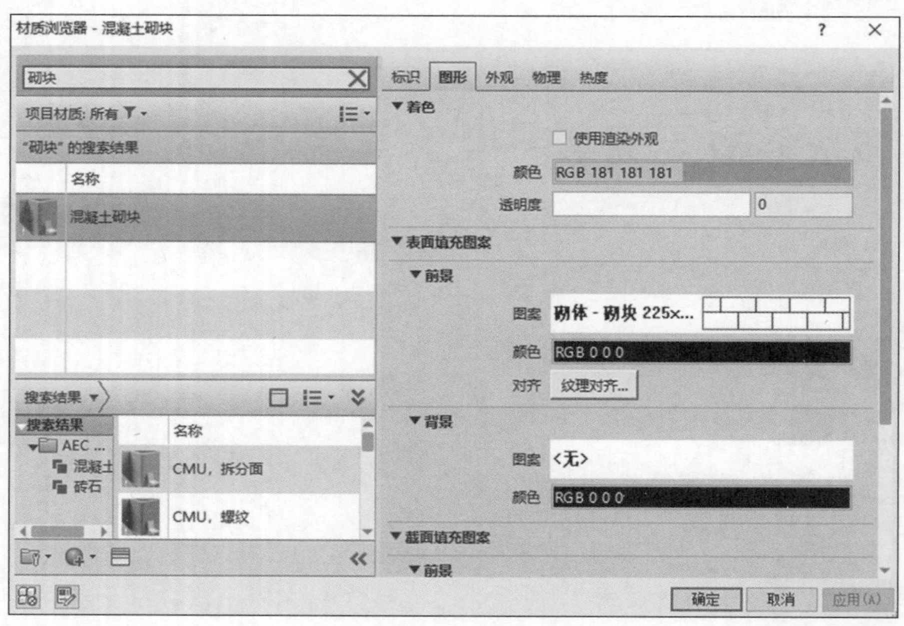

图 4-6 定义结构 1 材质

按【面层 1】相同的方式设置【面层 2】材质为白色涂料，如图 4-7 所示。

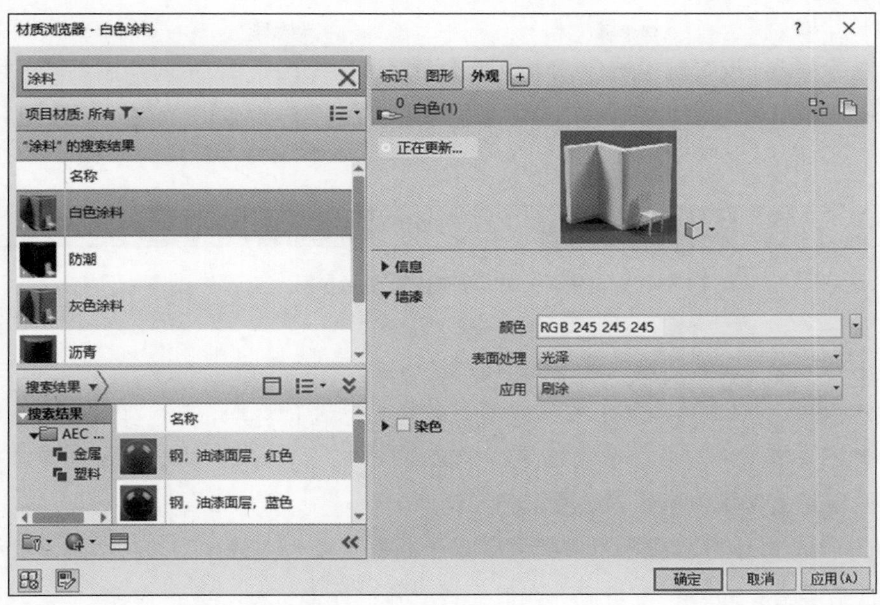

图 4-7　定义面层 2 材质

外墙所有参数全部设置完成后，如图 4-8 所示。单击【确定】按钮完成“建筑外墙 -240mm”结构的设置。

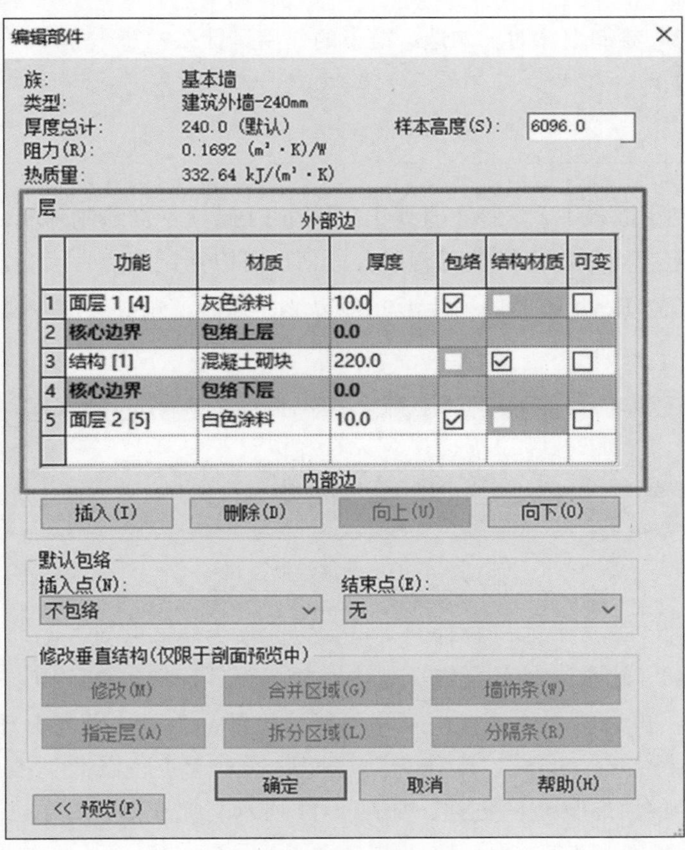

图 4-8　外墙编辑部件

2. 绘制外墙

（1）在【修改 | 放置墙】选项栏中设置【高度】为【F2】，表示所绘制墙的高度是从当前视图标高 F1 到 F2，设置墙体【定位线】为【核心层中心线】，勾选【链】选项，设置偏移量为 0，如图 4-9 所示。

图 4-9　设置墙体选项栏参数

新手小站 4-2　墙体【定位线】如何设置？

Revit 中墙体的【定位线】属性指定使用墙的哪一个垂直平面相对于所绘制的路径或在绘图区域中指定的路径来定位墙。布置连接的复合墙时，可以根据重要的特定材质层（如混凝土砌块）来精确放置它们。

Revit 绘制墙体时，选项栏中提供了以下 6 种定位线：墙中心线（默认）；核心层中心线；面层面：外部；面层面：内部；核心面：外部；核心面：内部。

墙的核心是指其主结构层。在简单的砖墙中，“墙中心线”和“核心层中心线”平面将会重合，然而它们在复合墙中可能会不同。

新手小站 4-3　绘制墙体时，勾选【链】的作用是什么？

勾选【链】的作用是当绘制完成一面墙后，可以连续绘制第二面墙，使其首尾相连。

（2）在【绘制】面板中，选择【直线】工具在 F1 楼层平面绘制外墙，如图 4-10 所示。通过在图形中指定起点和终点来放置直墙分段，也可以指定起点，沿所需方向移动光标，然后输入墙长度值。Revit 还提供了矩形、多边形、圆形、弧线、拾取线等工具，可绘制不同形状的墙体。

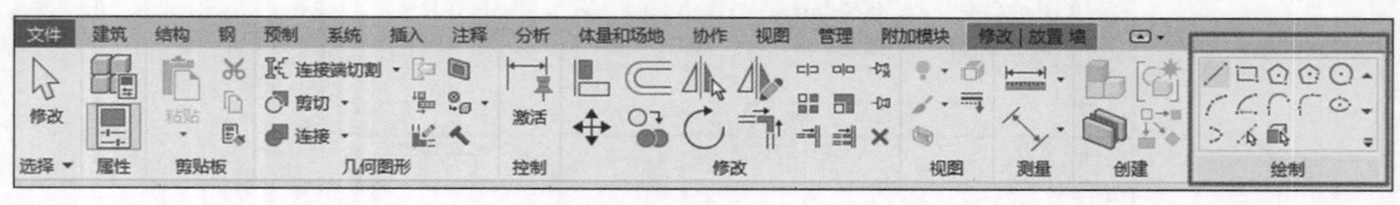

图 4-10　墙体绘制工具

在绘图区域内，单击 1 轴与 E 轴的交点，以此作为绘制起点，沿着 E 轴水平向右移动鼠标指针，直到 5 轴与 E 轴的交点，单击，作为第一面墙绘制终点，同时以此作为第二面墙绘制起点，再沿着 5 轴垂直向下移动鼠标指针，直到 5 轴与 B 轴的交点，单击，作为第二面墙绘制终点，同时以此作为第三面墙绘制起点，以此类推，按照顺时针方向，依次完成 F1 层所有外墙的创建，如图 4-11 所示。完成后，按 Esc 键，退出墙绘制模式。

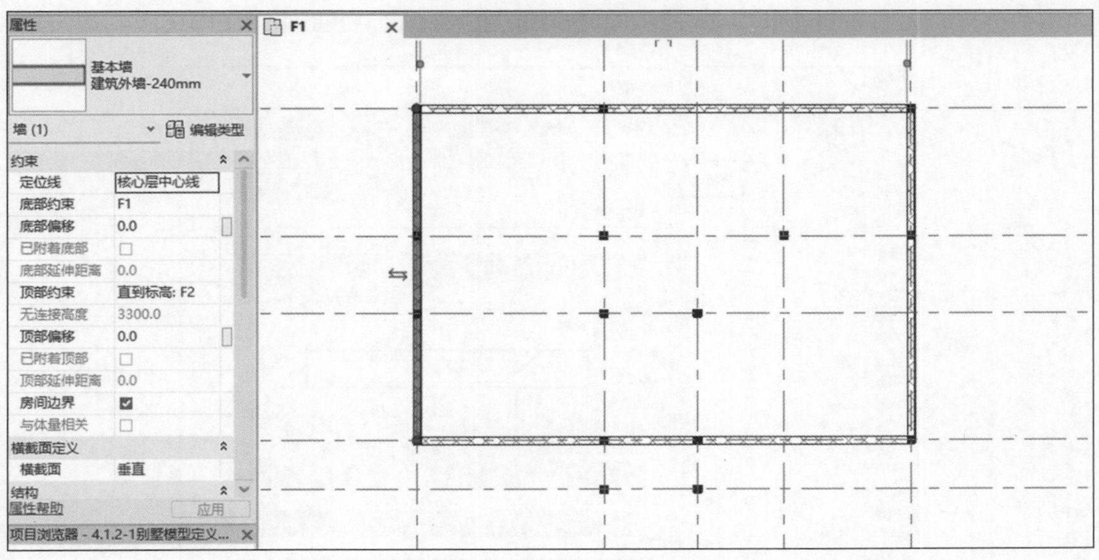

图 4-11　绘制外墙

注意

当墙体内外面层材质不同时，墙体的绘制顺序会影响墙体的显示，需要按照从左到右顺时针方向进行绘制，保证墙体的外墙面朝向外侧，绘制时可以通过按空格键翻转墙的内部 / 外部方向。

（3）如果有 CAD 图纸，可双击对应的楼层平面，单击【插入】选项卡→【导入】→【导入 CAD】按钮，将图纸导入当前视图，对应完成墙体与其余构件的创建。

3. 定义内墙类型

（1）单击【建筑】选项卡→【墙】下拉列表→【墙：建筑】按钮，在【属性】面板中选择类型为“基本墙：建筑外墙 -240mm”，单击【编辑类型】按钮，在【类型属性】对话框中单击【复制】按钮，输入类型名称为“建筑内墙 -240mm”，如图 4-12 所示，单击【确定】按钮关闭对话框。

（2）单击【类型参数】中【结构】右侧的【编辑】按钮，弹出【编辑部件】对话框，单击【面层 1】材质单元格中【灰色涂料】边上的【浏览】按钮，弹出【材质浏览器】，搜索“白色涂料”，在结果中选中【白色涂料】，单击下方的【确定】按钮关闭材质浏览器。“建筑内墙 -240mm”层设置如图 4-13 所示。单击【确定】按钮完成“建筑内墙 -240mm”结构的设置。

4. 绘制内墙

（1）与外墙相似，在【修改 | 放置墙】选项栏中设置【高度】为【F2】，墙体【定位线】为【核心层中心线】，勾选【链】选项，设置偏移量为 0。在【绘制】面板中，选择【直线】工具。在 F1 楼层平面绘图区域内，单击 1 轴与 D 轴的交点，作为绘制起点，沿着 D 轴水平向右移动鼠标指针，直到 2 轴与 D 轴的交点，单击，作为绘制终点。完成后，按 Esc 键退出第一面内墙绘制。再移动鼠标指针至其余内墙的起点进行绘制，依次完成 F1 层所有

内墙的创建，如图 4-14 和图 4-15 所示。完成后，按 Esc 键，退出墙绘制模式。

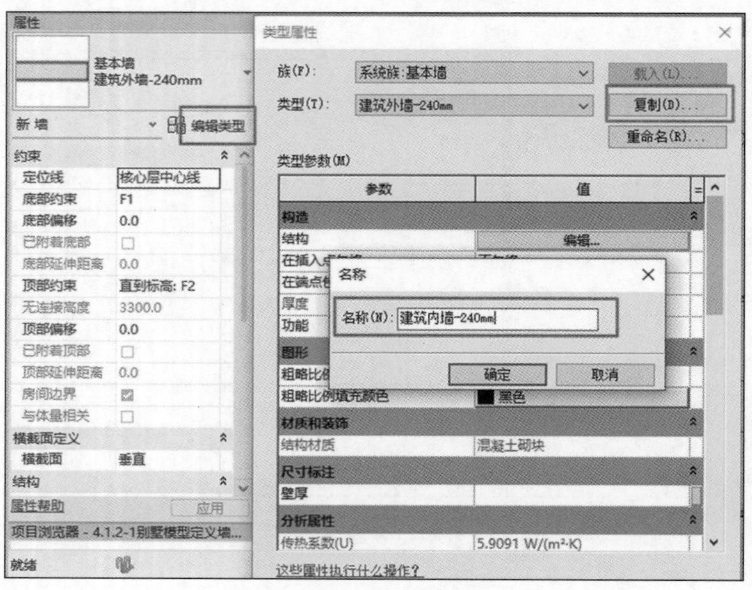

图 4-12　内墙类型属性

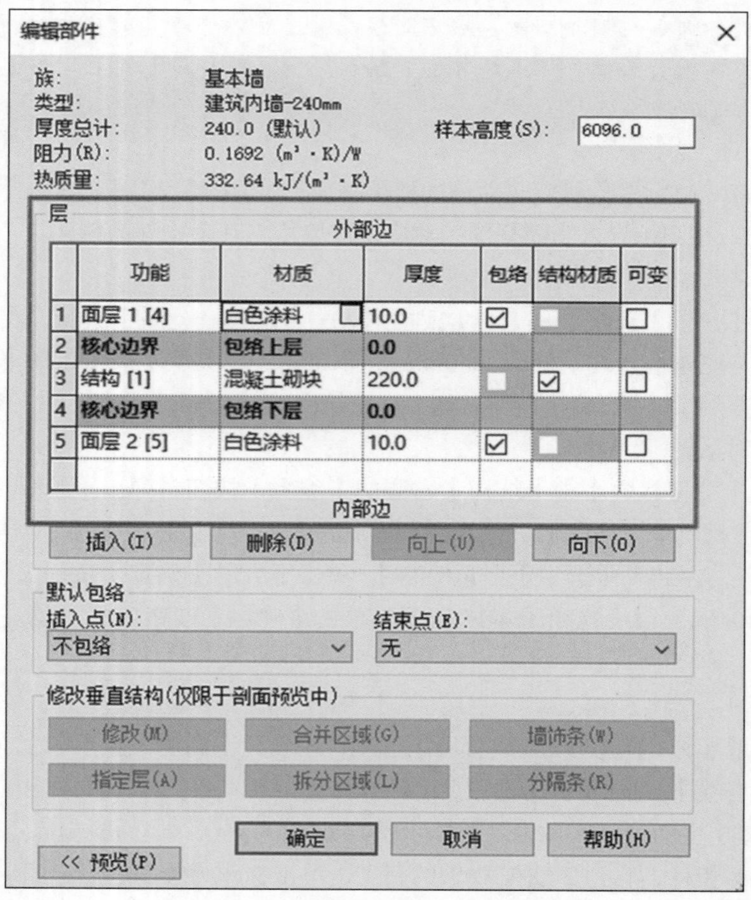

图 4-13　内墙编辑部件

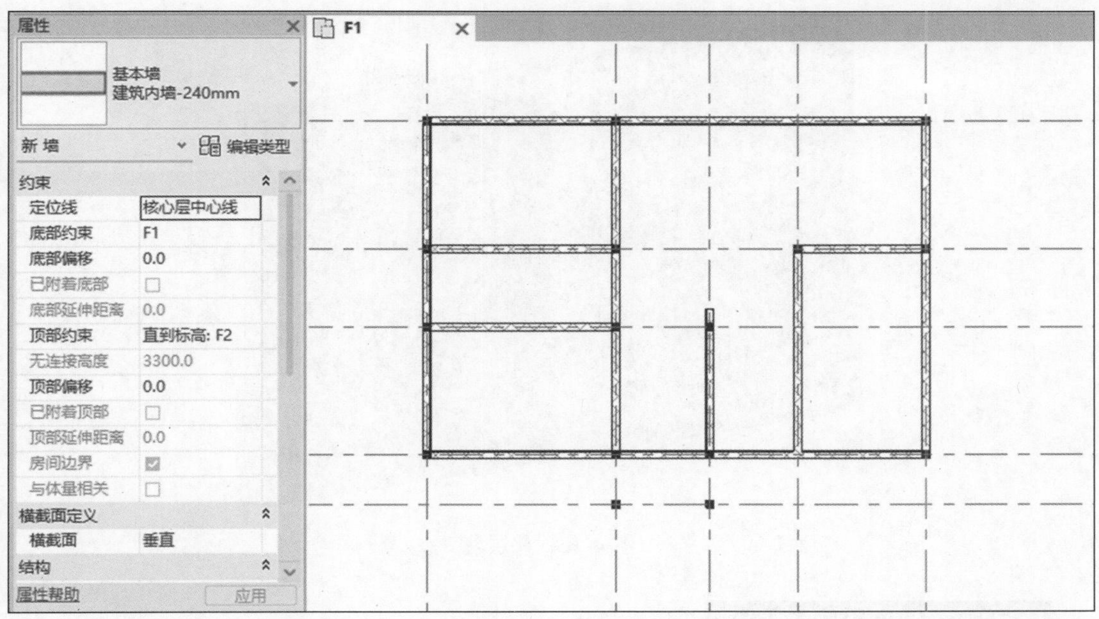

图 4-14　绘制内墙

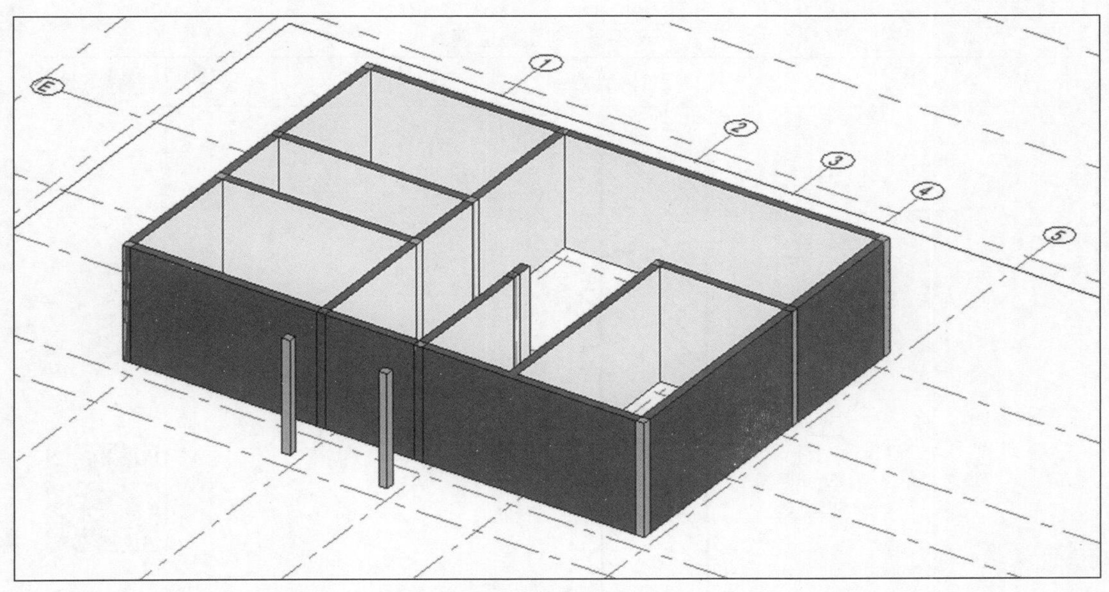

图 4-15　一层墙体三维显示

（2）保存项目文件。完成 F1 层所有墙体创建后，单击左上角的【文件】选项，在下拉菜单中单击【另存为】→【项目】选项，将文件命名为“4.1.2 别墅模型一层内外墙体”进行保存。

4.1.3　创建叠层墙

叠层墙是在高度方向由若干个不同厚度、不同材质的子墙相互堆叠而成的。叠层墙中的所有子墙都被附着，其几何图形相互连接，如图 4-16 所示。

图 4-16　叠层墙

项目任务 4-2　创建叠层墙

根据给定尺寸和构造创建墙模型，见表 4-2。

表 4-2　创建叠层墙

项目模型展示	模型下载
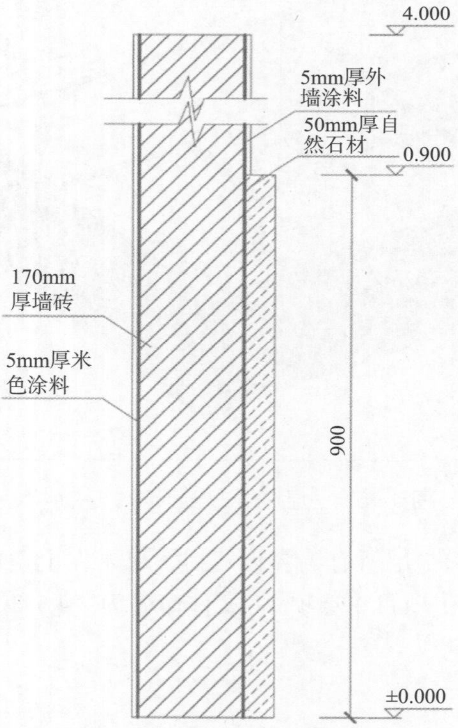 4.000 5mm厚外墙涂料 50mm厚自然石材 0.900 170mm厚墙砖 5mm厚米色涂料 900 ±0.000 墙身局部详图	

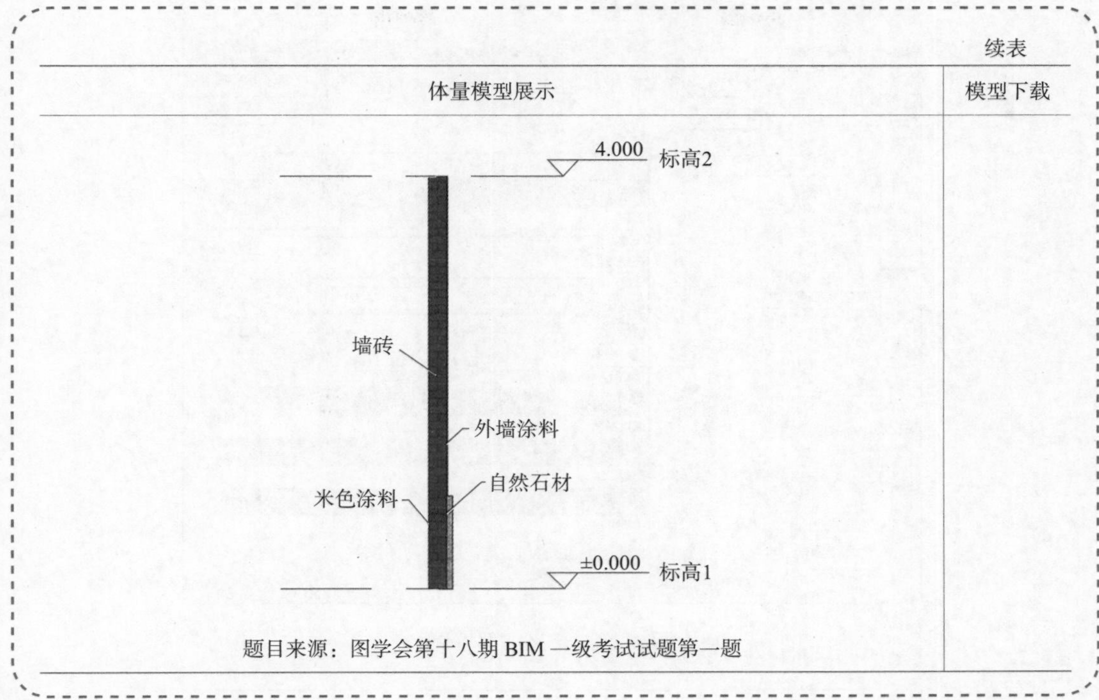

1. 定义叠层墙类型

（1）双击启动 Revit 软件，单击【新建】选项，选择样板文件为【建筑样板】，新建【项目】，单击【确定】按钮，完成项目文件的新建。

（2）双击【项目浏览器】→【楼层平面】→【标高 1】，打开一层平面视图，选择【建筑】面板【墙】下拉列表中的【墙：建筑】命令。

（3）在【属性】面板，选择类型为"基本墙：常规 -200mm"，单击【编辑类型】按钮，在【类型属性】对话框中单击【复制】按钮，输入类型名称为"上部墙体"，单击【确定】按钮关闭对话框，如图 4-17 所示。再单击【结构】右侧的【编辑】按钮，打开墙编辑器。按照要求，插入【面层 1】，设置为 5mm 厚外墙涂料，插入【面层 2】，设置为 5mm 厚米色涂料，【结构层】为 170mm 厚墙砖，如图 4-18 所示。完成后单击【确定】按钮完成"上部墙体"结构的设置。

（4）在【类型属性】对话框中再次单击【复制】按钮，输入类型名称为"下部墙体"，按照要求，将【面层 1】改为 50mm 厚自然石材，如图 4-19 所示。单击【确定】按钮完成"下部墙体"结构的设置。

（5）在【类型属性】对话框中，更改族为【叠层墙】，单击【复制】按钮，输入类型名称为"叠层墙"，单击【确定】按钮。再单击【结构】右侧的【编辑】按钮，打开墙编辑器。

在【编辑部件】对话框中设置底部类型为"下部墙体"，高度为 900mm，顶部是"上部墙体"，高度可变，如图 4-20 所示，单击【确定】按钮退出【编辑部件】，再次单击【确定】按钮退出【类型属性】。

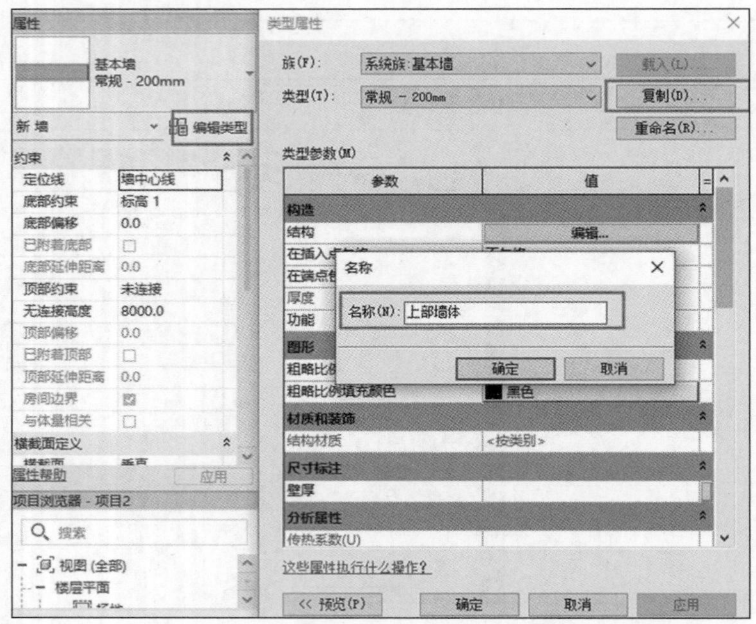

图 4-17　定义上部墙体

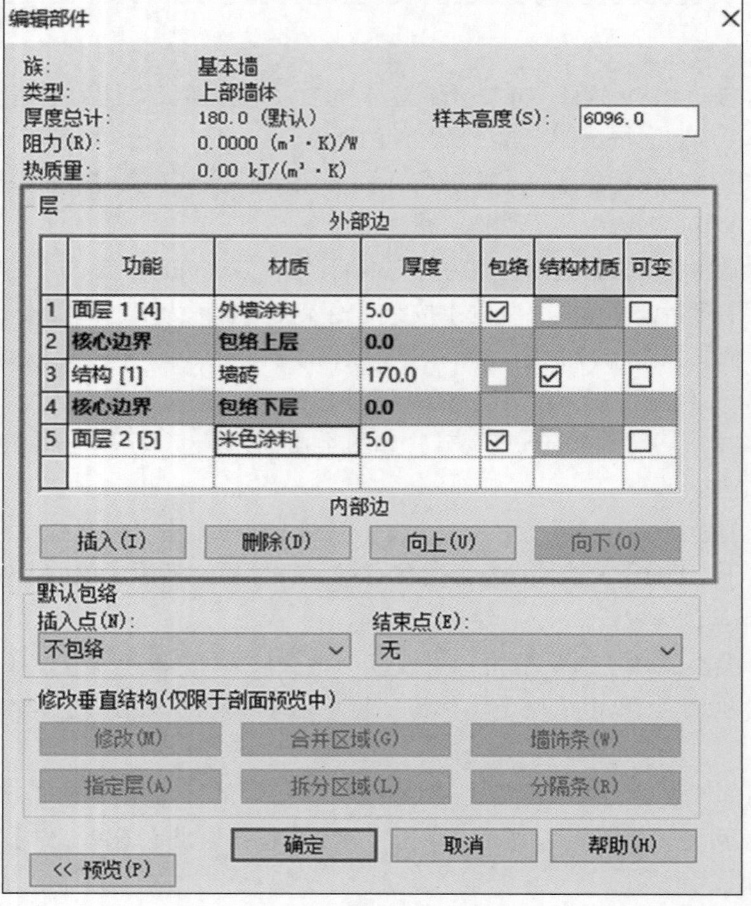

图 4-18　上部墙体编辑部件

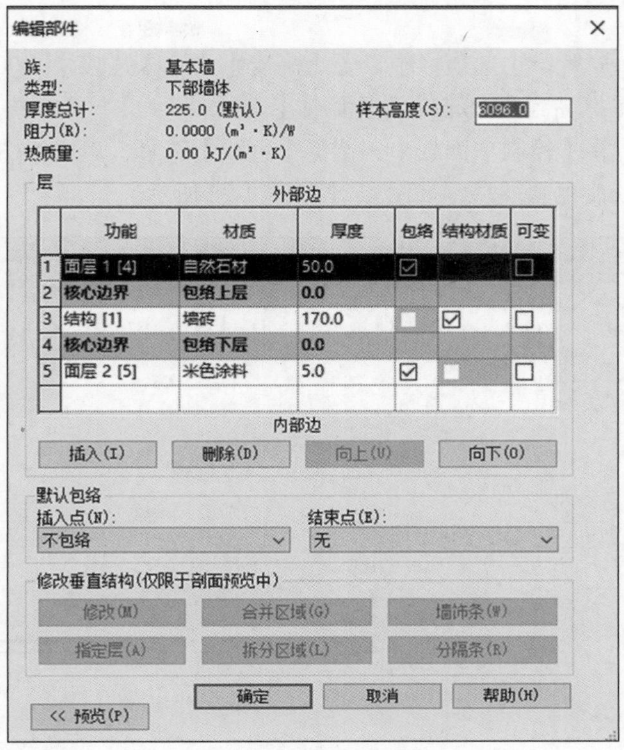

图 4-19　下部墙体编辑部件

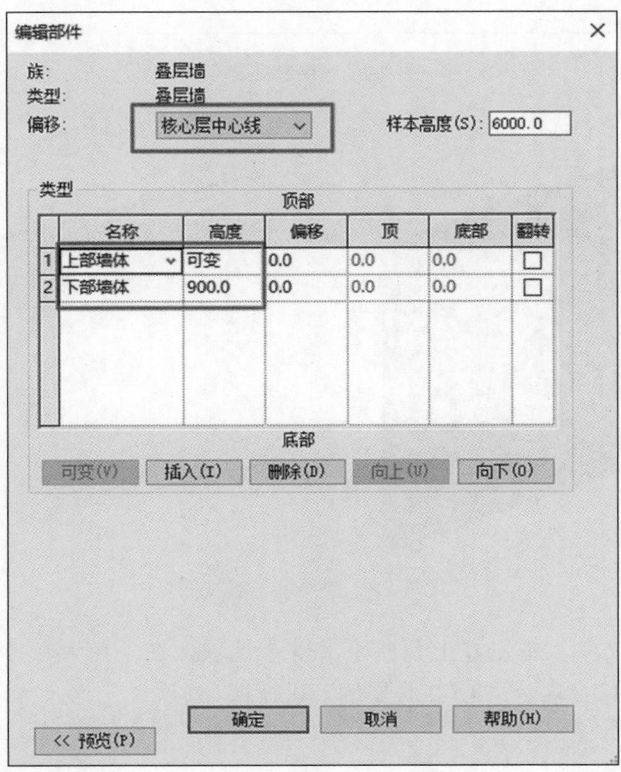

图 4-20　叠层墙编辑部件

2. 创建叠层墙

（1）在【修改 | 放置墙】选项栏中设置【高度】为【未连接】【4000】，表示所绘制墙的高度是从当前视图标高到4000mm，设置墙体【定位线】为【核心层中心线】，不勾选【链】选项，偏移量为0，在【绘制】面板中，选择【直线】工具，单击绘图区域内任意一点作为起点，绘制任意长度的叠层墙，如图4-21和图4-22所示。

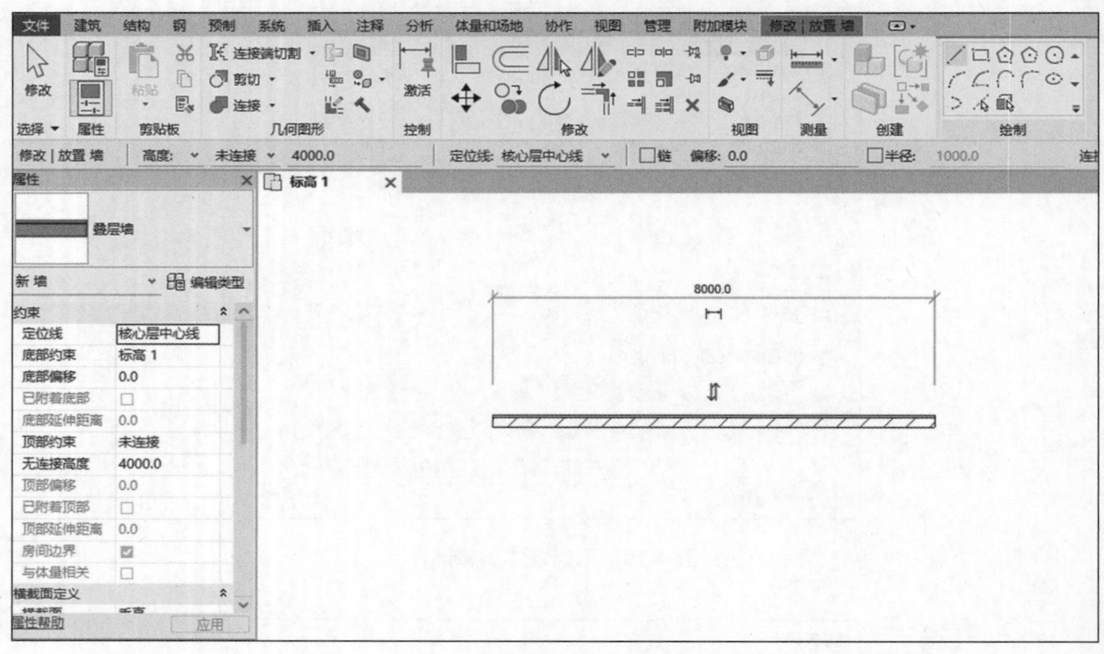

图 4-21　绘制叠层墙

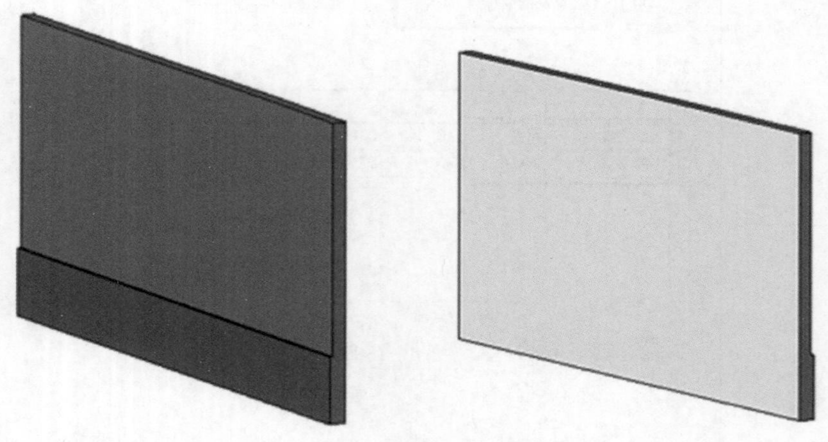

图 4-22　叠层墙三维视图

（2）保存项目文件。单击左上角的【文件】选项，在下拉菜单中选择【另存为】→【项目】选项，将文件命名为“4.1.3 叠层墙”进行保存。

4.1.4　创建幕墙

幕墙是一种外墙，附着到建筑结构，而且不承担建筑的楼板或屋顶荷载。幕墙的创建方式与基本墙一致，但是幕墙多数是以玻璃材质为主。Revit 软件中，幕墙是由“幕墙嵌板”“幕墙网格”和“幕墙竖梃”三部分组成的，如图 4-23 所示。

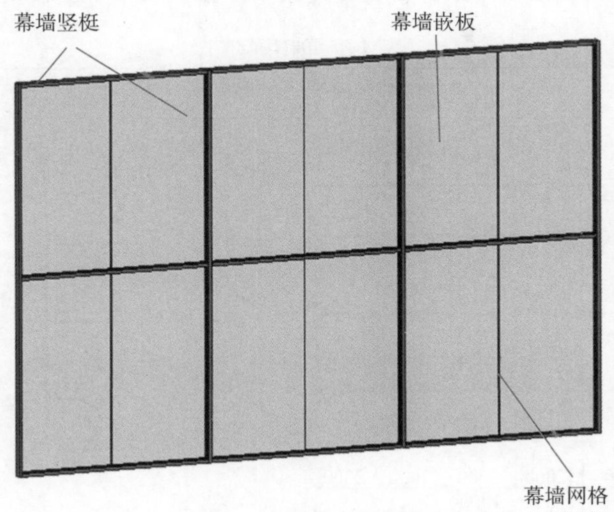

图 4-23　幕墙组成

幕墙嵌板：构成幕墙的基本单元，幕墙由一块或者多块幕墙嵌板组成。

幕墙网格：控制幕墙的网格划分，决定幕墙嵌板的大小、数量。

幕墙竖梃：即幕墙龙骨，沿幕墙网格生成的线性构件，是分割相邻窗单元的结构图元。当删除幕墙网格时，该网格的竖梃也会同时删除。

在 Revit 建筑样板中，有三种幕墙类型：“幕墙”“外部玻璃”和“店面”，如图 4-24 所示。

幕墙：创建的幕墙没有网格和竖梃，可通过手动方式划分幕墙网格，添加竖梃，灵活性最强。

外部玻璃：具有预设网格，间距较大，如果设置不合适，可以修改网格规则。

店面：具有预设网格，间距较小，如果设置不合适，可以修改网格规则。

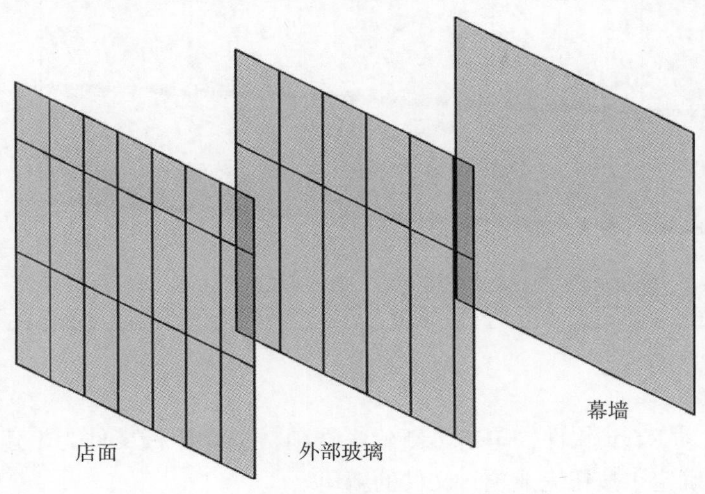

图 4-24　幕墙类型

项目任务 4-3 创建幕墙

根据下图给定的北立面和东立面，创建玻璃幕墙及其水平竖梃模型，见表 4-3。

表 4-3 创建幕墙

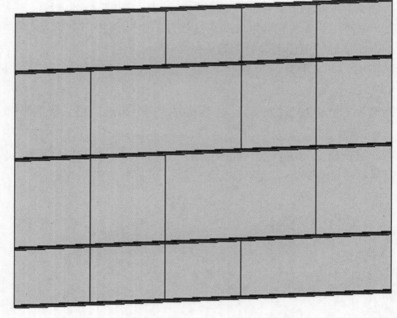

项目模型展示	模型下载
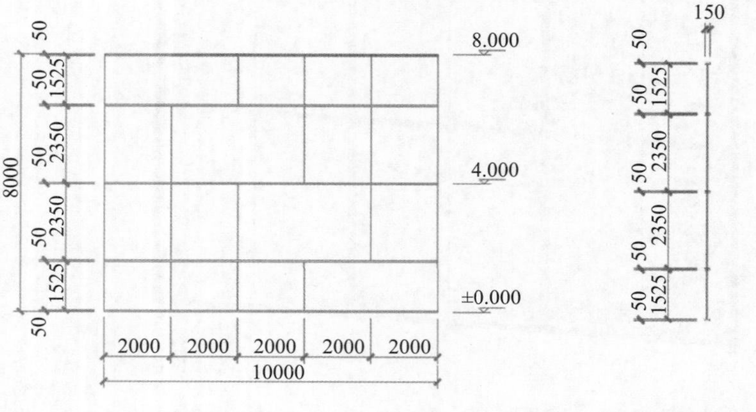 北立面图1:100　东立面图1:100 创建幕墙	
题目来源：图学会第一期 BIM 一级考试试题第三题	

1. 定义幕墙属性

（1）双击启动 Revit 软件，单击【新建】选项，选择样板文件为【建筑样板】，新建【项目】，单击【确定】按钮完成项目文件的新建。

（2）双击【项目浏览器】→【楼层平面】→【标高 1】，打开一层平面视图，选择【建筑】→【墙】下拉列表中的【墙：建筑】命令。

（3）在【属性】面板中，选择类型为【幕墙】，单击【编辑类型】按钮，在【类型属性】对话框中单击【复制】按钮，输入类型名称为“玻璃幕墙”，单击【确定】按钮关闭对话框，如图 4-25 所示。

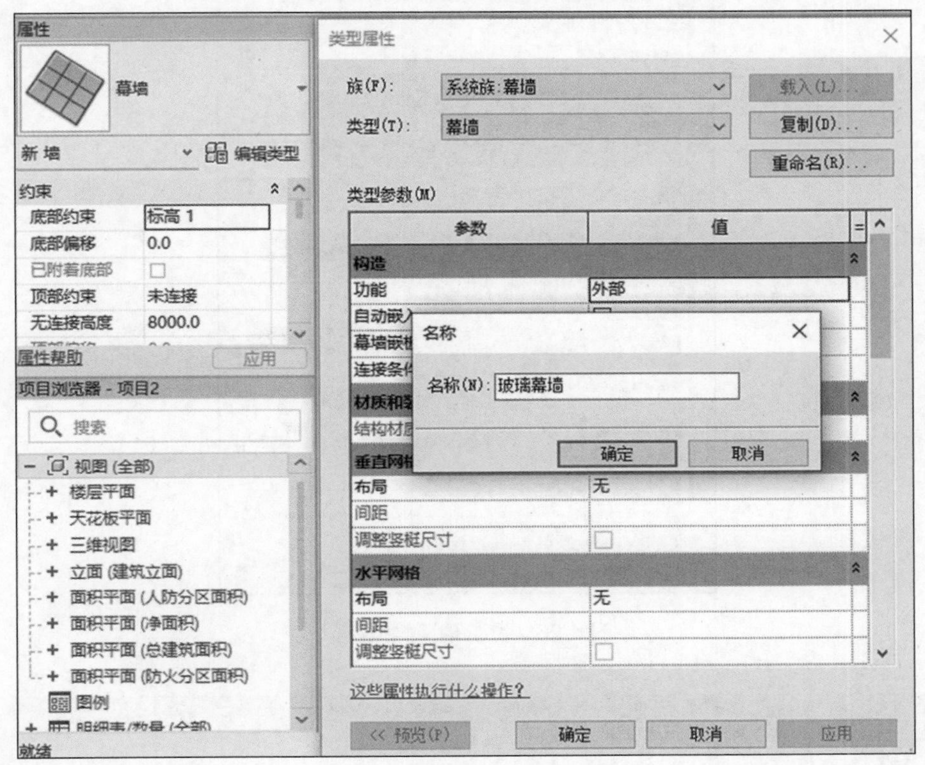

图 4-25　玻璃幕墙类型属性

（4）在【类型参数】页面中，设置幕墙嵌板为“系统嵌板：玻璃”，连接条件为“边界和水平网格连续”，垂直网格设为“固定距离”“2000”，水平网格默认为“无”，后续再手动划分幕墙网格，添加竖梃，如图 4-26 所示。单击【确定】按钮，退出【类型属性】对话框。

2. 创建幕墙

（1）在【修改 | 放置墙】选项栏中设置【高度】为“未连接”“8000”，在【绘制】面板中，选择【直线】工具，单击绘图区域内任意一点作为起点，绘制长度为 10000mm 的幕墙，如图 4-27 所示。

（2）双击【项目浏览器】→【立面：北】，打开北立面视图，选择【建筑】→【幕墙网格】命令，进入【修改 | 放置 幕墙网格】面板，如图 4-28 所示。

（3）选择面板中的【全部分段】命令，在北立面图中靠近幕墙左边边缘，显示距离底部 1600 的位置时单击，采用同样的步骤，显示距离顶部 1600 的位置时单击，在状态栏显示“幕墙嵌板的中点”位置时单击，如图 4-29 所示。完成后，按 Esc 键退出幕墙网格绘制模式。

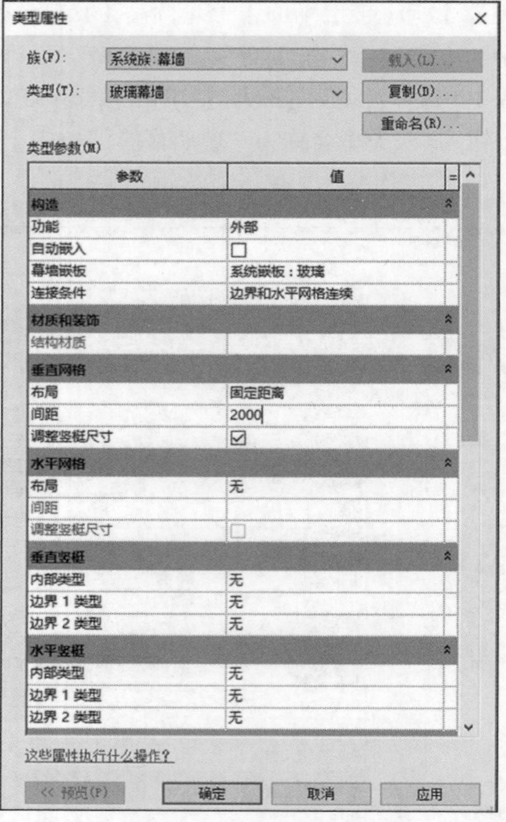

图 4-26 设置幕墙类型参数

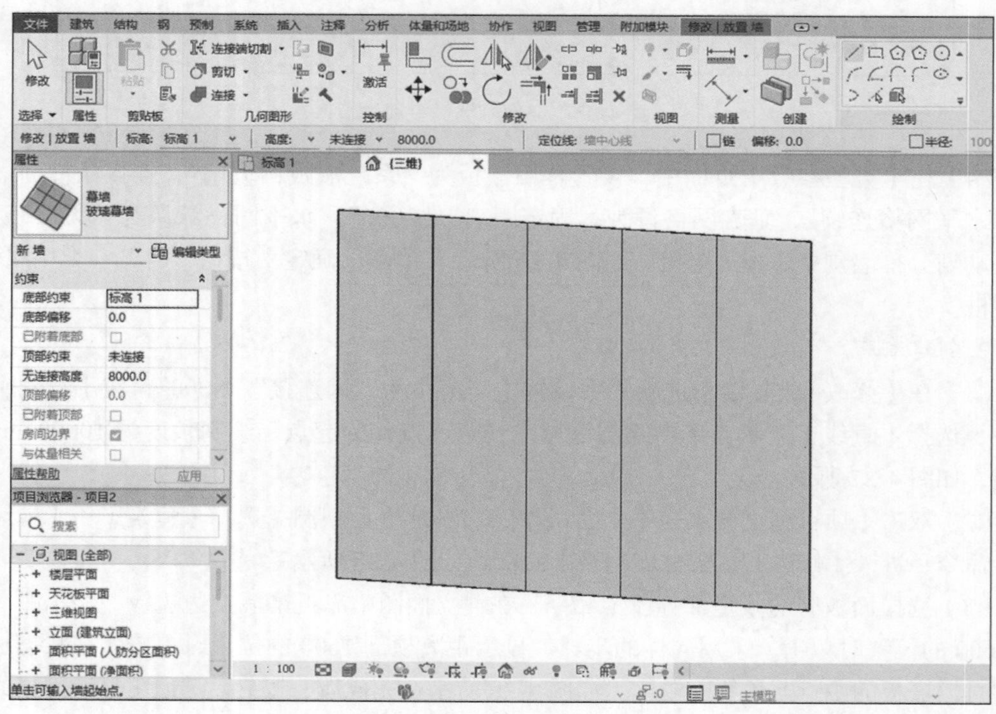

图 4-27 绘制幕墙

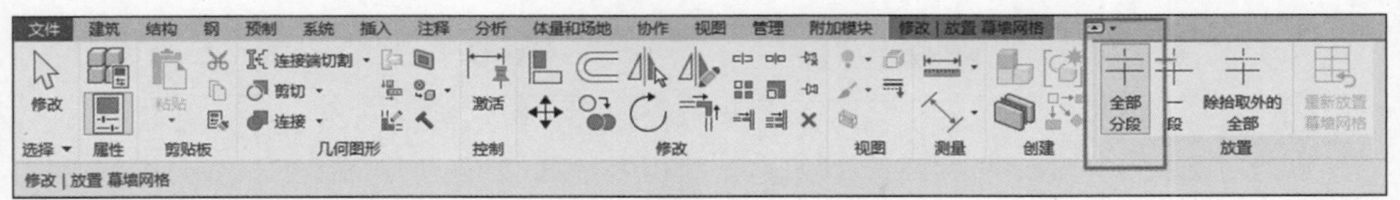

图 4-28　修改 | 放置 幕墙网格

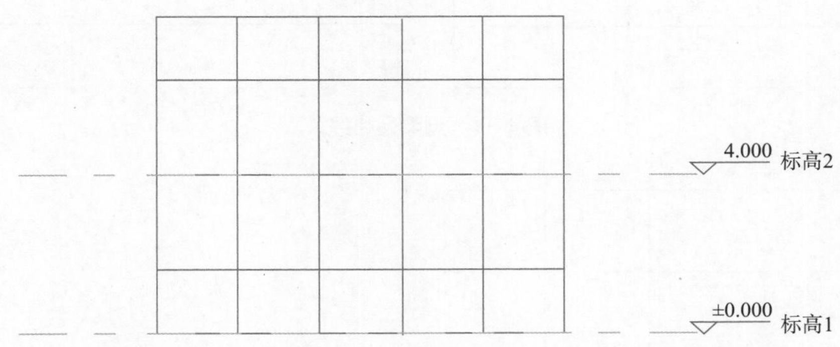

图 4-29　创建水平网格

新手小站 4-4 【修改 | 放置 幕墙网格】时，全部分段、一段、除拾取外的全部有什么区别？

全部分段：单击添加整条网格线，在出现预览的所有嵌板上放置网格线段。

一段：单击添加一段网格线，在出现预览的一个嵌板上放置一条网格线段。

除拾取外的全部：在除了选择排除的嵌板之外的所有嵌板上，放置网格线段。

（4）单击左侧第二根垂直网格，进入【修改 | 幕墙网格】面板，如图 4-30 所示。单击【添加 / 删除线段】，将光标移动到第二根垂直网格的第一行，单击，网格线变成虚线后，单击绘图区域任意空白处确定，如图 4-31 所示。

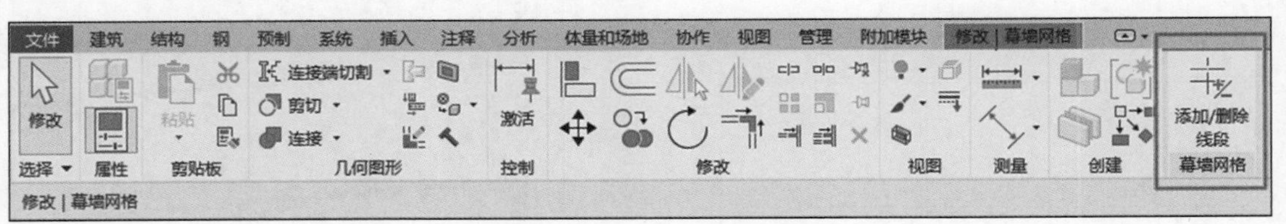

图 4-30　修改 | 幕墙网格

（5）采用同样的步骤，将其余垂直网格多余线段删除，完成后如图 4-32 所示。

（6）网格创建完毕，可以在网格的基础上添加竖梃，选择【建筑】→【竖梃】命令，显示【修改 | 放置竖梃】面板，如图 4-33 所示。

单击【网格线】，在【属性】面板中选择“矩形竖梃 50mm × 150mm”，在立面图中单击幕墙上的水平网格，完成所有水平竖梃的创建，如图 4-34 和图 4-35 所示。

（7）保存项目文件。单击左上角的【文件】选项，在下拉菜单中选择【另存为】→【项目】选项，将文件命名为“4.1.4 创建幕墙”进行保存。

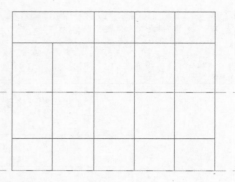

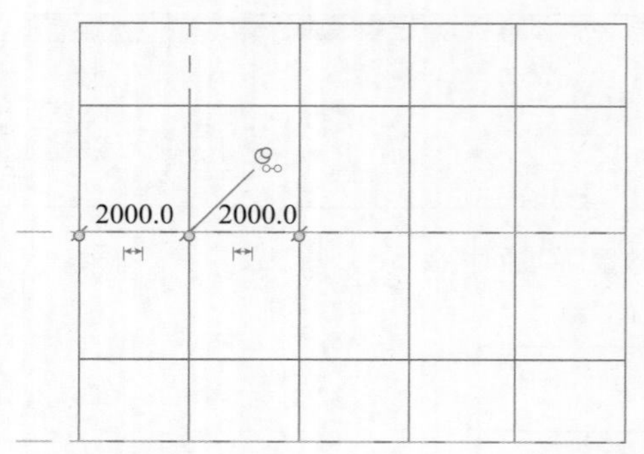

图 4-31　删除网格线段

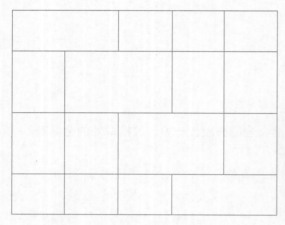

图 4-32　幕墙网格

图 4-33　修改 | 放置竖梃

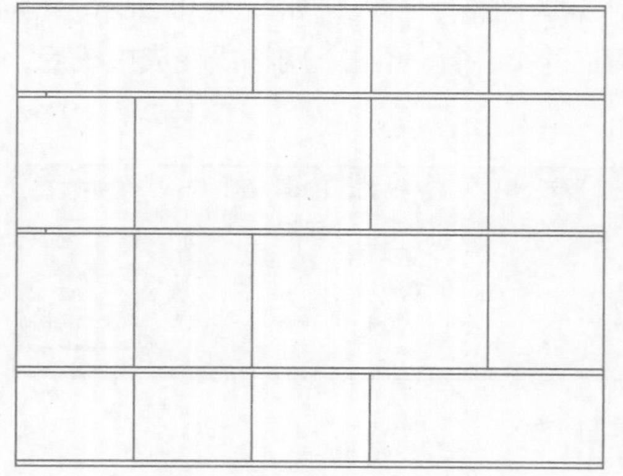

图 4-34　幕墙立面图

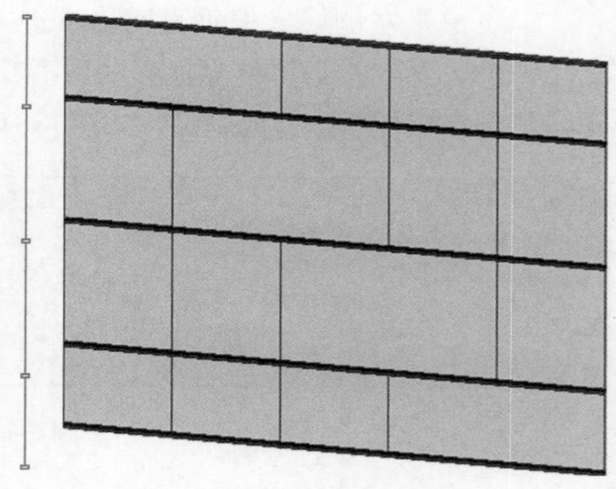

图 4-35　幕墙三维

进阶任务 4-1　绘制墙体，使用内建模型工具绘制装饰门框

绘制墙体，墙体类型、墙体高度、墙体厚度及墙体长度自定义，材质为灰色普通砖，并参照下图标注尺寸在墙体上开一个拱形门洞。以内建常规模型的方式沿洞口生成装饰门框，门框轮廓材质为樱桃木，样式见表 4-4。

表 4-4　创建墙体，使用内建模型工具绘制装饰门框

项目模型展示	模型下载
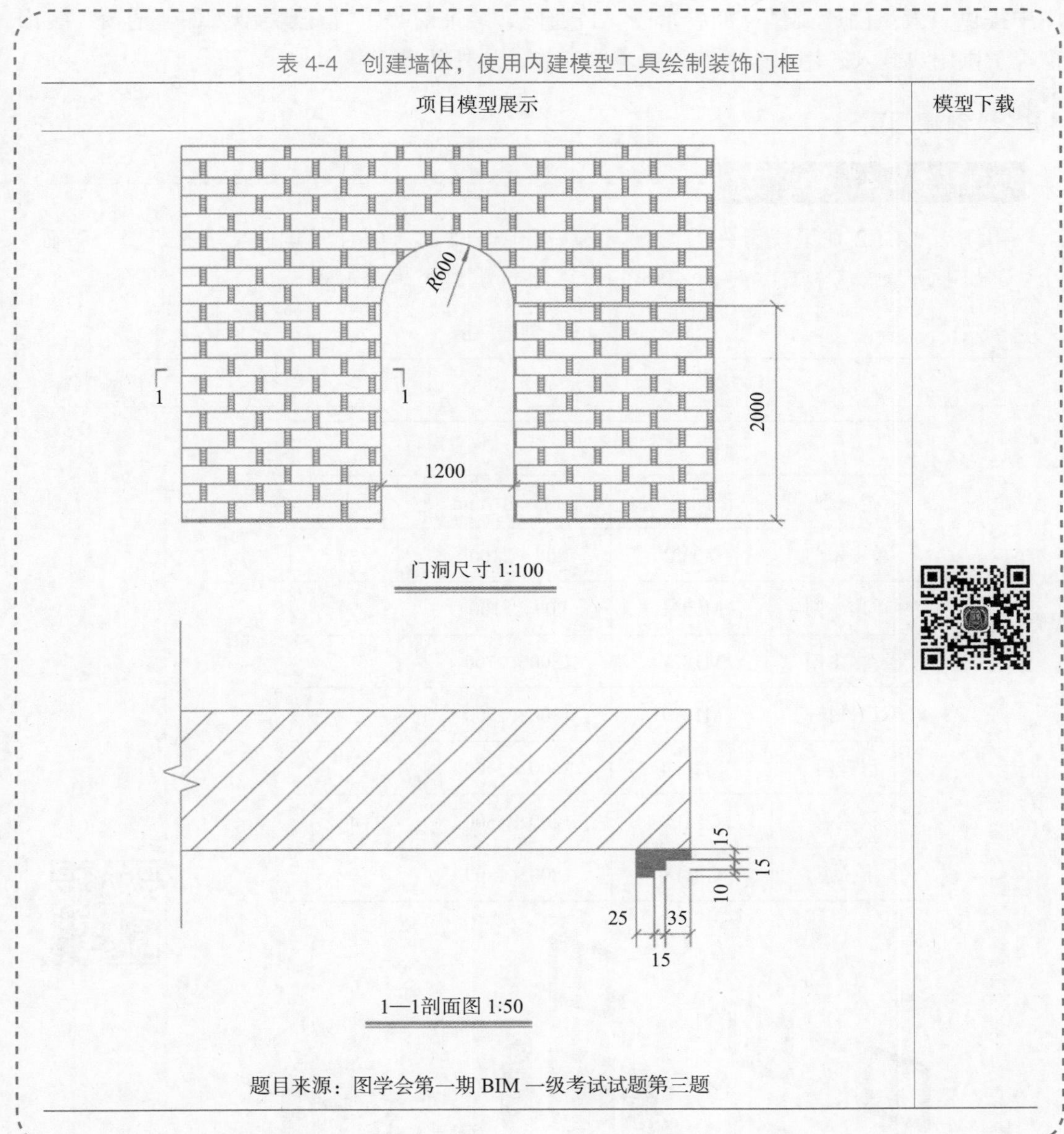 题目来源：图学会第一期 BIM 一级考试试题第三题	

4.2　创建门窗

4.2.1　门窗概述

门窗是建筑物围护结构系统中重要的组成部分，具有保温、隔热、隔声、防水、防火等功能。在 Revit 中门窗是以墙为主体放置的图元，所以创建门窗之前必须先创建墙，再创建门窗。如果删除墙体，门窗也会随之删除。绘制门窗时会自动在墙上形成剪切洞口，墙体不需要在门窗处断开。

门窗都是可载入族，在创建门和窗之前，必须先将门窗族载入当前项目中。Revit 族

库中提供了大量门族类型（如卷帘门、普通门、装饰门等）、窗族类型（如普通窗、装饰窗等）供用户载入，用户也可通过新建门窗族，从外部进行载入。

4.2.2 创建门窗

项目任务 4-4 创建门窗

打开“4.1.2 别墅模型一层内外墙体”项目文件，为项目创建一层所有门窗。平面位置如下所示。窗台底高度为 600mm，主要参数要求见表 4-5。

表 4-5 创建门窗

门窗表

类型	设计编号	洞口尺寸 /mm	数量
单扇木门	M0821	800 × 2100	3
单扇木门	M0921	900 × 2100	5
双扇木门	M1827	1800 × 2700	1
双扇推拉门	M1827	1800 × 2700	2
滑升门	M2624	2600 × 2400	1
推拉窗	C1215	1200 × 1500	4
推拉窗	C1818	1800 × 1800	9

（项目模型展示 | 模型下载）

1. 定义门属性

（1）启动 Revit 软件，打开“4.1.2 别墅模型一层内外墙体”项目文件，双击【项目浏览器】→【楼层平面】→ F1，切换到一层平面视图。

（2）单击【建筑】→【门】按钮，进入【修改 | 放置门】面板，如图 4-36 所示。

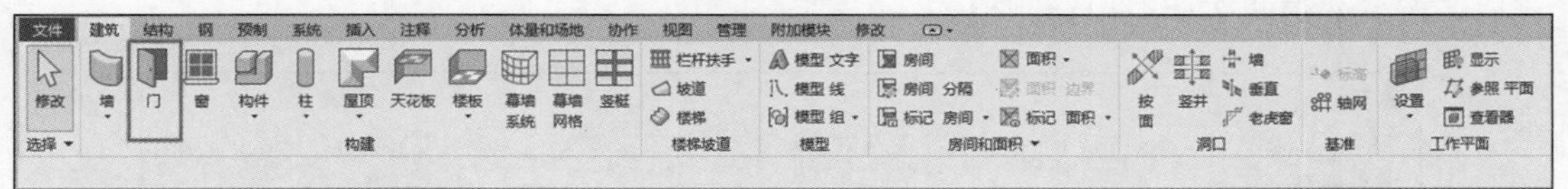

图 4-36　门命令

（3）载入单扇木门类型。在【属性】面板中单击【编辑类型】按钮，在弹出的【类型属性】对话框中单击【载入】按钮，如图 4-37 所示，进入“Chinese”文件夹，双击打开【建筑】→【门】→【普通门】→【平开门】→【单扇】选项，如图 4-38 所示，选择一单扇木门，单击下方的【打开】按钮退出。

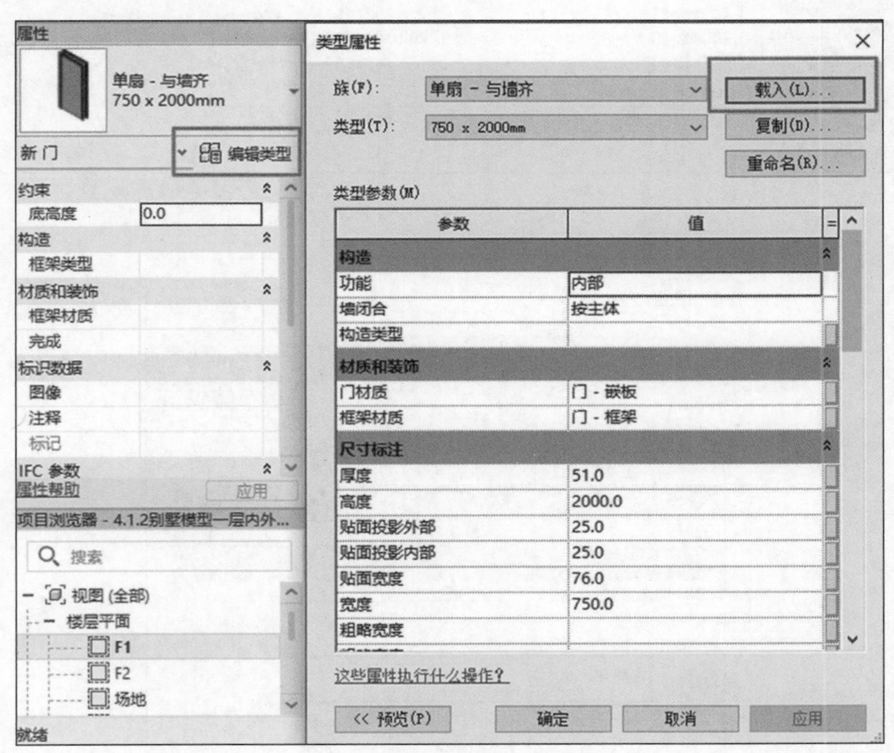

图 4-37　门类型属性

（4）在【类型属性】对话框中单击【复制】按钮，输入“M0821”，如图 4-39 所示，单击【确定】按钮。【类型参数】中将宽度更改为“800”，高度更改为“2100”，类型标记为“M0821”，如图 4-40 所示，单击【确定】按钮关闭对话框，完成 M0821 属性定义。

2. 创建门

（1）在【修改 | 放置门】面板中，选择【标记】→【在放置时进行标记】选项，如图 4-41 所示。

（2）将鼠标光标移动至要放置该门的墙体位置，如 C～D 轴线与 2 轴线相交的墙上，等光标由圆形禁止符号变为小十字之后，距离墙线为 100 时单击该墙，生成“M0821”，如图 4-42 所示。绘制过程中可以通过空格键更改门的方向，绘制完成后，也可通过单击门上蓝色的翻转按钮更改方向。按照相同步骤可完成本视图中其余“M0821”的创建。完成后，按 Esc 键两次，退出绘制模式。

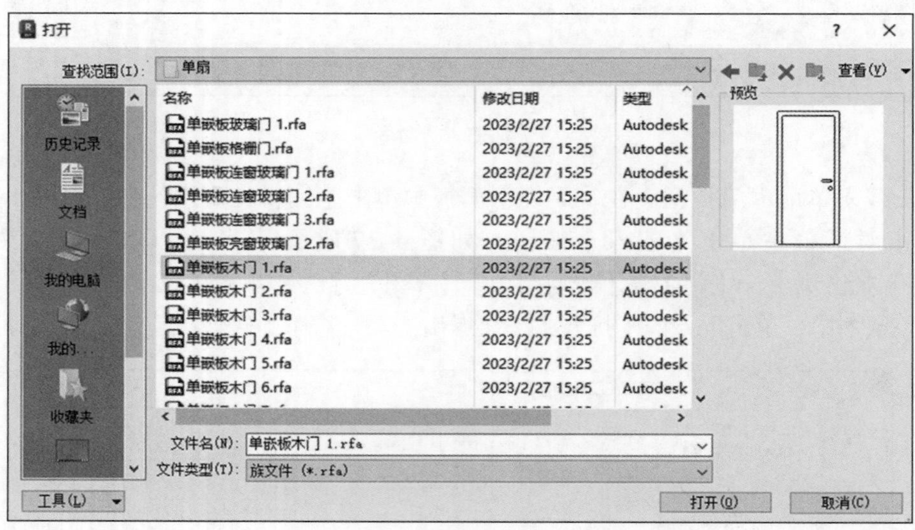

图 4-38　单扇木门族

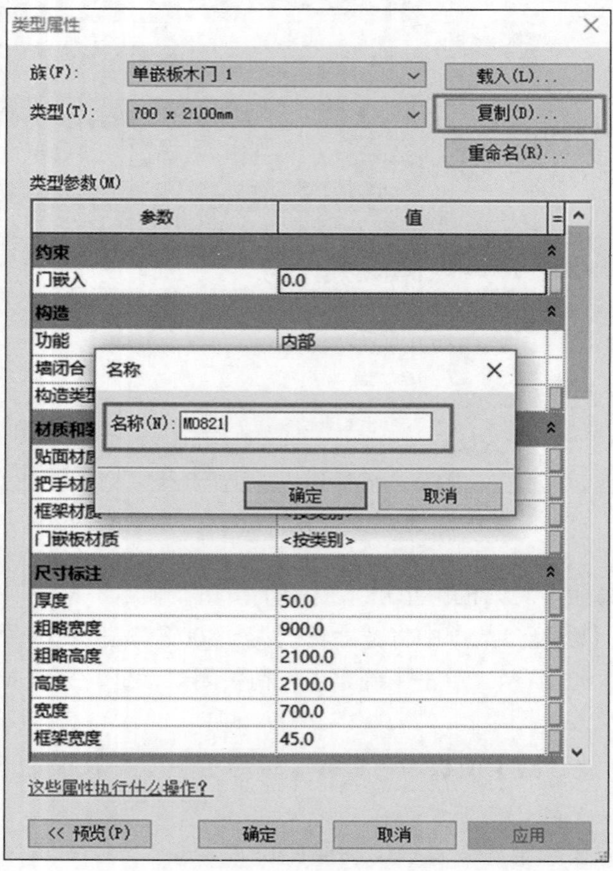

图 4-39　定义门类型

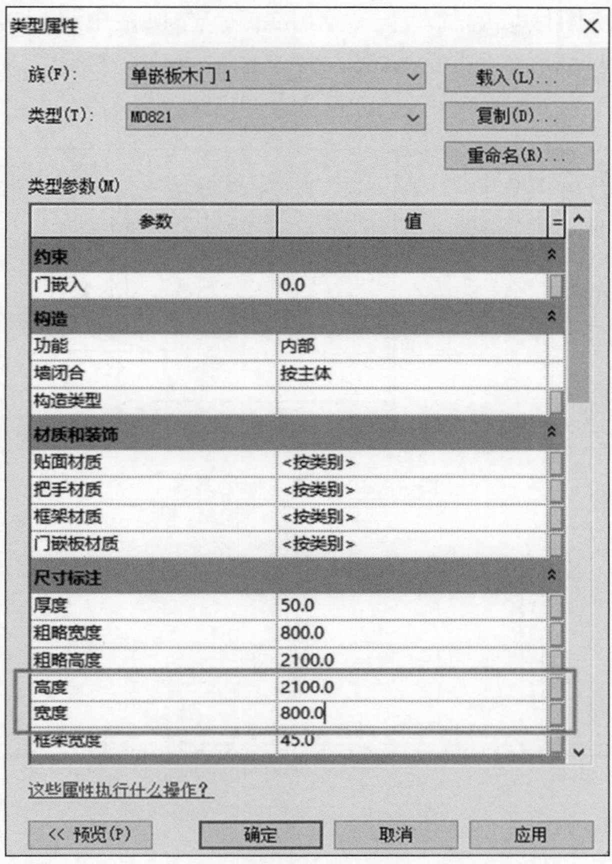

图 4-40　设置门类型参数

图 4-41　设置标记

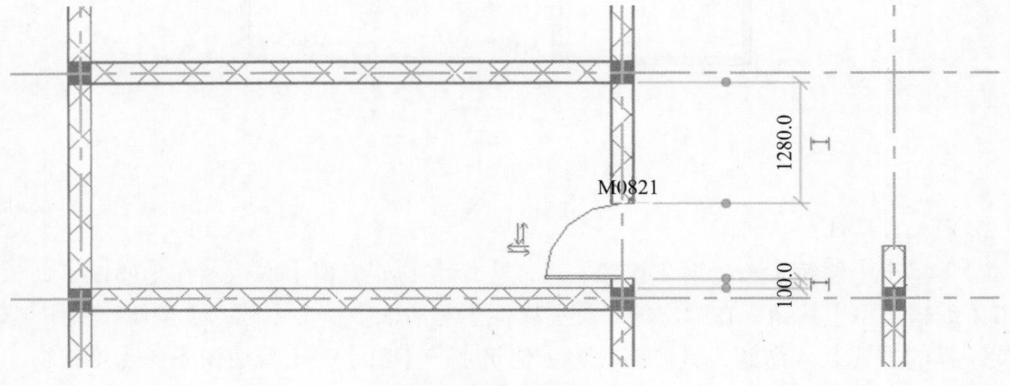

图 4-42　创建单扇门

（3）鼠标选择绘图区域的门标记“M0821”，选项栏中设置方向为【垂直】，如图4-43所示，可根据要求更改门标记方向。也可点中门标记，对其位置进行拖曳，如图4-44所示。

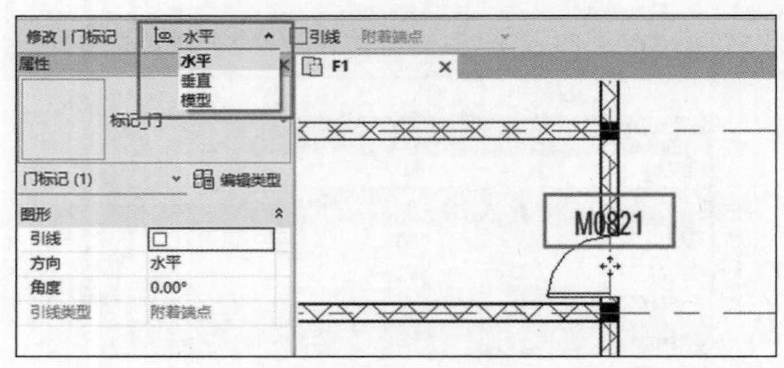

图4-43 设置门标记方向

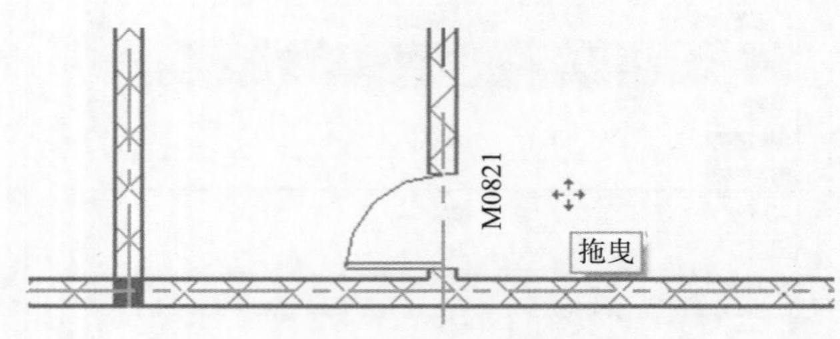

图4-44 移动门标记位置

采用相同的步骤完成其余门的放置，如图4-45所示。

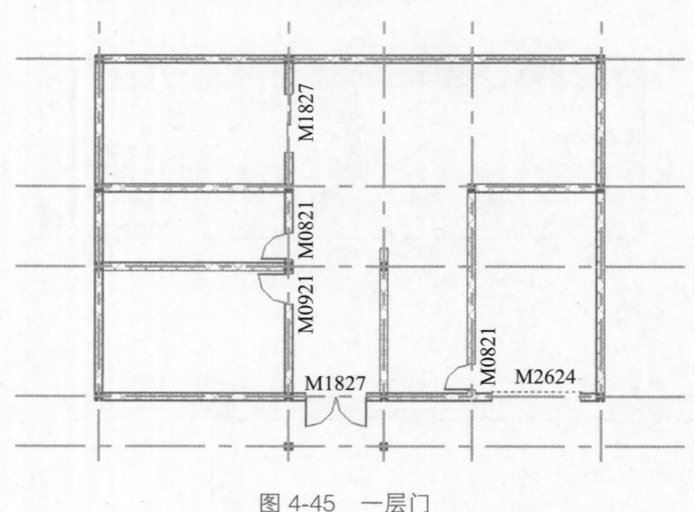

图4-45 一层门

3. 定义窗属性

（1）单击【建筑】→【窗】按钮，进入【修改 | 放置 窗】面板。在【属性】面板中，单击【编辑类型】按钮，在弹出的【类型属性】对话框中单击【载入】按钮，采用与载入门族一样的方式载入窗族，具体路径为【建筑】→【窗】→【普通窗】→【推拉窗】，如图4-46所示，选择“推拉窗6”，单击【打开】按钮退出。

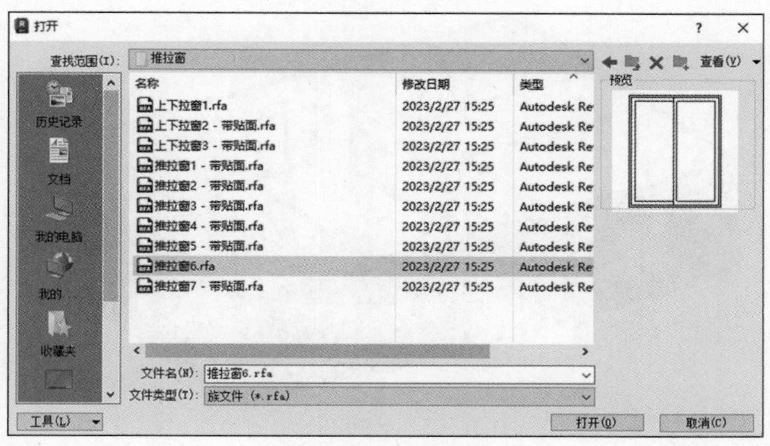

图 4-46　窗族

（2）在【类型属性】对话框中单击【复制】按钮，输入“C1818”，单击【确定】按钮。在【类型参数】中将宽度更改为“1800”，将高度更改为“1800”，类型标记为“C1818”，默认窗台高度为“600mm”，单击【确定】按钮关闭对话框，完成窗属性定义。

4. 创建窗

采用与门相同的步骤完成窗的放置。

当窗的位置需要调整时，可选中窗，调整左右的临时尺寸界限，再单击尺寸标注的数值进行修改，如图 4-47 所示。

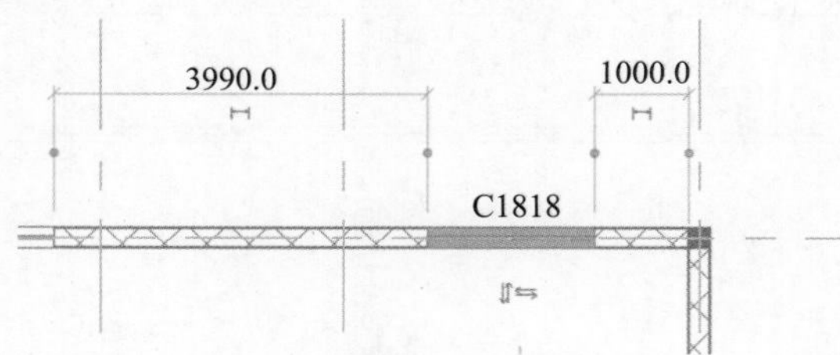

图 4-47　修改窗位置

按照要求完成所有窗的放置后，如图 4-48 和图 4-49 所示。

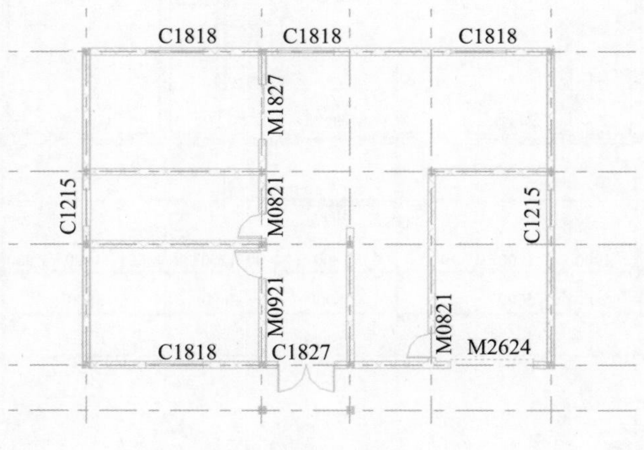

图 4-48　一层窗

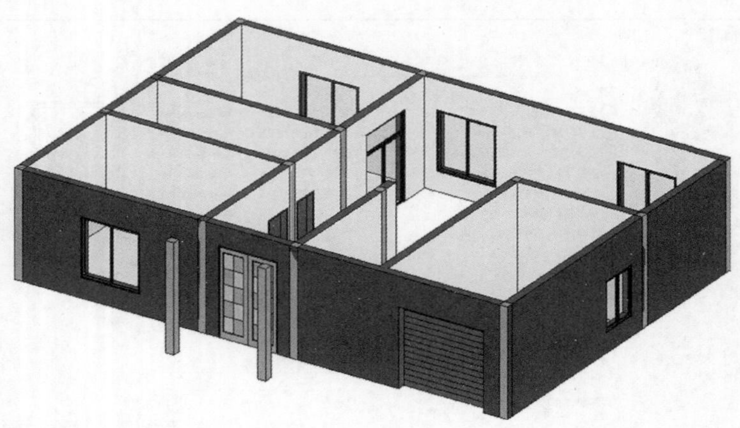

图 4-49　一层门窗三维显示

5. 保存项目文件

单击左上角的【文件】选项，在下拉菜单中单击【另存为】→【项目】选项，将文件命名为“4.2.2 创建门窗”并进行保存。

采用相同的步骤完成项目二层构件的创建，如图 4-50 和图 4-51 所示。

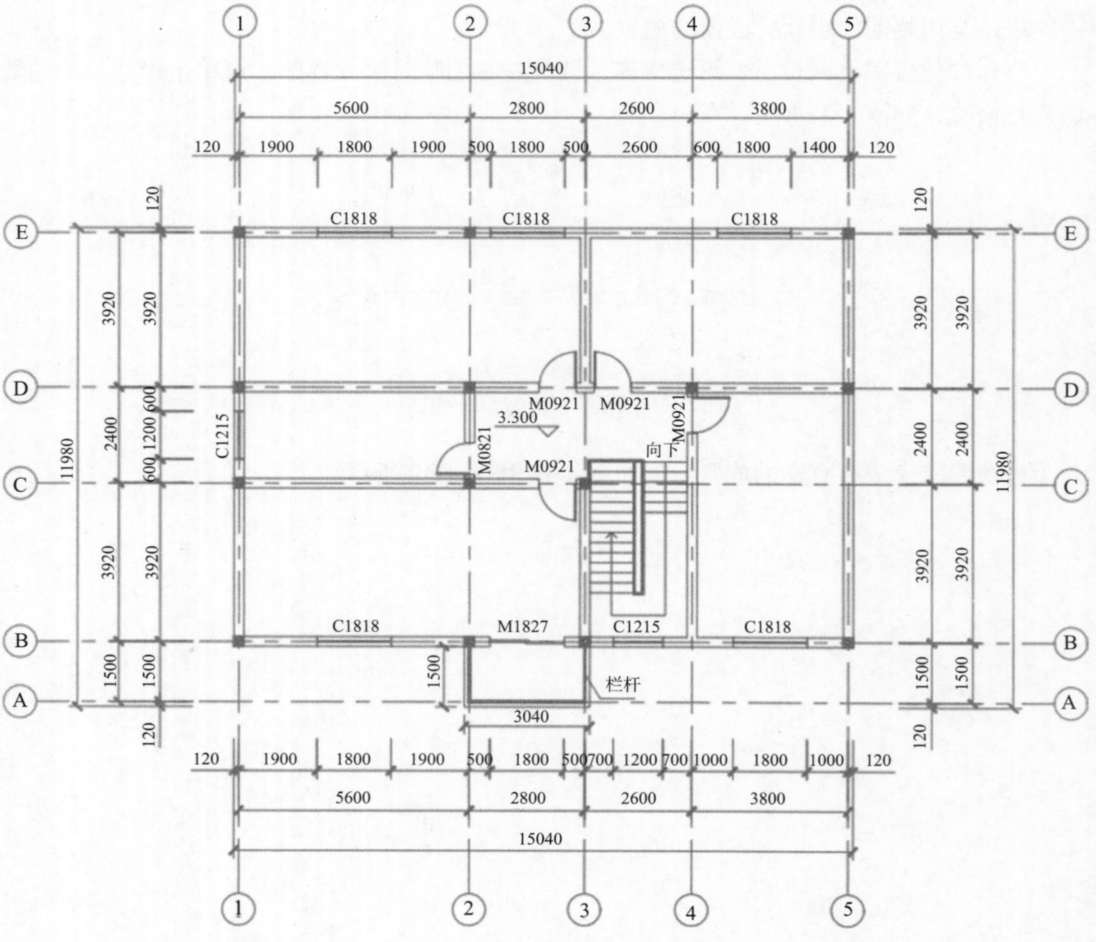

图 4-50　二层平面图

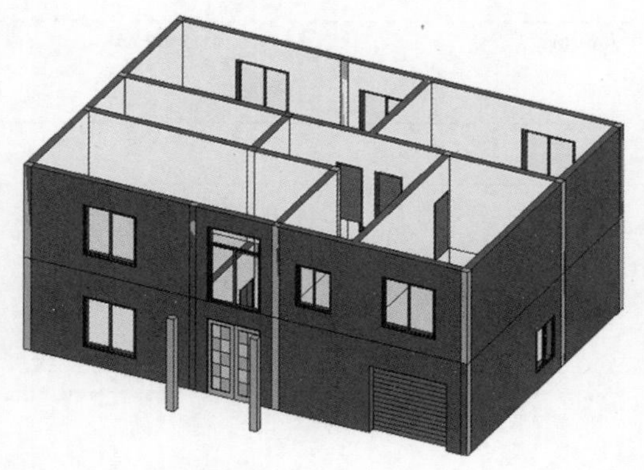

图 4-51　二层三维显示

4.3　创建屋顶

4.3.1　屋顶概述

屋顶是房屋或构筑物最上层起覆盖作用的围护结构，又是房屋上层的承重结构，是建筑物不可或缺的组成部分，起着承重、围护、造型的作用。Revit 软件中，提供了 3 种屋顶创建工具，分别是迹线屋顶、拉伸屋顶和面屋顶，如图 4-52 所示。

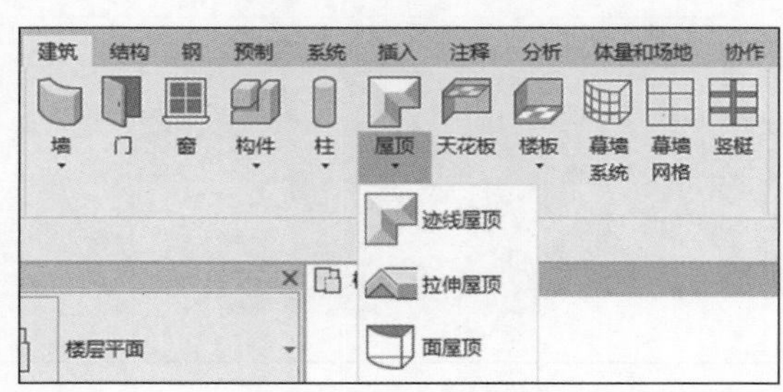

图 4-52　屋顶命令

1）迹线屋顶

通过创建屋顶边界线，定义属性设置坡度的方式创建屋顶，常用于平屋顶和坡屋顶。

2）拉伸屋顶

通过拉伸轮廓线来创建屋顶，常用于创建断面形状固定的屋顶。

3）面屋顶

使用非垂直的体量面创建屋顶，常用于异形曲面屋顶。

4.3.2　创建屋顶

项目任务 4-5　创建屋顶

打开“4.3.2 创建屋顶”项目文件，为项目创建屋顶。屋顶采用 150mm 厚混凝土，坡度为 30°，平面位置见表 4-6。

表 4-6 创建屋顶

项目模型展示	模型下载
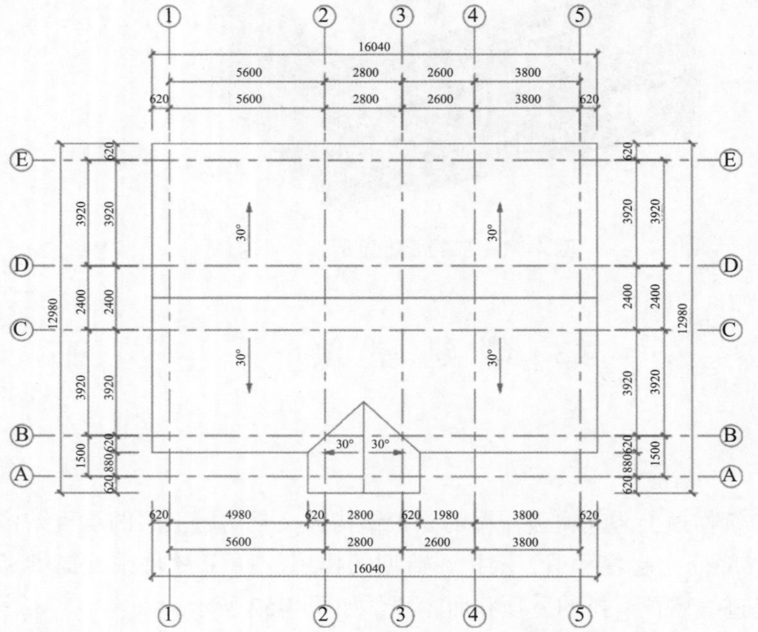	
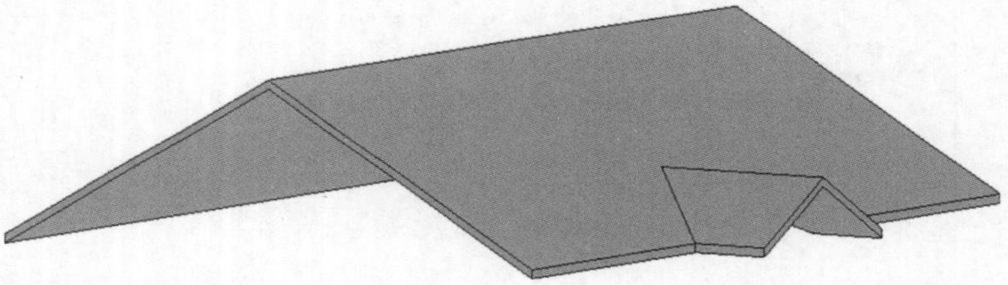	

1. 定义屋顶类型

（1）启动 Revit 软件，打开“4.3.2 创建屋顶”项目文件，双击【项目浏览器】→【楼层平面】→【屋面】，打开屋顶平面视图。

（2）选择【建筑】→【屋顶】→【迹线屋顶】命令，进入【修改 | 创建屋顶迹线】面板，如图 4-53 所示。

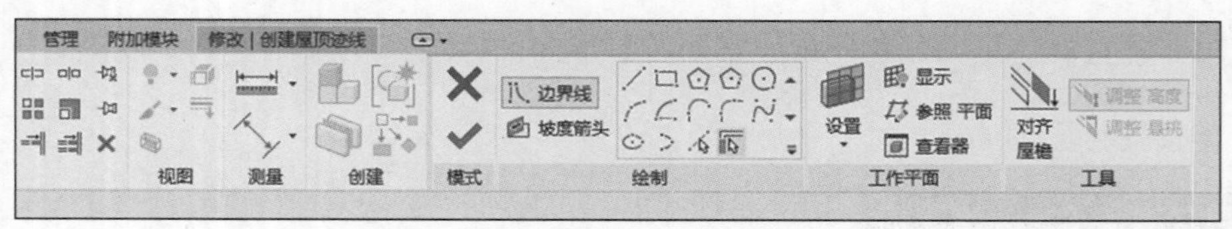

图 4-53 修改 | 创建屋顶迹线

（3）在【属性】面板中，选择类型为“基本屋顶：常规 -400mm”，单击【编辑类型】按钮，在【类型属性】对话框中单击【复制】按钮，输入类型名称为“屋顶 -150mm”，如

图 4-54 所示，单击【确定】按钮关闭对话框。

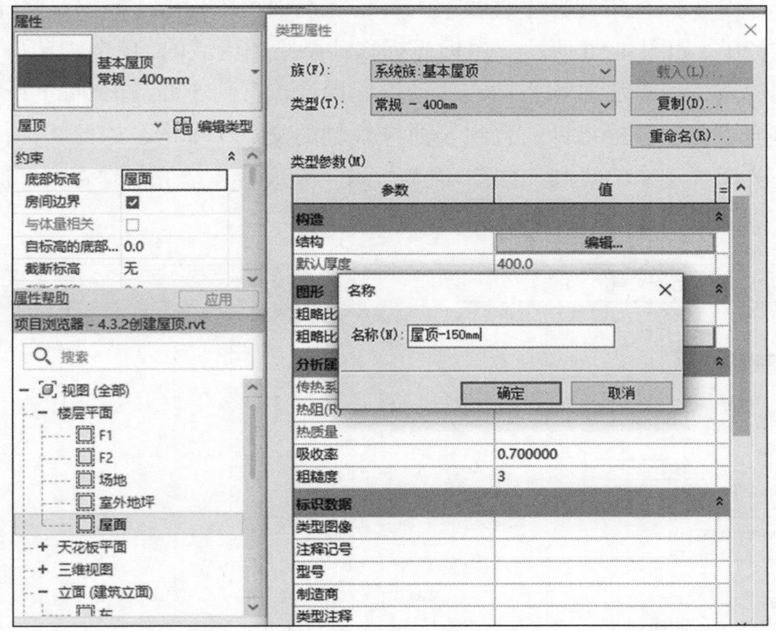

图 4-54　屋顶类型属性

（4）单击【类型参数】中【结构】右侧的【编辑】按钮，弹出【编辑部件】对话框，将【结构】层厚度改为 150，材质设为混凝土，如图 4-55 所示。单击【确定】按钮完成“屋顶 -150mm”结构的设置。

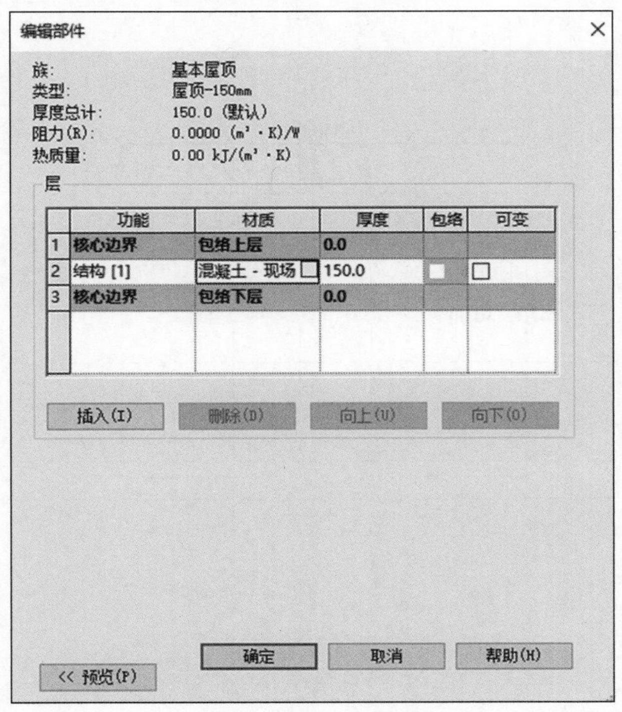

图 4-55　屋顶编辑部件

2. 创建屋顶

（1）在【绘制】面板中选择【直线】工具，在选项栏中勾选【定义坡度】【链】选项，设置偏移为“620”，如图 4-56 所示。鼠标光标移动至绘图区域内，单击 1 轴与 E 轴的交点，以此作为绘制起点，沿着 E 轴水平向右移动鼠标指针，直到 5 轴与 E 轴的交点，单击，再沿着 5 轴垂直向下移动鼠标指针，直到 5 轴与 B 轴的交点，单击，以此类推，按照顺时针方向，依次完成屋顶迹线的绘制，如图 4-57 所示。完成后，按 Esc 键两次，退出屋顶绘制模式。

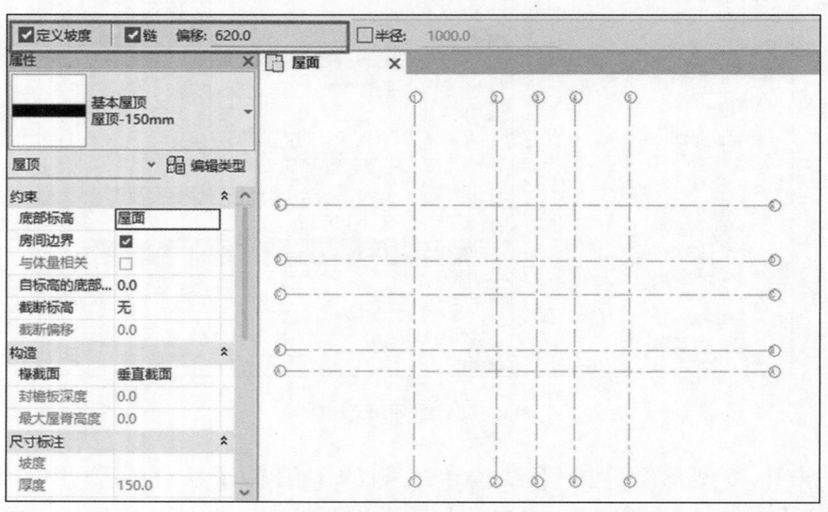

图 4-56　设置屋顶选项

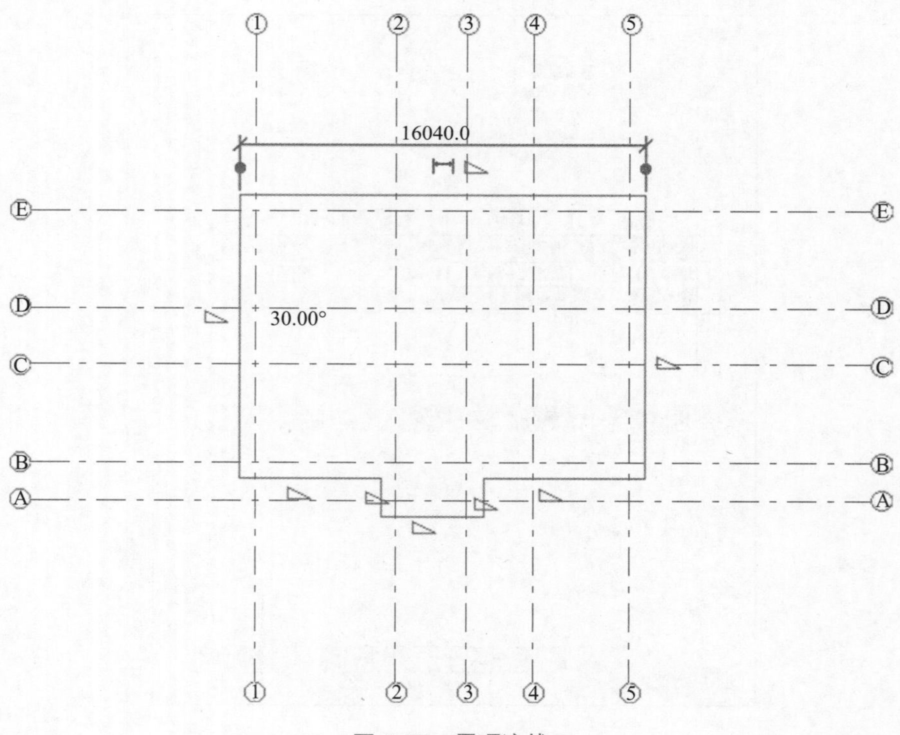

图 4-57　屋顶迹线

（2）定义坡度。单击①轴左侧迹线，出现坡度数值，单击该数值可对坡度进行修改，本项目中该迹线没有坡度，需要取消选项栏中的【定义坡度】选项，采用同样的方式取消项目中其余不需要的坡度，结果如图 4-58 所示。完成后，单击【模式】面板中的【√】按钮，完成屋顶迹线的绘制。

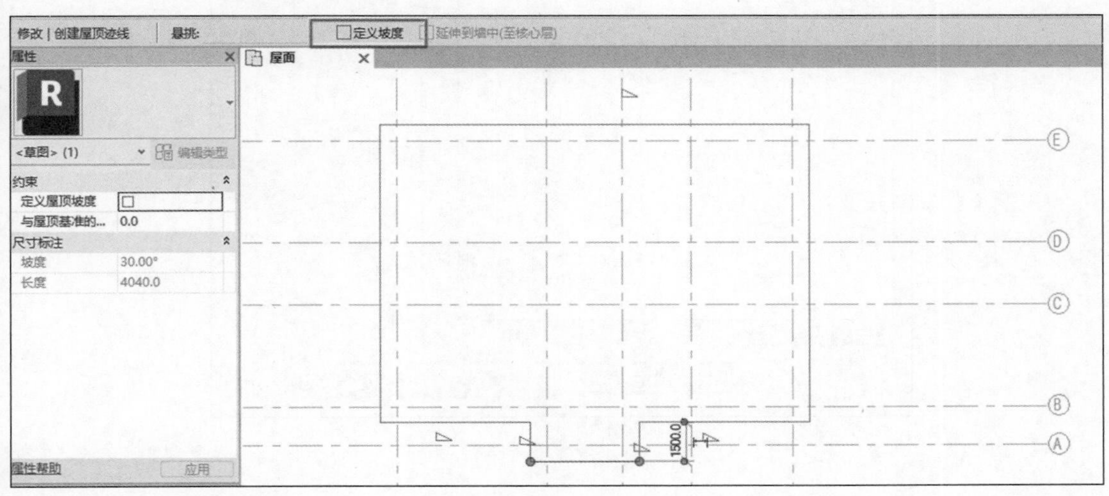

图 4-58　定义坡度

（3）墙体与屋顶附着。双击【项目浏览器】→【三维视图】→【三维】，打开三维视图。从右往左框选二层构件，如图 4-59 所示。单击【选择】面板中的【过滤器】按钮，弹出页面后，单击【放弃全部】按钮，勾选【墙】，如图 4-60 所示。单击【确定】按钮退出选择页面，进入【修改墙】，如图 4-61 所示。单击【附着顶部 / 底部】按钮，在选项栏中选择【附着墙：顶部】，如图 4-62 所示。单击屋顶，完成墙体与屋顶附着，如图 4-63 所示。

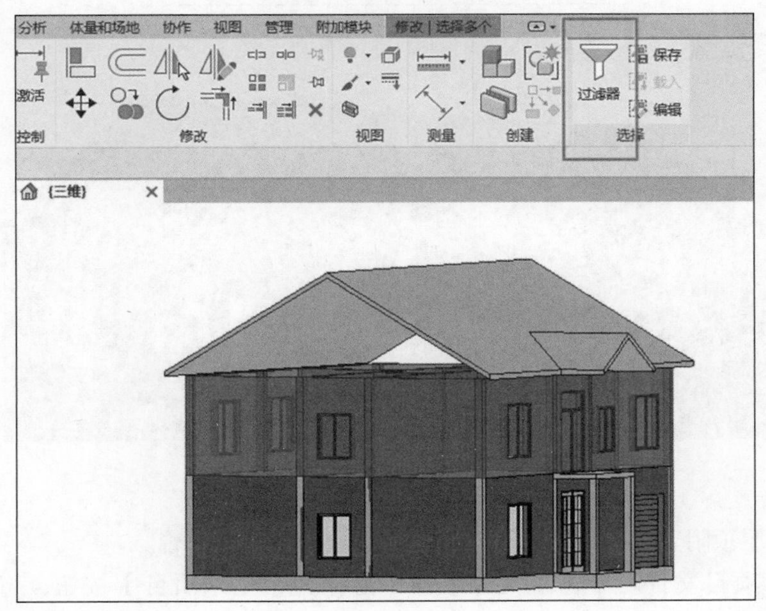

图 4-59　框选二层

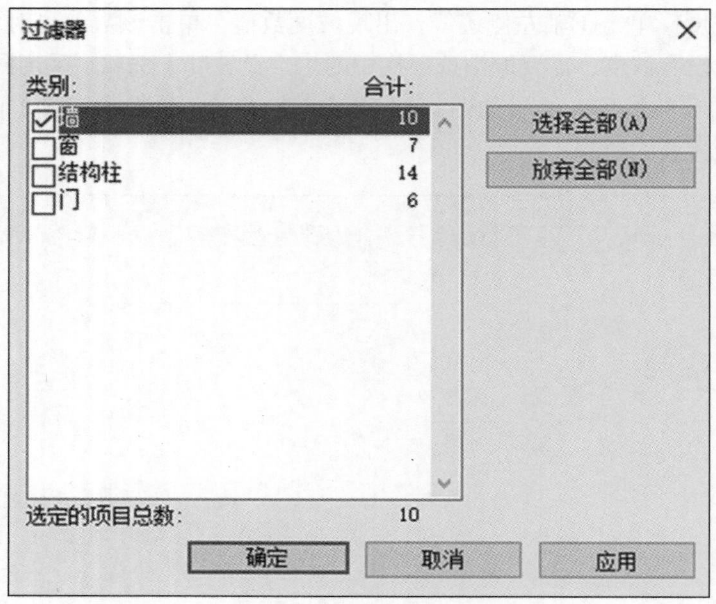

图 4-60　过滤器

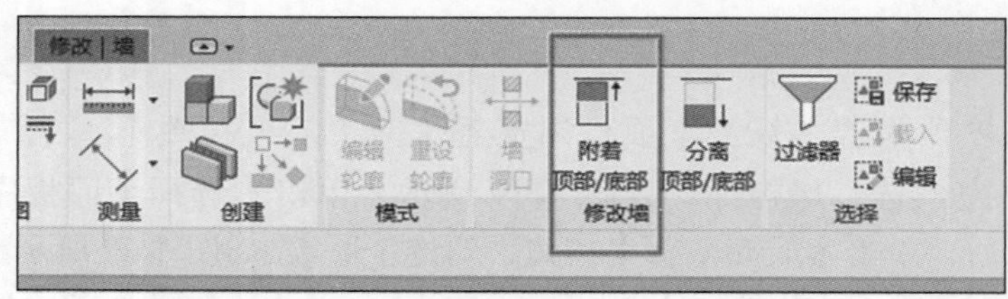

图 4-61　附着顶部 / 底部

图 4-62　附着顶部

图 4-63　墙体与屋顶附着

（4）柱与屋顶附着。采用墙体同样的方式完成柱与屋顶附着。

（5）保存项目文件。单击【文件】→【另存为】→【项目】按钮，将文件命名为“4.3.2 迹线屋顶”进行保存。

进阶任务 4-2　利用坡度箭头创建屋顶

利用坡度箭头创建屋顶模型，并设置其材质，屋顶坡度为 30°，如表 4-7 所示。

屋顶：从上到下分别为 20mm 沥青，50mm 刚性隔热层，50mm 水泥砂浆，175mm 混凝土。

表 4-7　利用坡度箭头创建屋顶

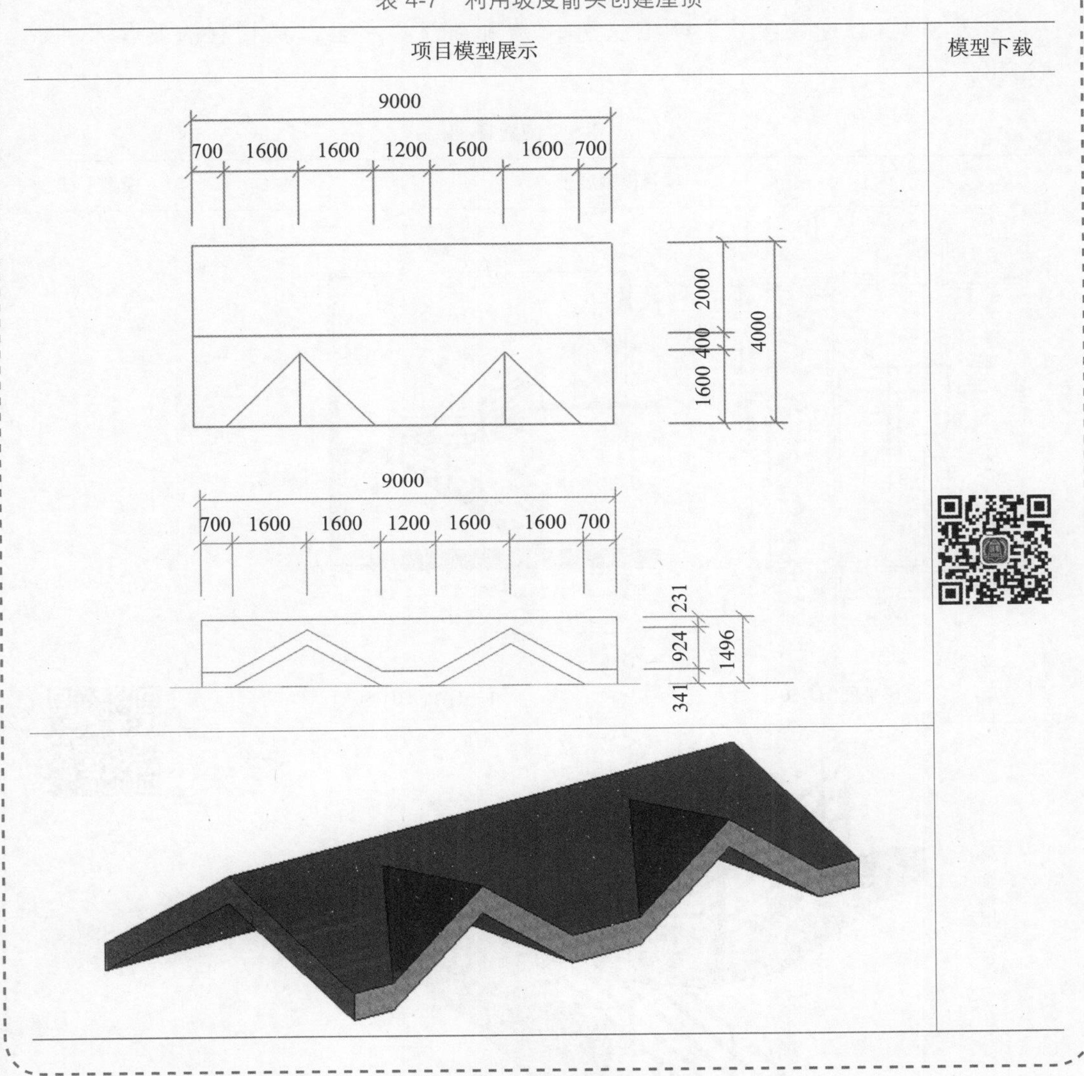

4.4　创建楼梯、栏杆扶手和坡道

4.4.1　楼梯、栏杆扶手概述

楼梯是建筑物中楼层间垂直交通用的构件，由梯段（又称梯跑）、平台（休息平台）和围护构件等组成。Revit 软件中，楼梯与扶手均为系统族，楼梯主要包括梯段和平台部分，可以通过【建筑】→【楼梯】命令定义各种参数实现各式楼梯的创建。栏杆扶手可以直接与楼梯或坡道等主体一起创建，也可以直接在平面中绘制路径进行创建。

4.4.2 创建楼梯

项目任务 4-6 创建楼梯

打开“4.3.2 迹线屋顶”项目文件，为项目创建一至二层楼梯。具体尺寸见表 4-8。

表 4-8 创建楼梯

项目模型展示		模型下载
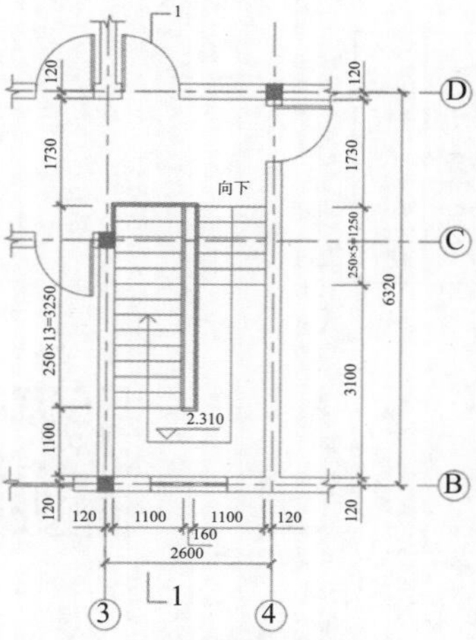 楼梯平面图1:50	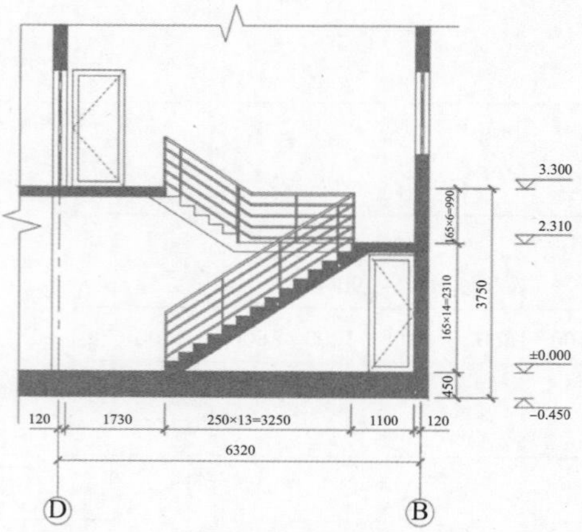 1—1剖面图1:50	

1. 定义楼梯类型

（1）启动 Revit 软件，打开“4.3.2 迹线屋顶”项目文件，双击【项目浏览器】→【楼层平面】→ F1，打开一层平面视图。

（2）选择【建筑】选项卡→【楼梯】命令，进入【修改 | 创建楼梯】面板，如图 4-64 所示。

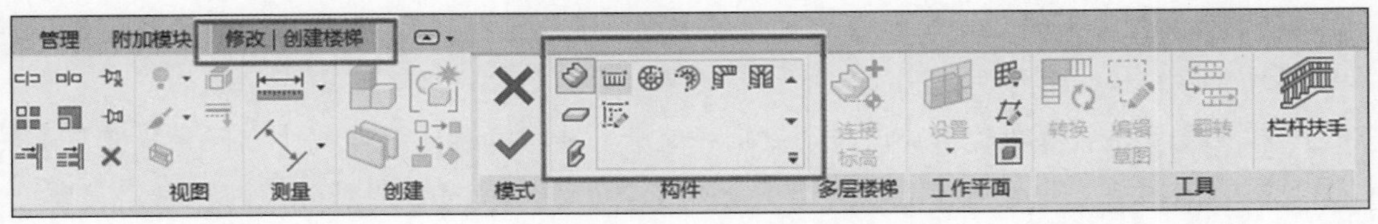

图 4-64　修改 | 创建楼梯

（3）在【属性】面板中，选择类型为“现场浇筑楼梯：整体浇筑楼梯”，如图 4-65 所示。单击【编辑类型】按钮，在【类型属性】对话框中单击【复制】按钮，输入类型名称为“楼梯”，单击【确定】按钮。

（4）设置【类型参数】,【最大踢面高度】为“180”,【最小踏板深度】为“250”,【最小梯段宽度】为“1000”,【梯段类型】为“150mm 结构深度”,【平台类型】为“300mm 厚度”,【功能】为“内部”，如图 4-66 所示，单击【确定】按钮退出楼梯类型属性编辑。

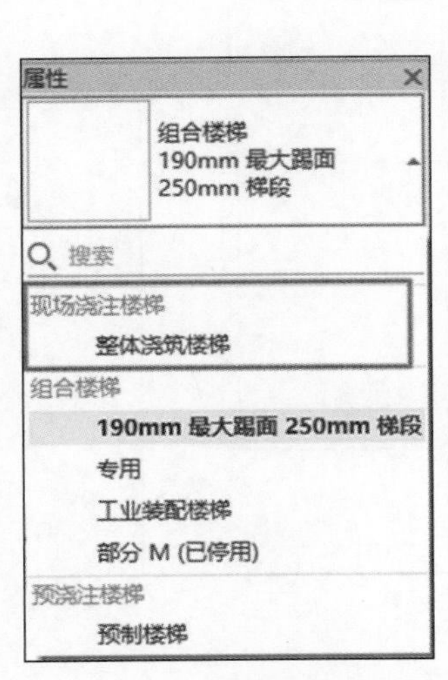

图 4-65　选择楼梯类型

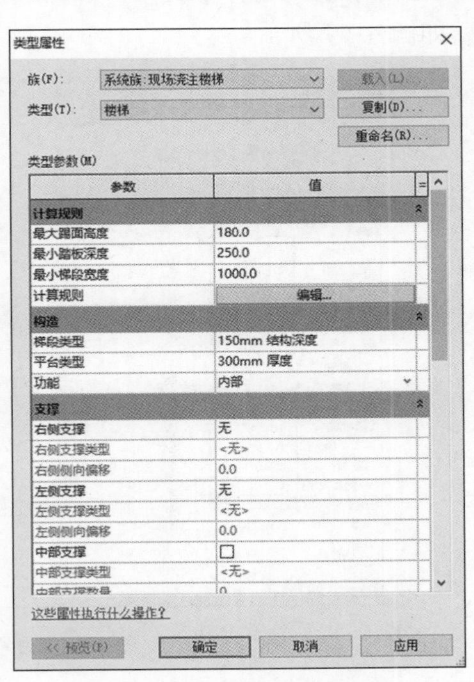

图 4-66　设置类型参数

新手小站 4-5：定义楼梯类型参数时，计算规则中【最大踢面高度】【最小踏板深度】【最小梯段宽度】与实际踢面高度、踏板深度、梯段宽度有什么区别？

踢面高度是从一个踏面的顶部到下一个踏面的顶部。Revit 软件中通过在【属性】面板设置楼梯底部与顶部标高、所需踏面数，软件自动计算出每一级踏步的高度，而类型参数设置的【最大踢面高度】为计算规则，限定一个台阶高度的最大值，超过实际踢面高度即可。

踏板深度是从楼梯踏面前沿到后沿的水平距离。【实际踏板深度】通过在【属性】面板设置，类型参数设置的【最小踏板深度】为计算规则，限定一个踏板深度的最小值，不超过实际踏板深度即可。

梯段宽度是指梯段边缘或与墙面之间垂直于行走方向的水平距离。【实际梯段宽度】通过在【选项栏】中设置，类型参数设置的【最小梯段宽度】为计算规则，限定梯段宽度的最小值，不超过实际梯段宽度即可。

2. 创建楼梯

（1）在【修改 | 创建楼梯】的【构件】面板中，选择【梯段】中的【直梯】工具，选择【栏杆扶手】命令，在弹出的对话框中将栏杆扶手设置为“900 圆管”，在选项栏中【定位线】设置为【梯段：右】，【偏移】为“0”，【实际梯段宽度】为“1100”，勾选“自动平台”，在【属性】面板中设置【底部标高】为“F1”，【底部偏移】为“0”，【顶部标高】为“F2”，【顶部偏移】为“0”，【所需踢面数】为“20”，【实际踏板深度】为“250”，如图 4-67 所示。

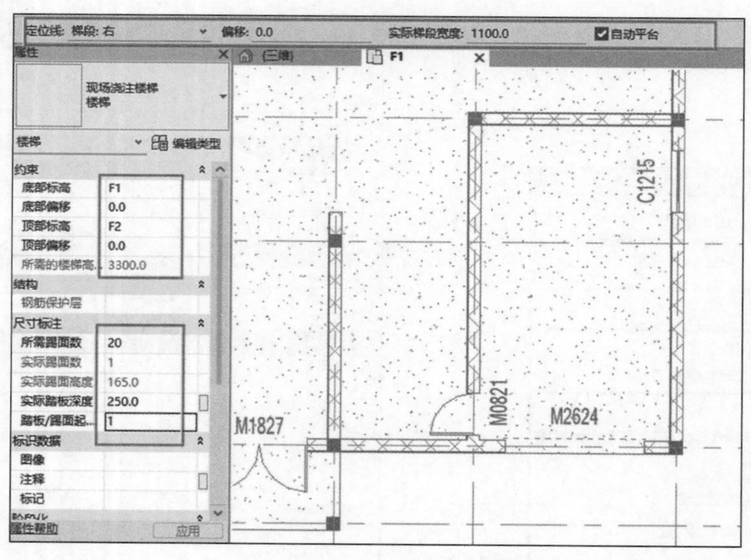

图 4-67　设置楼梯属性

（2）鼠标光标移动至绘图区域内，单击 3 轴与 C 轴交点上方的墙体端点，以此作为梯段绘制起点，沿着 3 轴垂直向下移动鼠标，直到提示出现“创建了 14 个踢面，剩余 6 个”（在绘制过程中软件会自动显示从梯段起点至光标当前位置已创建的踢面数及剩余的踢面数），如图 4-68 所示，单击，完成第一个梯段。

鼠标光标移动至右侧梯段，捕捉到第 6 根踏步线与右侧墙体的交点，如图 4-69 所示，单击，沿着 4 轴垂直向上移动鼠标，直到提示出现“创建了 6 个踢面，剩余 0 个”，单击完成第二个梯段的创建。因勾选了【自动平台】，软件会自动连接两段梯段边界，作为楼梯的休息平台，如图 4-70 所示。单击【模式】面板中的【完成编辑模式】按钮完成楼梯的绘制。

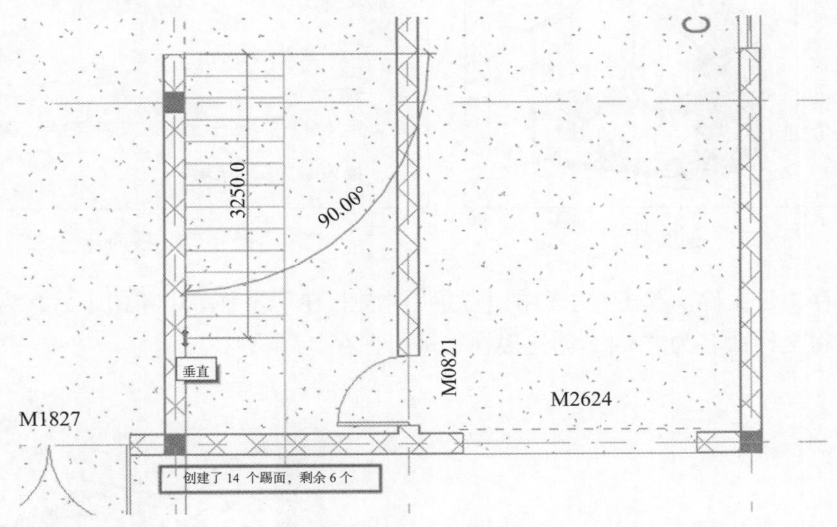

图 4-68 绘制第一梯段

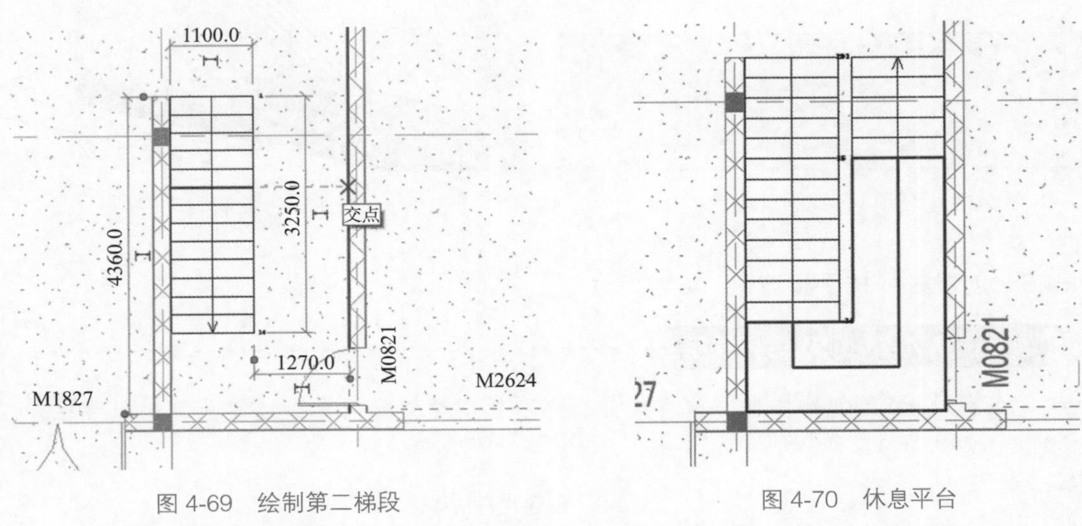

图 4-69 绘制第二梯段

图 4-70 休息平台

（3）双击【项目浏览器】→【三维视图】→【三维】，打开三维视图发现楼梯被墙体挡住，无法查看，需要在【属性】面板中勾选【范围】中的【剖面框】选项，如图 4-71 所示，单击选中绘图区域的剖面框，可以任意设置剖面框边界，实现室内楼梯的查看。

（4）单击靠墙边的栏杆扶手，按 Delete 键删除。

（5）绘制楼梯处楼板洞口。双击【项目浏览器】→【楼层平面】→ F2，打开二层平面图，选择【建筑】选项卡→【洞口】面板→【按面】命令，如图 4-72 所示，鼠标光标移动至绘图区域二层楼板边界，单击选择楼板，进入【修改 | 创建洞口边界】面板，如图 4-73 所示，选择【绘制】面板中的【矩形】命令，选项栏中勾选【链】【偏移】为“0”，绘制楼梯处楼板洞口边界，单击【模式】面板中的【完成编辑模式】命令按钮完成洞口边界的绘制。进【三维】视图查看洞口，如图 4-74 所示。

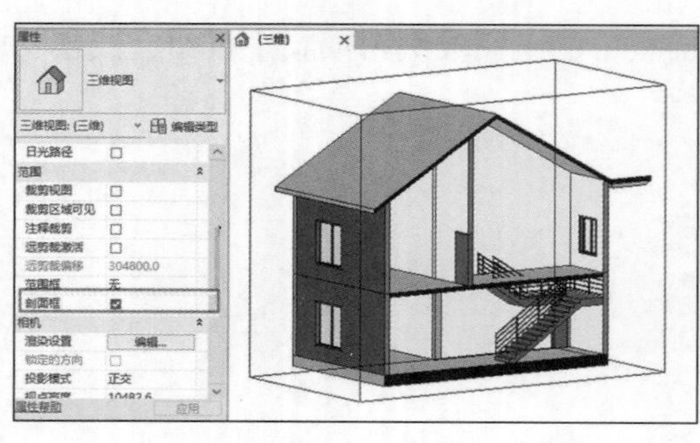

图 4-71 剖面框

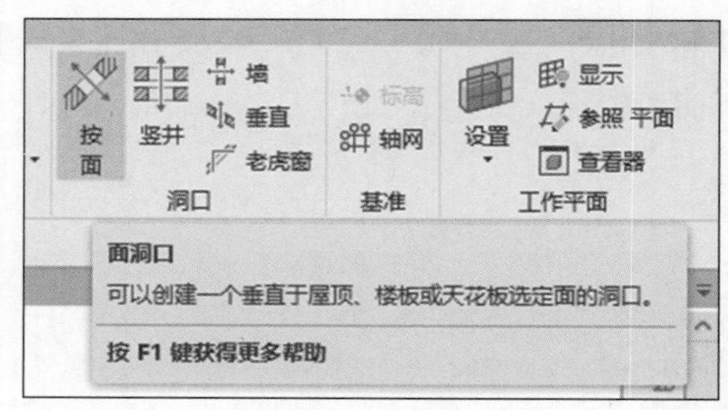

图 4-72 按面开洞

（6）保存项目文件。单击左上角的【文件】按钮，在下拉菜单中单击【另存为】→【项目】按钮，将文件命名为“4.4.2 创建楼梯”进行保存。

图 4-73 修改 | 创建洞口边界

图 4-74 绘制洞口

4.4.3 创建栏杆扶手和坡道

项目任务 4-7 创建栏杆扶手

打开“4.4.2 创建楼梯”项目文件，为项目创建楼梯间楼板边界及二层阳台栏杆扶手，见表 4-9。

表 4-9 创建栏杆扶手

项目模型展示	模型下载
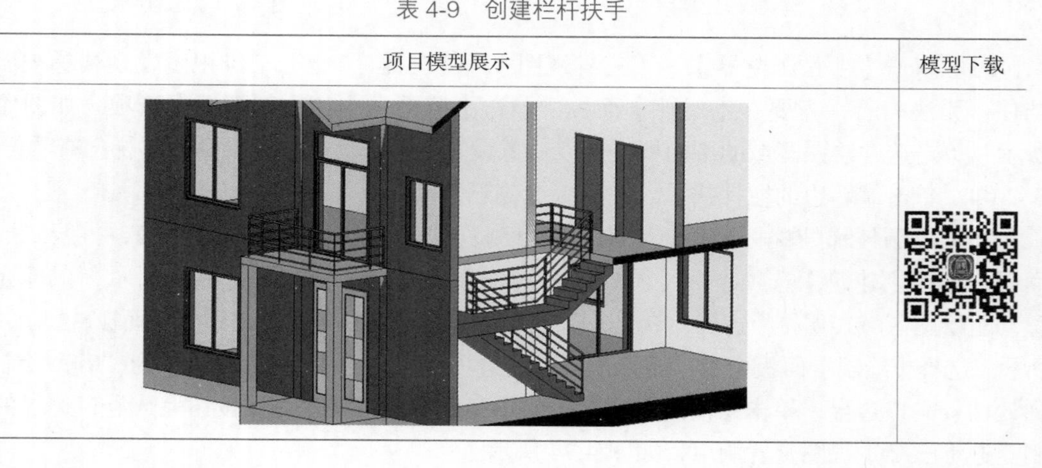	

1. 创建栏杆扶手

Revit 中，创建栏杆扶手步骤如下。

（1）启动 Revit 软件，打开“4.4.2 创建楼梯”项目文件，双击【项目浏览器】→【楼层平面】→ F2，打开二层平面视图。

（2）绘图区域内单击楼梯的栏杆扶手，进入【修改 | 栏杆扶手】页面，如图 4-75 所示，单击【模式】页面中的【编辑路径】选项，进入【绘制路径】页面，如图 4-76 所示，选择【直线】绘制命令，选项栏中勾选【链】【偏移】为“0”，鼠标光标移动至绘图区域进行栏杆路径绘制，如图 4-77 所示。完成后按 Esc 键退出绘制，单击【模式】面板中的【完成编辑模式】按钮完成栏杆路径的绘制。

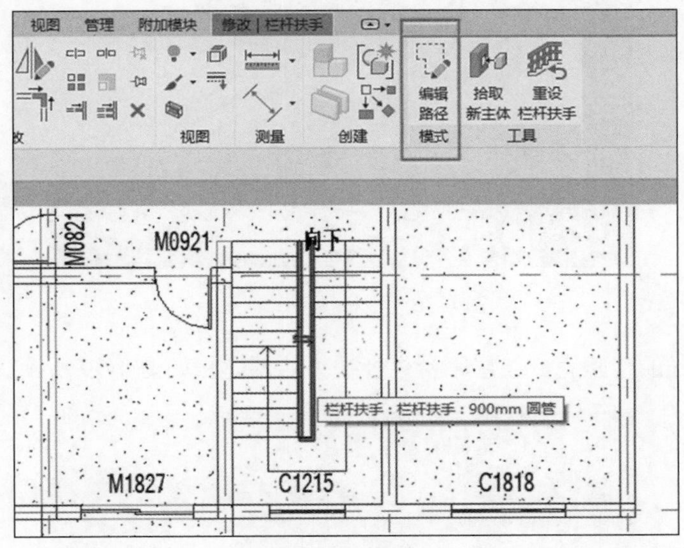

图 4-75　修改 | 栏杆扶手

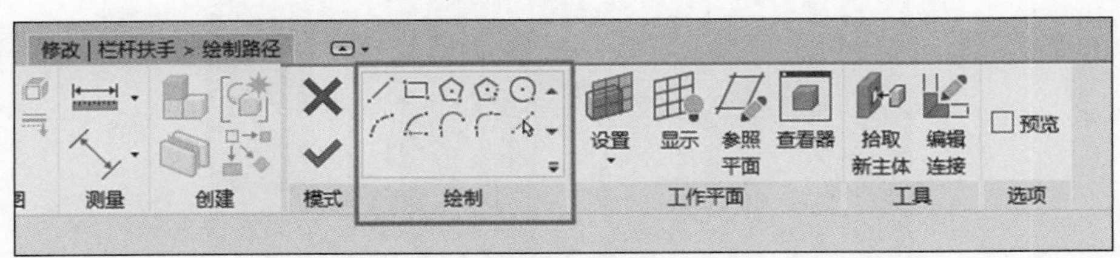

图 4-76　绘制路径页面

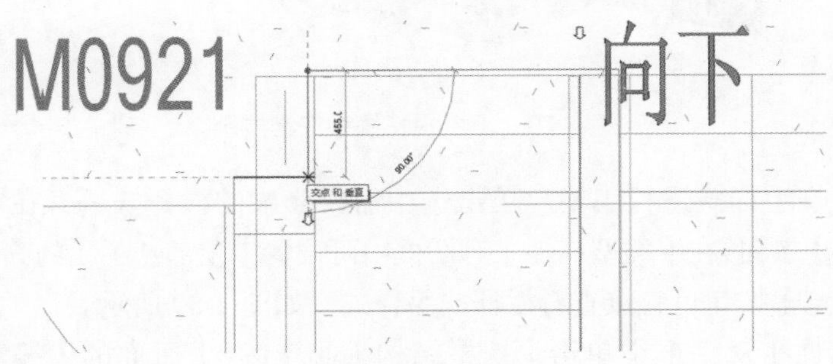

图 4-77　绘制栏杆路径

（3）打开三维视图，【属性】面板勾选“剖面框”选项，设置剖面框边界，查看室内楼梯栏杆扶手的三维，如图 4-78 所示。

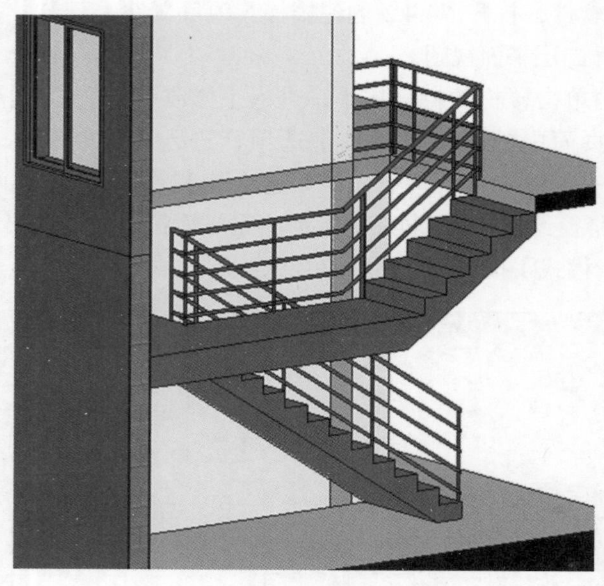

图 4-78　栏杆扶手三维显示

（4）采用同样的步骤完成二层阳台栏杆扶手的创建，如图 4-79 所示。

图 4-79　阳台栏杆扶手三维显示

（5）对栏杆扶手样式进行编辑。单击选中需要修改的栏杆扶手，在【属性】面板中单击【编辑类型】按钮，在【类型属性】对话框中可设置【顶部扶栏】的高度、类型等参数，单击下方的【预览】按钮可直接查看栏杆扶手样式，如图 4-80 所示。

在【类型属性】对话框中单击【扶栏结构（非连续）】后面的【编辑】按钮，进入【编辑扶手（非连续）】对话框，可修改扶栏高度、轮廓、材质等内容，如图 4-81 所示。

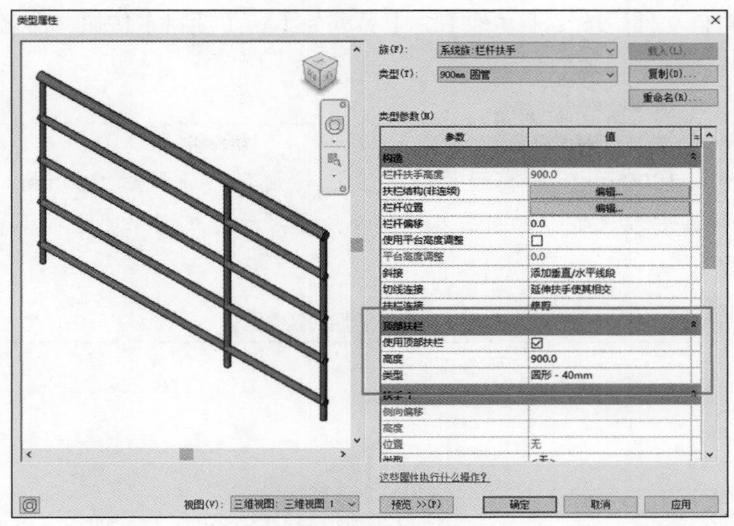

图 4-80　设置顶部扶栏

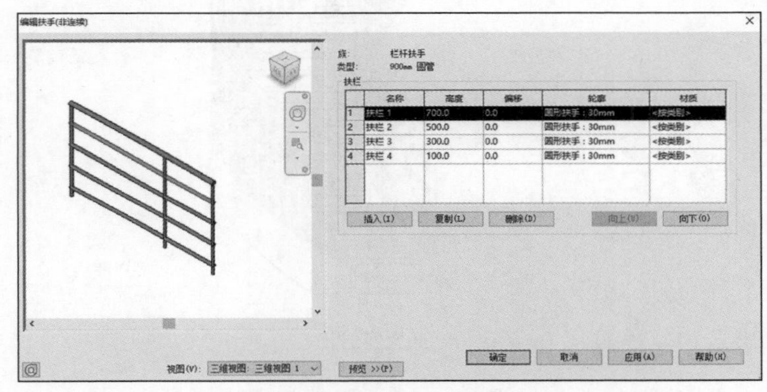

图 4-81　编辑扶手

单击【类型属性】对话框中【栏杆位置】后面的【编辑】按钮，进入【编辑栏杆位置】对话框，可对栏杆位置、起点支柱、转角支柱、终点支柱的栏杆族等进行设置，如图 4-82 所示。

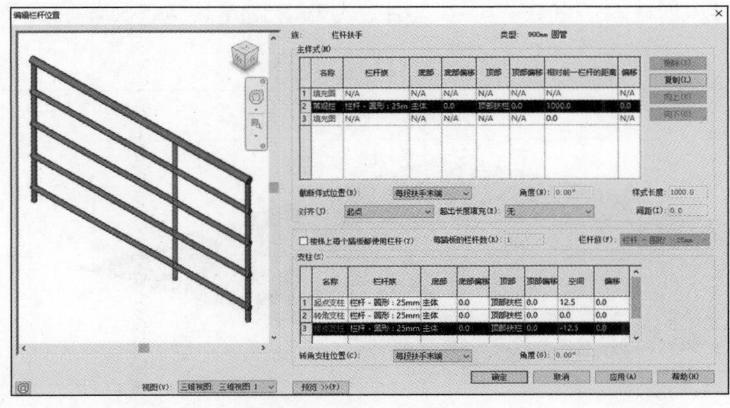

图 4-82　编辑栏杆位置

（6）保存项目文件。单击【文件】→【另存为】→【项目】按钮，命名为“4.4.3 创建栏杆扶手”进行保存。

进阶任务 4-3　创建弧形楼梯

楼梯宽度为 1200mm，所需踢面数为 21，实际踏板深度为 260mm，扶手高度为 1100mm，楼梯高度参考给定标高，其他建模所需尺寸可参考平、立面图自定，具体见表 4-10。

表 4-10　创建弧形楼梯

项目模型展示	模型下载
R 3100　R 2500　120°　向上　平面图1:40　3.300　±0.000　立面图1:40 题目来源：图学会第一期 BIM 一级考试试题第二题	

2. 创建坡道

项目任务 4-8　创建坡道

打开“4.4.3 创建栏杆扶手”项目文件，为项目创建坡道，具体位置尺寸见表 4-11。

表 4-11　创建坡道

项目模型展示	模型下载
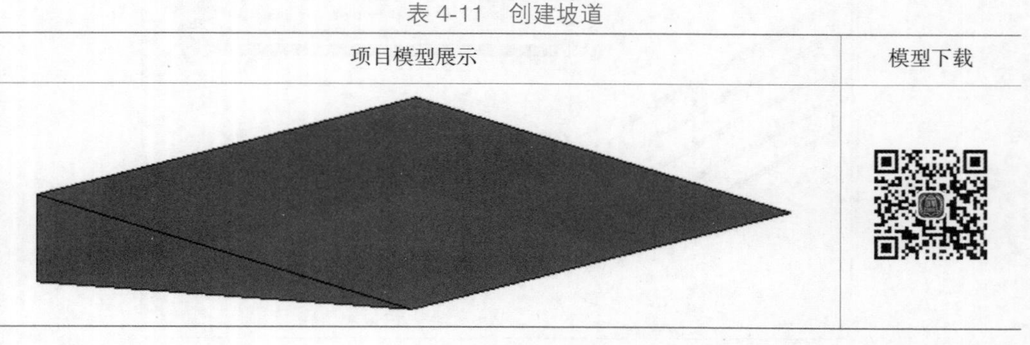	

Revit 中，创建坡道步骤如下。

（1）启动 Revit 软件，打开“4.4.3 创建栏杆扶手”项目文件，双击【项目浏览器】→【楼层平面】→ F1，打开一层平面视图。

（2）选择【建筑】→【坡道】命令，进入【修改 | 创建坡道草图】面板，如图 4-83 所示。

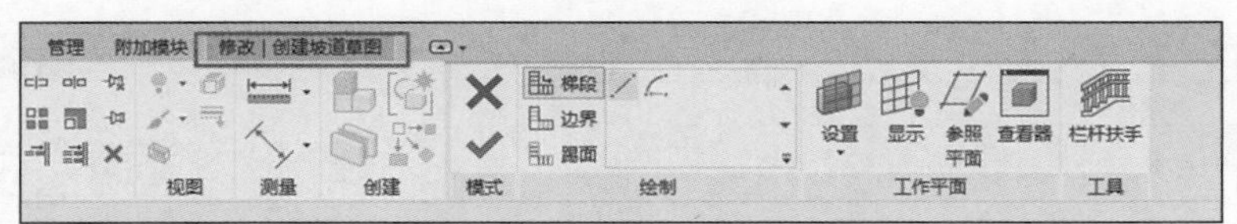

图 4-83　修改 | 创建坡道草图

（3）在【属性】面板中，选择类型为“坡道：坡道 1”，单击【编辑类型】按钮，在【类型属性】对话框中单击【复制】按钮，输入类型名称为“室外坡道”，如图 4-84 所示，单击【确定】按钮。

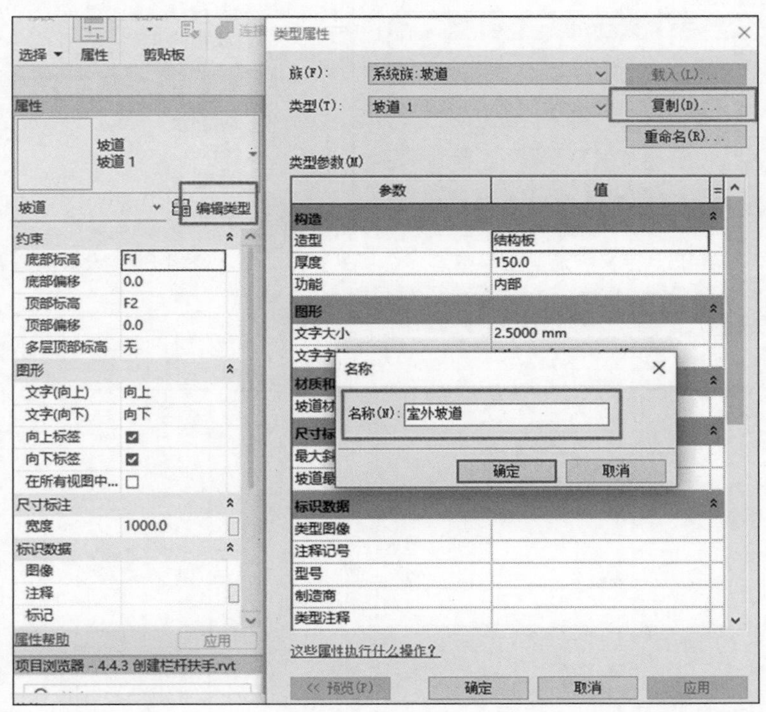

图 4-84　坡道类型属性

（4）设置坡道【类型参数】。设置【造型】为“实体”，【功能】为“外部”，【最大斜坡长度】为“2100”，【坡道最大坡度（1/x）】为“=2100/450”，如图 4-85 所示，单击【确定】按钮退出类型属性编辑。

（5）在【属性】面板中设置【底部标高】为“室外地坪”，【底部偏移】为“0”，【顶部标高】为“F1”，【顶部偏移】为“0”，【宽度】为“4040”，如图 4-86 所示。

（6）在【绘制】面板中选择【梯段】→【直线】选项，在【工具】面板中选择【栏杆扶手】，设置为“无”，鼠标移动至绘图区域内，捕捉坡道绘制位置墙体的中线，单击，垂直向下移动鼠标，直至提示“2100 创建的倾斜坡道，0 剩余”，单击，如图 4-87 所示，完成坡道梯段的绘制。再单击【模式】面板中的【完成编辑模式】按钮退出绘制。

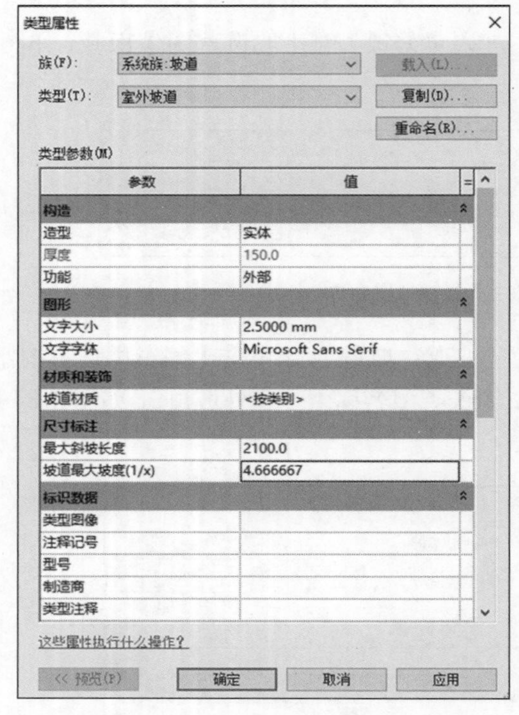

图 4-85 定义坡道类型参数

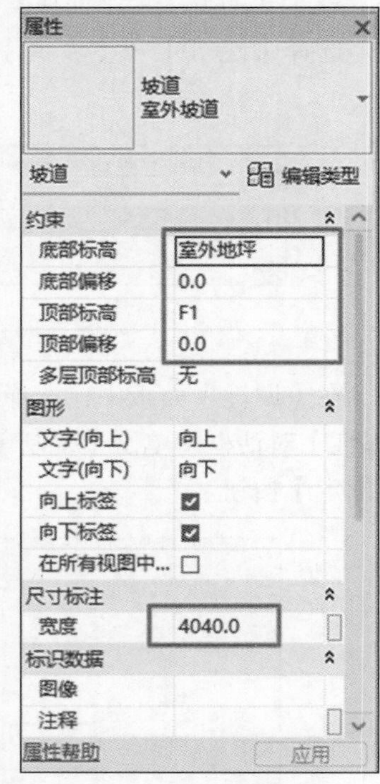

图 4-86 设置坡道属性

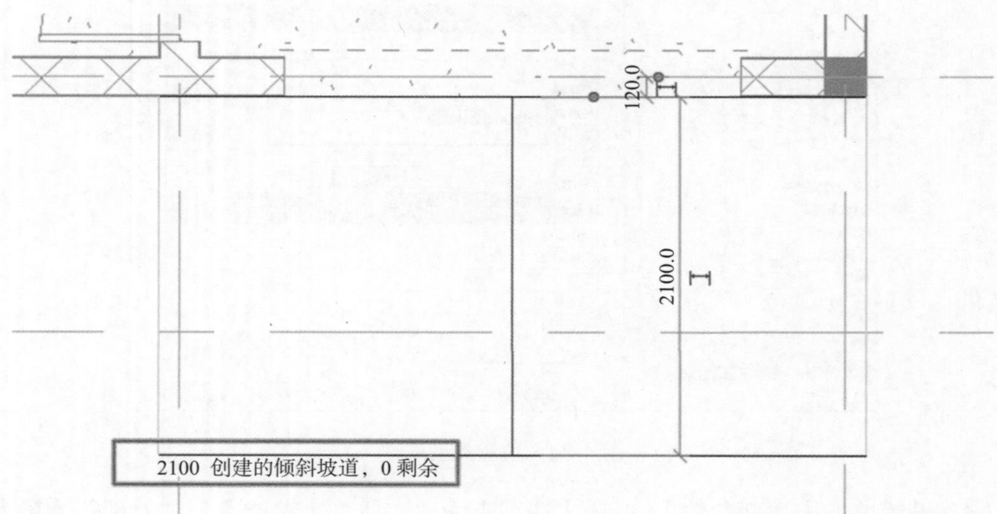

图 4-87 绘制坡道

（7）单击完成的坡道，找到上方中间翻转方向的小箭头，单击，实现坡道方向的翻转。如图 4-88 所示，绘制完成的坡道三维如图 4-89 所示。

（8）保存项目文件。单击【文件】→【另存为】→【项目】选项，命名为“4.5.1 创建坡道”进行保存。

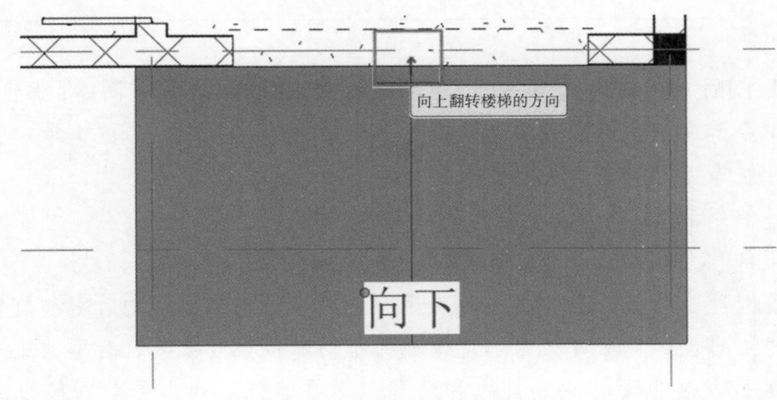

图 4-88　坡道翻转方向

图 4-89　坡道三维

职业素养案例 4-1　北京大兴国际机场 BIM 应用

北京大兴国际机场位于北京市大兴区与河北省廊坊市广阳区之间，是一座超大型国际航空综合交通连接枢纽，为 4F 级国际机场、世界级航空枢纽、国家发展新动力源。项目于 2014 年 12 月 26 日开工建设，2019 年 9 月 25 日正式通航。

从高空俯瞰，航站楼形如展翅的凤凰。屋顶中心由一个六边形天窗、六条条形天窗、八个气泡窗相互连接。航站楼主楼屋顶是一个整体结构单元，由中部 8 根“C 形柱”、12 个位于商业服务舱体顶部的支点共同支撑。主航站楼和配套服务楼、停车楼总建筑规模约 140 万平方米，地上地下一共 5 层，设计高度 50 米。

项目采用多平台协同工作，建筑外围护体系使用 Autodesk T-spline 同 Rhinoceros 结合共同作为设计的核心平台处理自由曲面；大平面体系中，主平面系统使用 Autodesk Cad 平台；专项系统中电梯、核心筒、卫生间、机房，使用 Autodesk Revit 平台。通过高效的 BIM 协同设计平台，仅一年时间，就完成了新机场从方案调整深化、初步设计、施工图的全部设计过程，体现出了 BIM 技术对于设计效率的巨大提升。

（1）利用 BIM 技术形成全专业的深化设计 BIM 模型，通过各专业模型整合及展示，实现全专业模型碰撞检测，提高深化设计工作的质量和效率，减少设计问题对施工的影响。

（2）项目应用 BIM 技术模拟设计方案、复杂节点、复杂施工工序，通过建立多套三维模型方案，多方比对讨论、不断优化后确定最终设计方案。实现可视化交底，确保复杂部位施工。

（3）利用 BIM 软件进行受力分析，出具荷载计算图、荷载分布图等，保证施工质量。

（4）制作漫游视频和虚拟现实场景，可视化呈现装修效果，为方案审定、确认设计意图和路线导航等提供精准的基础资料。

（5）通过使用 BIM 平台，收集整理项目信息实现动态管理，项目内部人员实时协同办公，项目部和企业总部之间信息实时互通，保障了工作效率。

从上述案例可以看出，BIM 技术的应用不仅提高了建筑项目的效率和质量，还促进了各参与方的协同合作。BIM 技术已逐渐成为推动建筑行业数字化转型的重要力量。然而，BIM 技术的发展也面临一些挑战和问题，需要建筑从业人员共同努力，充分发挥 BIM 技术的潜力和价值，继续推动技术创新、成本降低、标准化规范化以及智能化自动化等方面的发展，为建筑行业的高质量、可持续发展做出更大的贡献。

本章小结

第 5 章　Revit 模型的简单应用

教学目标

1. 使学生掌握地形创建的方法。
2. 使学生掌握场地构件的添加方法。
3. 使学生掌握漫游视频的制作方法。
4. 使学生了解明细表的分类，掌握明细表的创建与编辑方法。
5. 使学生掌握建筑空间分析与日照分析的方法。
6. 使学生掌握图纸输出与打印的方法。

教学要求

能力要求	掌握层次	权重
掌握地形和场地构件的创建方法	掌握	20%
掌握漫游视频的制作方法	掌握	30%
掌握门窗明细表的创建方法	掌握	20%
掌握带面积数值房间的创建方法	掌握	10%
掌握图纸输出与打印的方法	掌握	20%

本章任务一览

序　号	任务内容	任务分解	视频讲解
项目任务 5-1	为别墅模型创建地形、添加场地构件	（1）创建地形实体； （2）创建道路； （3）载入场地构件并放置，保存项目	
项目任务 5-2	为别墅模型创建漫游视频	（1）绘制漫游路径； （2）编辑漫游，调整关键帧视图，预览漫游； （3）设置漫游参数并导出	

续表

序　号	任务内容	任务分解	视频讲解
项目任务 5-3	为别墅模型创建室外日景渲染图	（1）创建相机视图； （2）设置渲染参数、导出渲染图片	
项目任务 5-4	为别墅模型创建门窗明细表	（1）分别创建门窗明细表，设置明细表字段； （2）调整门窗明细表外观； （3）导出门窗明细表为 EXL 文件格式	
项目任务 5-5	为别墅模型一层平面图创建房间及颜色填充图例	（1）在一层平面创建带面积数值的房间； （2）创建房间颜色填充视图； （3）放置颜色填充方案图例	
进阶任务 5-1	为别墅模型二层平面图创建房间标注并进行面积颜色排布	（1）在二层平面创建带面积数值的房间； （2）设置按照面积 5m² 递进颜色排布的房间颜色填充方案； （3）放置颜色填充方案图例	
项目任务 5-6	对别墅模型进行日光分析	（1）设置日光分析参数； （2）导出日光分析结果	
项目任务 5-7	创建建筑一层平面图出图视图	（1）复制创建一层平面图出图视图； （2）设置可见性、添加注释、尺寸标注等； （3）创建一层平面图图纸，并将出图视图拖曳到图纸图框中； （4）编辑图纸中的视图，导出或打印图纸	

5.1　创建地形、添加场地构件

项目任务 5-1　为别墅模型创建地形、添加场地构件

打开“4.5.1 别墅建筑模型（创建坡道）.rvt”项目文件，为项目创建地形表面、添加道路和场地构件，并保存项目文件，命名为“5.1.3 别墅建筑模型（添加场地构件）.rvt”，见表 5-1。

表 5-1　为别墅模型创建地形、添加场地构件

项目模型展示	模型下载
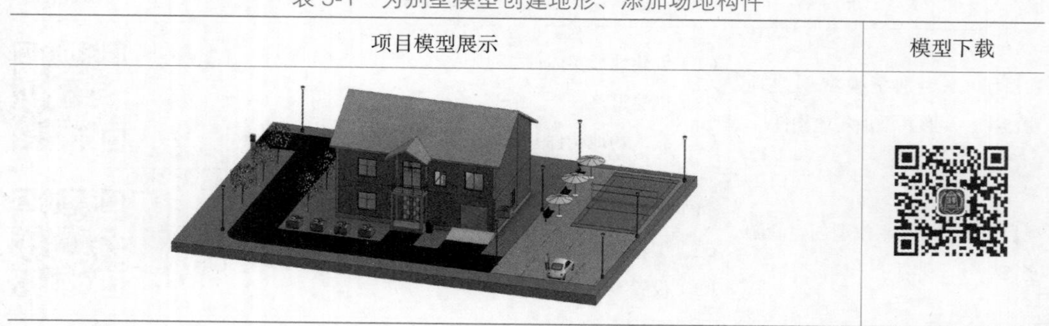	

5.1.1　创建地形实体

Revit 新增了创建地形实体的功能。打开“4.5.1 别墅建筑模型（创建坡道）.rvt”项目文件，双击【项目浏览器】→【楼层平面】→【场地】视图。单击功能区中的【体量与场地】→【地形实体】→【从草图创建】选项，在【修改 | 创建地形实体边界】面板下，单击【边界线】，选择【矩形工具】，在别墅周围绘制一个矩形（大小为 40m × 30m）。选择【拾取墙】命令，在选项栏中，清除“延伸到墙中（至核心层）”的勾选。选择别墅外墙，使用 Tab 键选择墙链，使用翻转控制柄来确保建筑地坪草图位于墙的内部面上。在【属性】面板中，单击【编辑类型】按钮，在弹出的【类型属性】框内单击【编辑】选项，替换材质为“草”，并将地形实体类型属性重命名为“草地”，设置标高值为“室外地坪”，如图 5-1 所示。

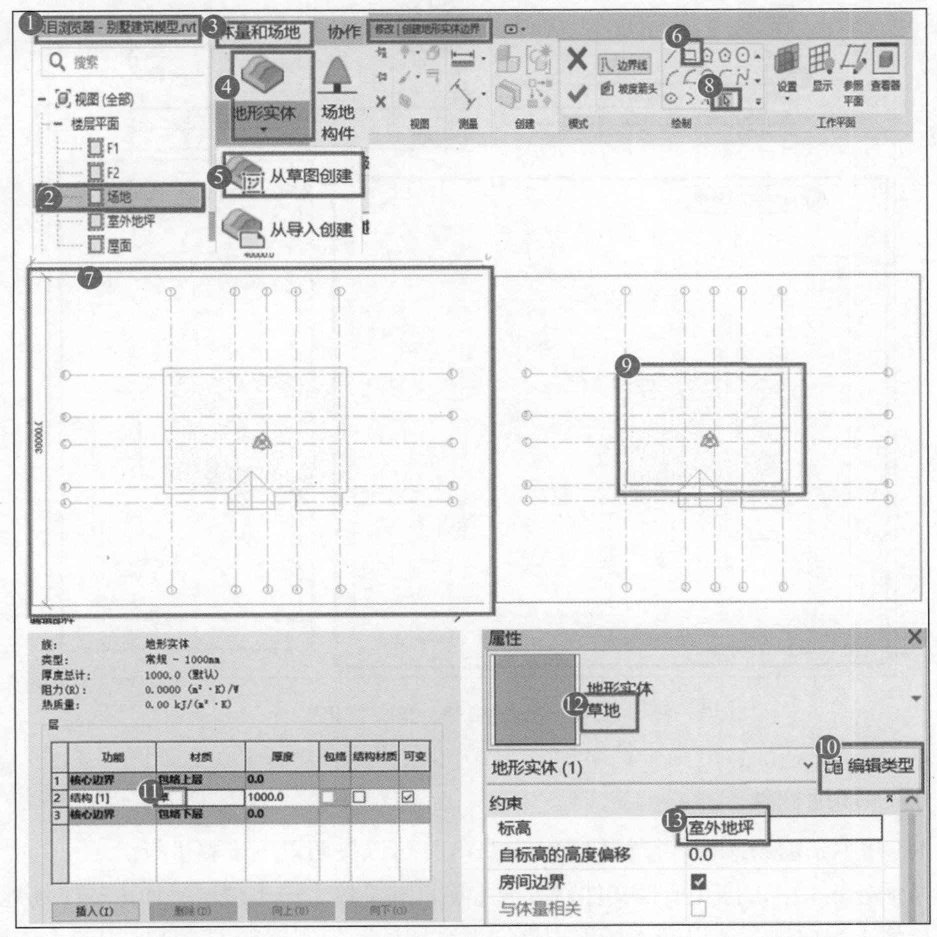

图 5-1　创建别墅地形

5.1.2　创建道路

为别墅项目创建好地形实体后，可以使用细分工具来定义地形实体上的特定区域，如道路、停车场、运动休闲区域。细分地形实体能为这些区域指定不同的材质，并且不会生成单独的表面，而是从原始表面正向偏移。

项目任务 5-1 中，打开项目文件，双击【项目浏览器】→【楼层平面】→【场地】视图。

绘图区选择绘制的地形实体“草地”，在【修改 | 创建地形实体边界】面板下单击【细分】按钮，在绘图区域绘制出道路区域，在【属性】面板中调整道路区域材质为“沥青”，细分高度设置为“5”。注意，在绘制道路时，可采用【圆角弧】命令绘制道路转角。同理，可设置右侧区域为停车区域和运动区域，并将材质设置为“现场浇筑混凝土”，如图 5-2 所示。

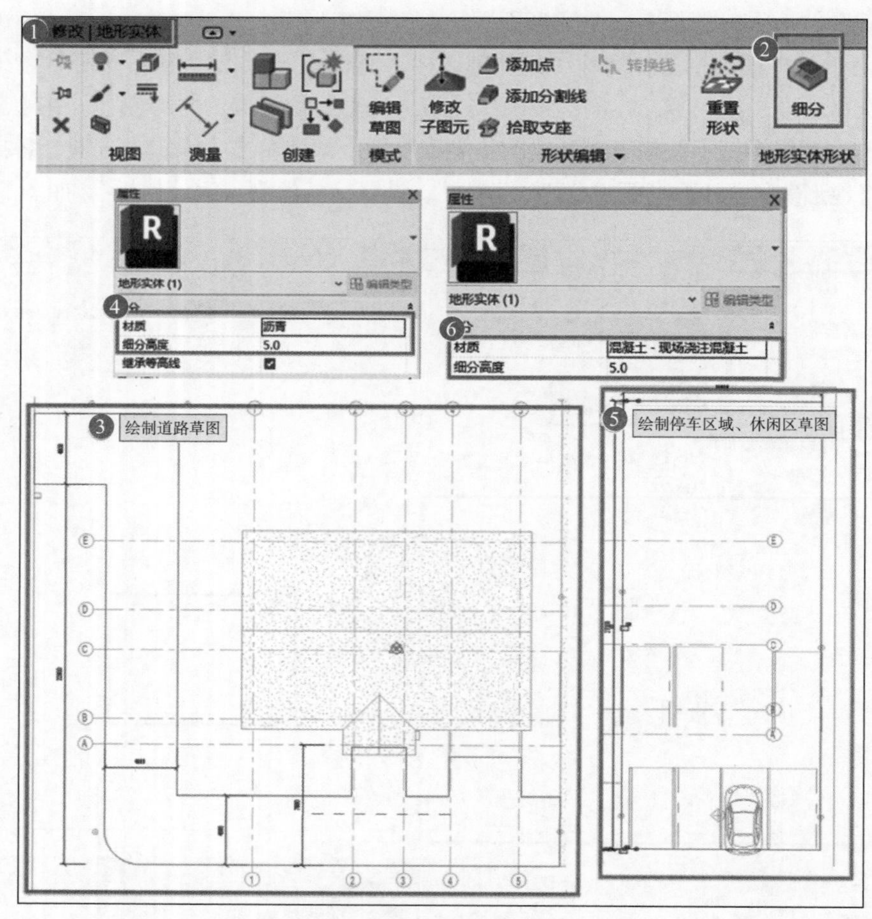

图 5-2　创建场地道路、停车休闲区域

5.1.3　添加场地构件

在 Revit 中添加场地构件，如树木、路灯等，可以按照以下步骤进行。

项目任务 5-1 中，打开项目文件，双击【项目浏览器】→【楼层平面】→【场地】，切换到【场地】平面视图。以插入场地构件“羽毛球场”为例，单击功能区中的【体量与场地】→【场地构件】选项，在【修改 | 创建地形实体边界】面板下，单击【载入族】按钮，在弹出的对话框中依次单击【建筑】→【场地】→【体育设施】→【羽毛球场】→【打开】按钮。在左侧【属性】面板下拉菜单中选择刚载入的“羽毛球场”场地构件，在绘图区域放置“羽毛球场”构件，最后设置放置标高。

采用类似的方式，可以为别墅载入街景构件、人物、停车位、路灯、植物等系统自带的场地构件，放置在合适的区域，完成族别墅项目场地的景观设计，并保存为“5.1.3 别墅建筑模型（添加场地构件）.rvt”。操作步骤如图 5-3 所示。

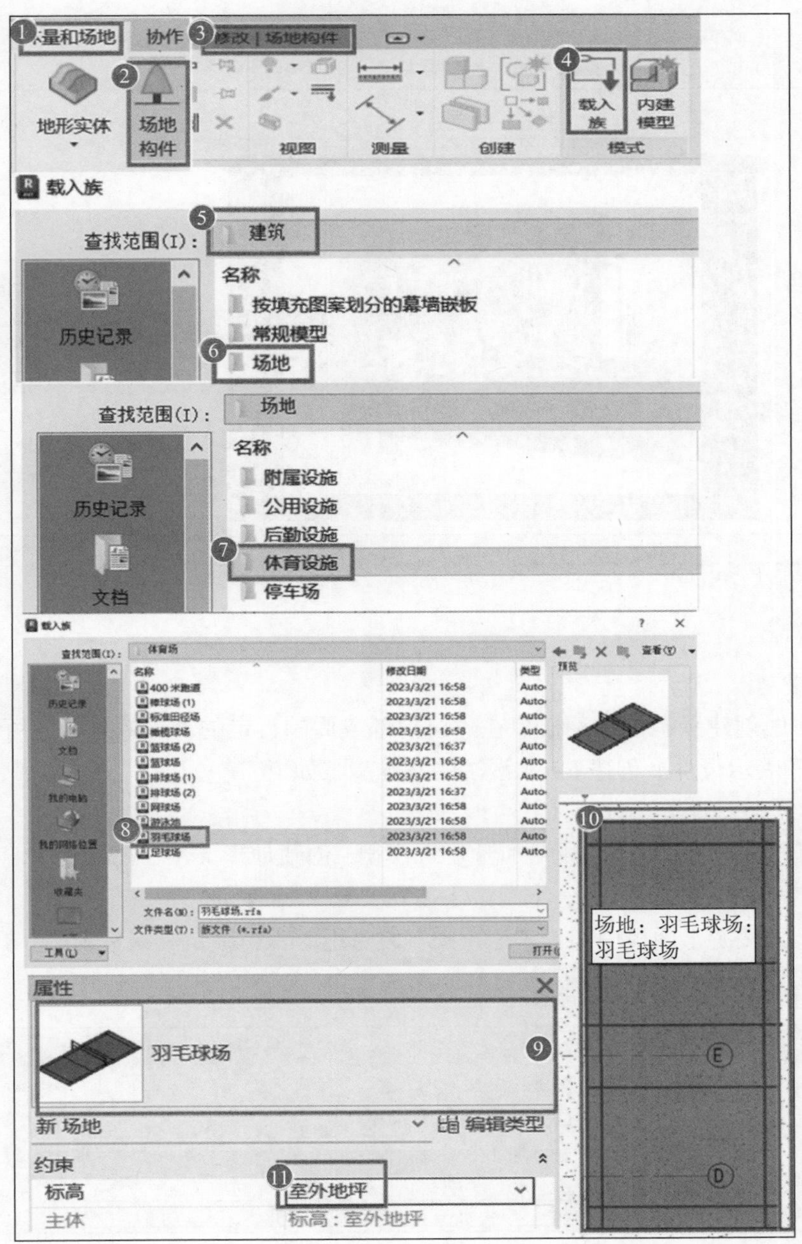

图 5-3　添加场地构件

5.2 漫 游 渲 染

项目任务 5-2　为别墅模型创建漫游视频

打开“5.1.3 别墅建筑模型（添加场地构件）.rvt”项目文件，为项目创建漫游视频，保存项目文件，命名为“5.2.1 别墅建筑模型（渲染漫游）.rvt”，同时保存好漫游视频，见表 5-2。

表 5-2　为别墅模型创建漫游视频

项目模型展示	模型下载

5.2.1　漫游

1. 创建漫游

在 Revit 中创建漫游是一种模拟在建筑内部或周围行走的动画效果，它可以以第一人称视角预览和展示设计。创建 Revit 漫游的基本步骤如下。

1）创建漫游、设置参数

以项目任务 5-2 为例，打开“别墅建筑模型 - 创建地形 .rvt”项目文件，单击功能区中的【视图】→【三维视图】→【漫游】按钮，定义漫游路径。

在【修改 | 漫游】面板中勾选“透视图”复选框，保持“偏移”数值为“1750”，其他选项保持默认值，如图 5-4 所示。

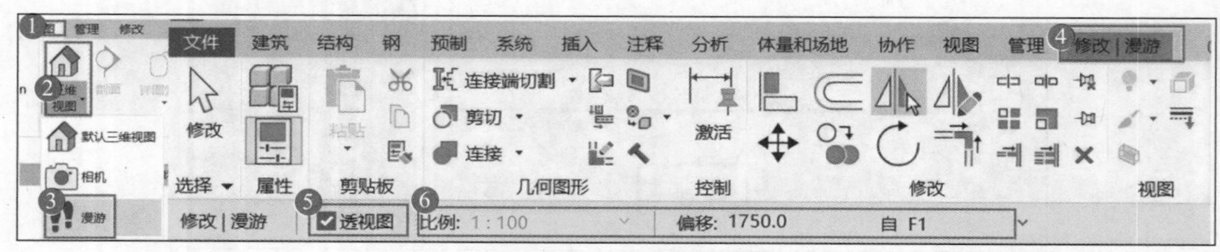

图 5-4　创建漫游、设置参数

2）确定漫游路径

在楼层平面 F1 中，通过单击在不同的位置放置关键帧来定义漫游路径。每次单击鼠标，即放置一个关键帧。围绕建筑物单击创建环形的漫游路径。放置完最后一个关键帧后，按 Esc 键退出命令，如图 5-5 所示。

3）修改关键帧

双击【项目浏览器中】→【漫游】→【漫游 1】，切换至漫游透视图。在下方视图控制栏的【视觉样式】下拉列表中选择【着色】命令，更改漫游图形的显示样式。在工具栏选项中，将【控制】设置为【活动相机】选项。

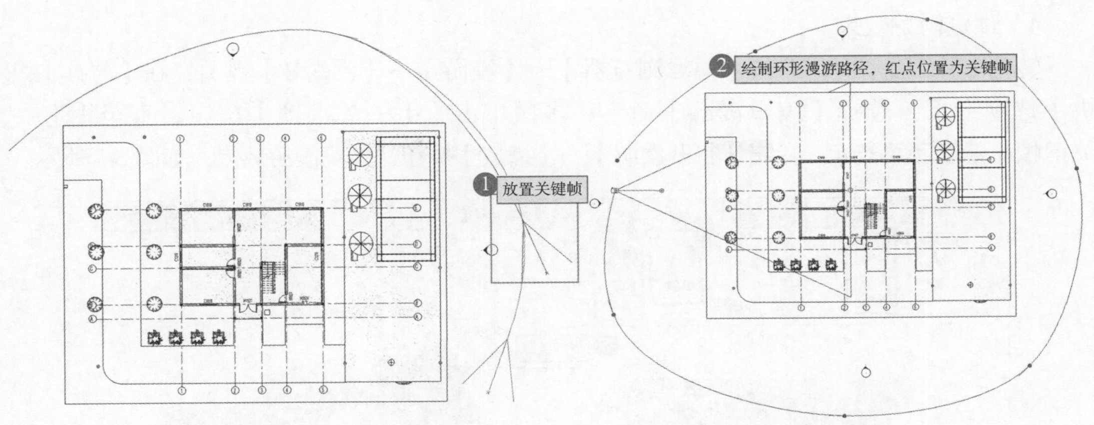

图 5-5　绘制漫游路径

单击激活视图内的轮廓线，进入【修改 | 相机】选项卡，单击【编辑漫游】按钮，在【修改 | 相机 | 编辑漫游】选项卡中单击【上一关键帧】按钮，直至【上一关键帧】灰色不可选定，意味着选定的是关键帧的第一帧，切换到楼层平面 F1。然后在平面视图中拖曳相机的红色十字小圆点，调整相机方向；拖曳蓝色小圆点，调整相机的可视范围。逐一调整每个关键帧的效果，尽量让每个关键帧对着建筑物主体，且可视范围合理，如图 5-6 所示。

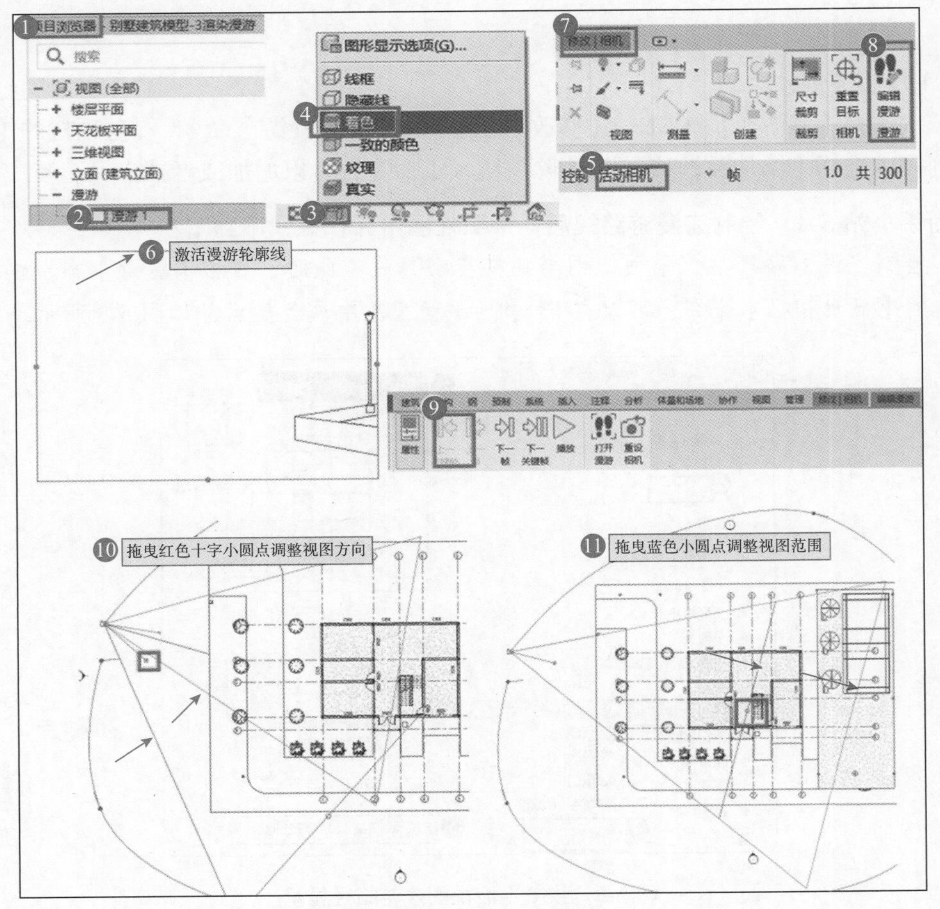

图 5-6　修改关键帧

4）预览漫游效果

转到 F1 楼层平面，双击【项目浏览器】→【漫游】→【漫游 1】视图，在【修改 | 相机】选项卡下，选择【编辑漫游】命令，多次单击【上一关键帧】按钮，直至【上一关键帧】灰色不可选定，单击【打开漫游】→【播放】按钮，预览漫游效果，如图 5-7 所示。

图 5-7　预览漫游效果

2. 编辑漫游

1）增删关键帧

依次选择【漫游 1】→ F1 →【修改 | 相机】→【编辑漫游】命令，在选项栏的【控制】下拉列表中选择【添加关键帧】/【删除关键帧】命令，可以增加或者减少关键帧。

新手小站 5-1　绘制完漫游路径后，平面视图中为什么找不到了？

绘制完漫游路径后，平面视图会将其自动隐藏。此时，右击【漫游】弹出快捷菜单中的【显示相机】命令，可以在 F1 楼层平面视图中恢复显示，如图 5-8 所示。

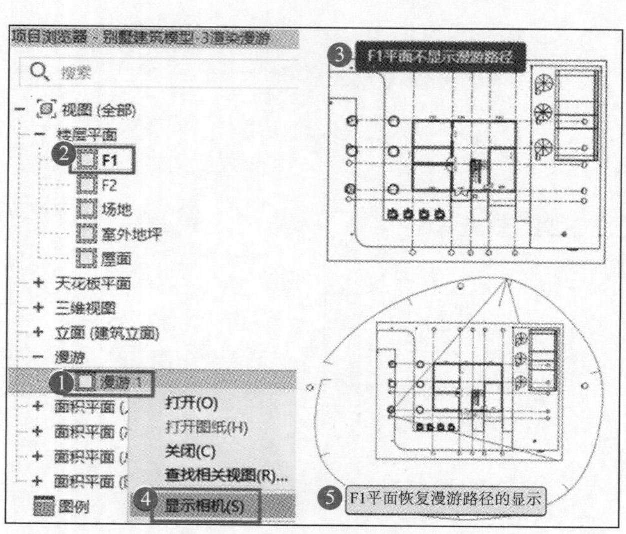

图 5-8　恢复平面视图漫游路径显示

2）调整关键帧位置

在选项栏的【控制】下拉列表中选择【路径】选项，在路径上显示蓝色的实心夹点代表关键帧，单击激活夹点，调整夹点的位置，可以移动关键帧，如图 5-9 所示。

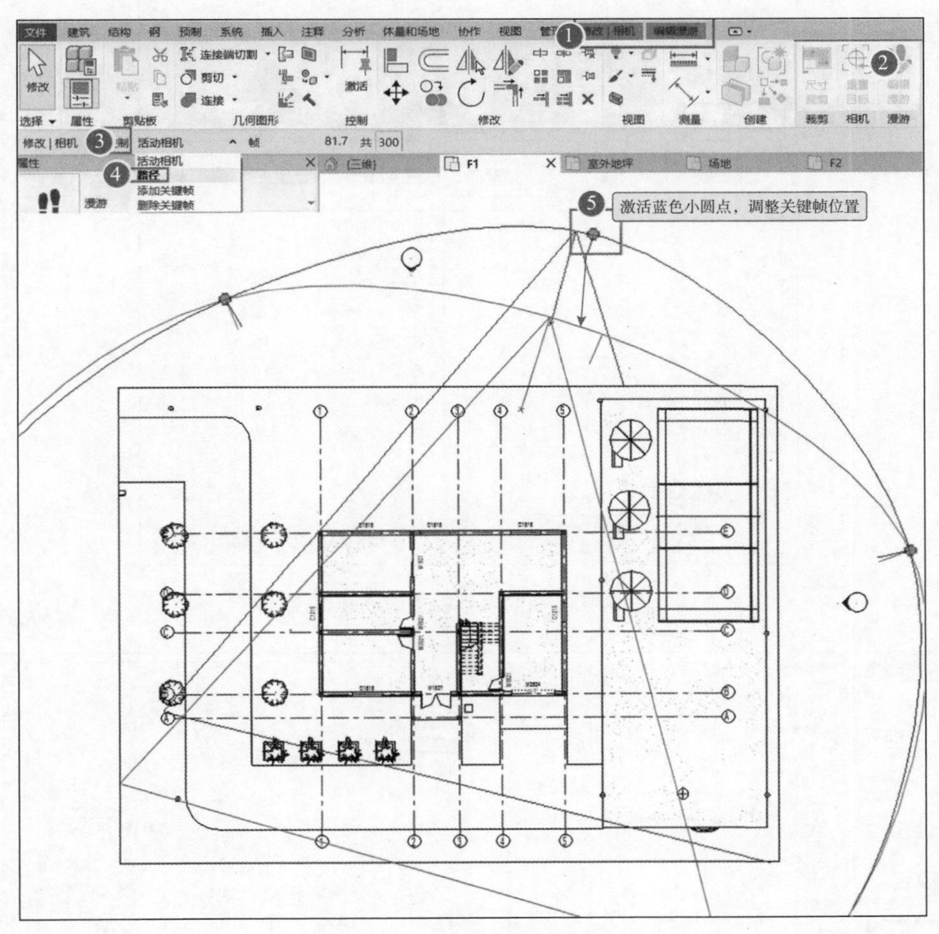

图 5-9　调整关键帧位置

3）控制漫游播放时间和速度

在选项栏的【帧】下拉列表中单击【300】选项，在弹出的【漫游帧】对话框中可调节漫游总时长和漫游速度。300 表示该漫游路径一共包括 300 帧，可以修改"总帧数"以及"帧 / 秒"选项值，控制整个漫游动画播放的时间。计算播放时间的公式是：播放总时间 = 总帧数 / 帧率（帧 / 秒）。取消【匀速】勾选，可以自定义关键帧的播放速度，如图 5-10 所示。

3. 导出漫游视频文件

选择【文件】→【导出】→【图像和动画】→【漫游】命令，在弹出的【长度 | 格式】对话框中勾选【全部帧】选项，单击【确定】按钮，将视频保存在计算机文件夹，如图 5-11 所示。

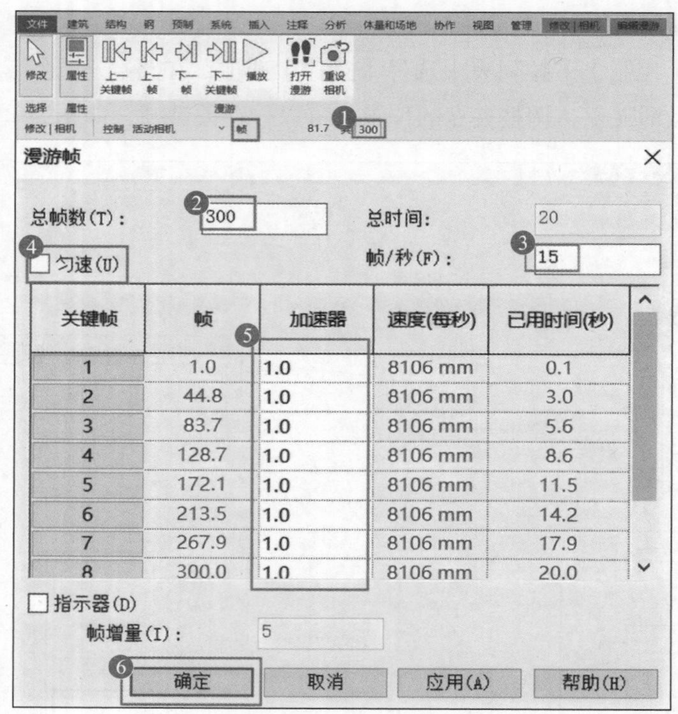

图 5-10　控制漫游播放时间和速度

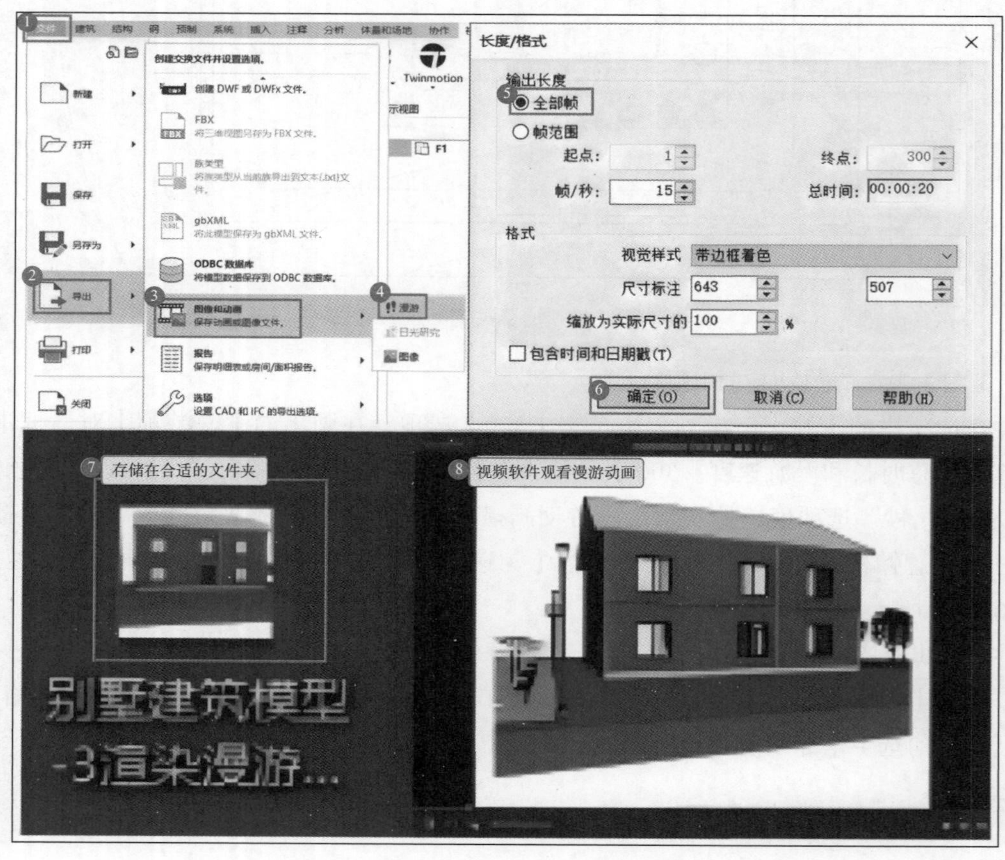

图 5-11　导出漫游视频

5.2.2　渲染

渲染为建筑模型创建照片级真实感图像。既可以使用 Revit 自带的渲染引擎，也可以将模型导入 3D max、Autodesk Navisworks、Lumion（Fuzor、Twinmotion）等虚拟现实软件渲染出更高质量的效果图。

1. 贴花

【放置贴花】工具可将图像放置到建筑模型的表面上以进行渲染。例如，可以将贴花用于标志、绘画和广告牌。对于每个贴花，可以指定一个图像及其反射率、亮度和纹理（凹凸贴图）。

以在垃圾桶上插入可回收标志贴花为例，选择【插入】→【贴花】→【贴花类型】命令，在弹出的【贴花类型】对话框中单击【新建贴花】→命名【新贴花】选项，选择 Source 后边的 ... 按钮，选择本地图片“垃圾桶贴花”并打开，设置好要载入的贴花类型。【项目浏览器】切换到【南立面】，单击【插入】→【贴花】→【放置贴花】选项，选项栏不勾选“固定宽高比”，在垃圾桶上放置“新贴花”，并拖曳到合适的大小，完成垃圾桶标志的贴花。操作见图 5-12。

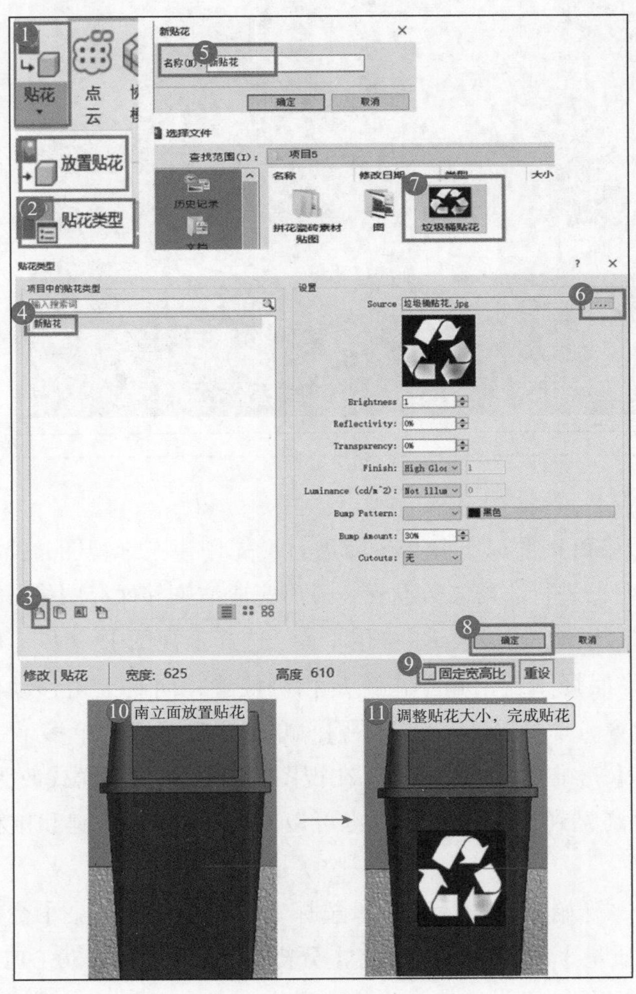

图 5-12　垃圾桶可回收标志贴花

特别提示

贴花属于模型图元，在二维和三维视图中都可以使用，但要在视觉样式栏选择“真实”状态，才能正常显示。

项目任务 5-3　为别墅模型创建室外日景渲染图

打开“5.2.1 别墅建筑模型（渲染漫游）.rvt”项目文件，为项目创建室外日景渲染图，保存项目文件，命名为“5.2.2 别墅建筑模型（室外日景渲染）.rvt”，同时保存好渲染图片，见表 5-3。

表 5-3　为别墅创建室外日景渲染图

项目模型展示	模型下载 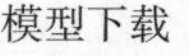

2. 本地渲染

Revit 的本地渲染可按照以下几个步骤进行：先创建三维视图，指定建筑物材质的渲染外观；再定义照明；进行渲染参数设置；最后完成渲染并保存图像。

以项目任务 5-3 为例，切换至 F1 楼层平面，选择【视图】→【三维视图】→【相机】命令，在 F1 楼层平面视图左下角单击确定相机位置，向右上角移动鼠标指针，再次单击确定目标点的位置。切换至【三维视图】，可以发现下拉菜单多了一个【三维视图 1】选项，双击切换至【三维视图 1】视图，在视图控制栏将视觉样式改为“真实”。拖曳蓝色边界，直至画面调整到合适的大小；也可以同时按住 Shift 键和鼠标中键，调整视图方向。

调整好画面后，开始进行图片渲染。选择【视图】→【渲染】命令，在弹出的【渲染】对话框中将【质量】设置为“高”;将【分辨率】设置为“150 DPI”；将照明【方案】设置为“日光和人造光”；再设置背景【样式】为“天空：少云”，最后单击左上角的【渲染】按钮，等待渲染进度完成。渲染完成后单击【保存到项目中】按钮，在弹出的对话框中重命名渲染图片，至此完成了别墅室外日景图的渲染工作。具体操作步骤如图 5-13 所示。

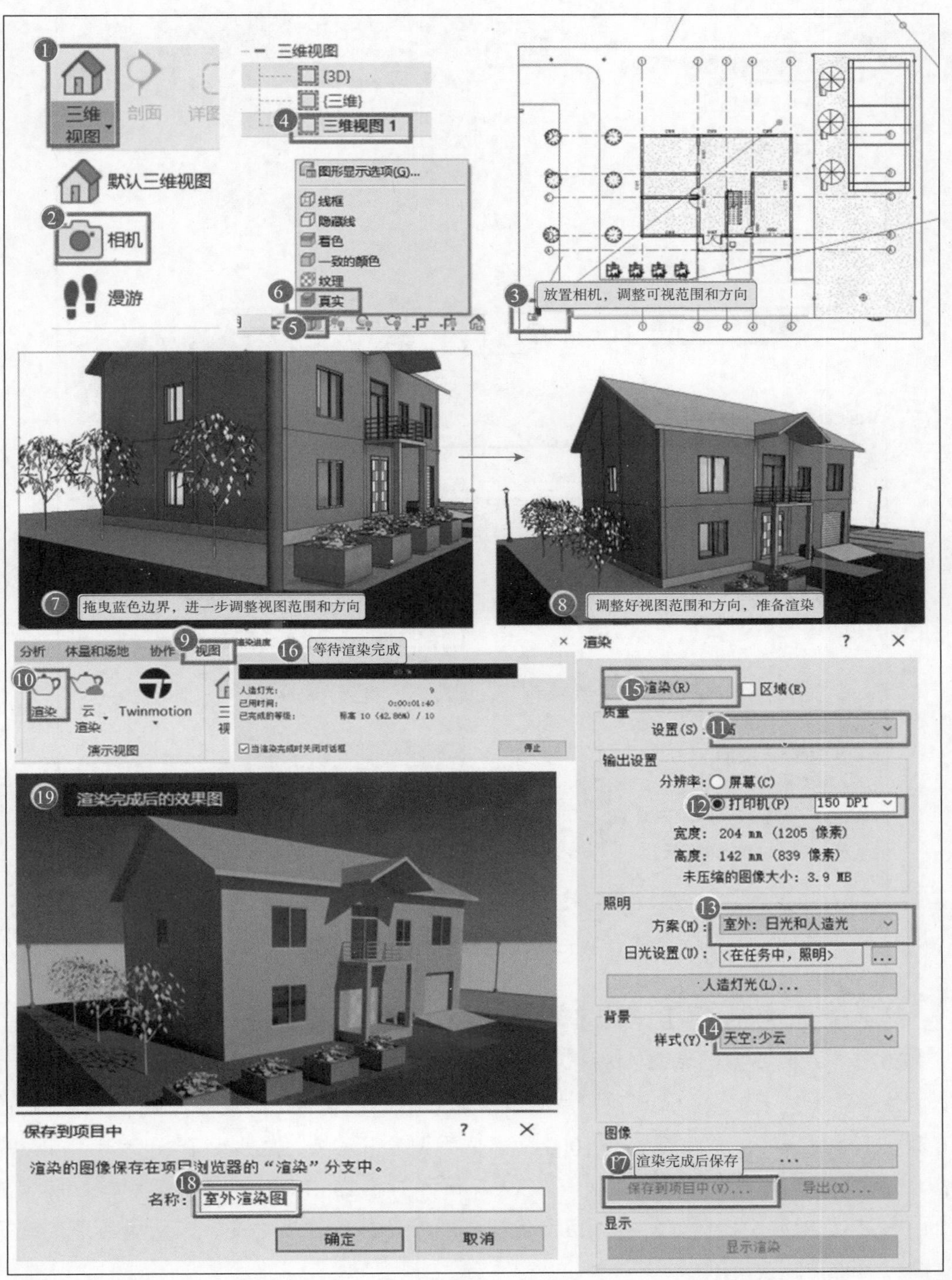

图 5-13　别墅室外日景渲染

选择【文件】→【导出】→【图像和动画】→【图像】命令，在弹出的【导出图像】对话框中修改保存图像的路径，设置【图像尺寸】为“2000”像素，【格式】为“JPEG（无失真）”，最后单击【确定】按钮，可保存渲染图到指定位置，如图 5-14 所示。

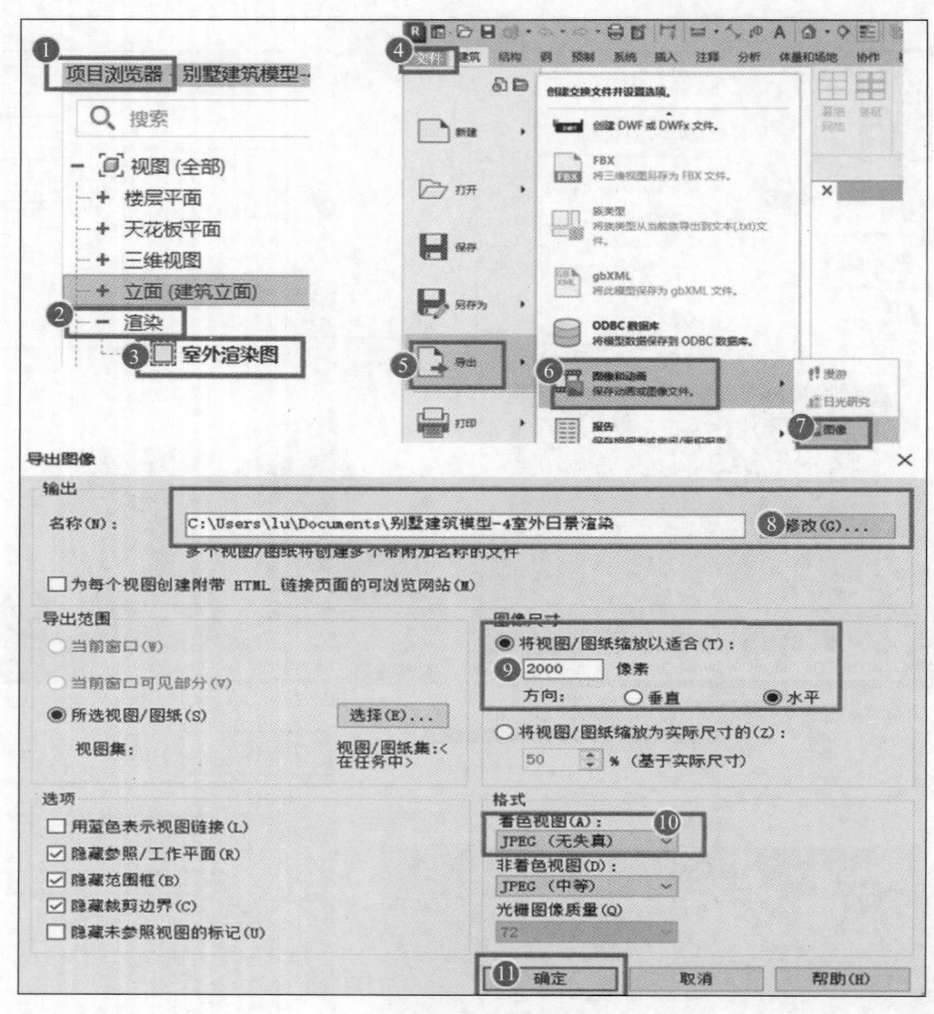

图 5-14 导出别墅效果图

职业素养案例 5-1 抗击新冠 BIM 技术大显身手

2020 年，新型冠状病毒如洪水猛兽般袭来，全国上下紧急隔离，医疗物资严重短缺，医院更是一床难求。武汉政府决定参照北京小汤山非典医院模式，建造一座专门收治新冠患者的医院。一座可容纳 1000 张床位的火神山医院，总共用了 10 天时间建设完成，2 月 2 日正式交付，总建筑面积 3.39 万 m^2。1 月 25 日，武汉政府又加盖一所“雷神山医院”，2 月 5 日交付使用。两所医院以小时计算的建设进度、万众瞩目下演绎了新时代的中国速度。

“火神山、雷神山医院”为什么能如此“光速”完工？BIM 技术立下大功劳。这两个医院的建设主要采用了行业最前沿的装配式建筑和 BIM 技术，最大限度地采用拼装式工业化成品，大幅减少现场作业的工作量，节约了大量的时间。在 10 天建造工期中，项目精细化管理使用 BIM 技术保证施工质量、缩短工期进度、节约成本、降低劳动力成本和减少废物。所有关于参与者、建筑材料、建筑机械、规划和其他方面的信息都被纳入建筑信息模型中。

本章节中我们学习了如何利用 Revit 软件创建模型虚拟仿真漫游视频，“火神山、雷神山医院”建设项目也应用了 BIM 的虚拟仿真模拟技术，只是不仅仅包括施工现场模拟，还包括场布及各种设施模拟，包括对采光、管线布置、能耗分析等进行的优化模拟。三维可视化模拟，进一步确定了最优建筑方案和施工方案，提高了施工效率。

项目全过程都充分应用了 BIM 技术的优势，使项目的全生命周期都处于数字化管控之下。都说中国人是“基建狂魔”，用神一般的速度，建成一所医院，帮助武汉渡过难关。其实我们都知道，哪里有什么奇迹，不过是社会主义国家体制的优越性让我们可以不计代价，为了生命争分夺秒；是我们无数的工程人员不眠不休，敢于突破一个又一个困难；是我们数十年如一日厚积薄发，潜心研究最新工程科技……如此种种，才造就了中国速度的奇迹。同学们也应当努力学习专业知识，学以致用，在国家最需要的时候，敢于担当，迎难而上，为人民群众解决困难，谋求福祉。

5.3　创建明细表

项目任务 5-4　为别墅模型创建门窗明细表

打开“5.2.2 别墅建筑模型（室外日景渲染）.rvt”文件，创建门窗明细表，命名保存为“5.3.1 别墅建筑模型（明细表）.rvt”，同时导出明细表为 EXL 格式文件，见表 5-4。

表 5-4　为别墅创建门窗明细表

项目模型展示	模型下载

窗明细表　门明细表

<门明细表>

A 类型	B 标高	C 宽度	D 高度	E 合计
M0821	F1	800	2100	1
M0821	F1	800	2100	1
M0821	F2	800	2100	1
M0921	F1	900	2100	1
M0921	F2	900	2100	1
M0921	F2	900	2100	1
M0921	F2	900	2100	1
M0921	F2	900	2100	1
M1827	F1	1800	2700	1
M1827	F2	1800	2700	1
M1827	F1	1800	2700	1
M2624	F1	2600	2400	1
总计: 12				

续表

项目模型展示	模型下载
（见下表）	

窗明细表　门明细表

<窗明细表>

A	B	C	D	E	F
类型	标高	高度	宽度	底高度	合计
C1818	F1	1800	1800	600	1
C1818	F1	1800	1800	600	1
C1818	F1	1800	1800	600	1
C1818	F1	1800	1800	600	1
C1215	F1	1500	1200	600	1
C1215	F1	1500	1200	600	1
C1818	F2	1800	1800	600	1
C1818	F2	1800	1800	600	1
C1818	F2	1800	1800	600	1
C1818	F2	1800	1800	600	1
C1215	F2	1500	1200	600	1
C1215	F2	1500	1200	600	1
C1818	F2	1800	1800	600	1
总计：13					

5.3.1 生成明细表

创建明细可以统计和分析模型中的各种构件信息。创建步骤如下。

（1）打开【视图】选项卡：在 Revit 中，单击展开【视图】选项卡下的【明细表】，选择“明细表 / 数量”。

（2）选择构件类别：在弹出的【新建明细表】对话框中，选择需要统计的构件类别，如【建筑构件明细表】，并指定阶段。

（3）添加字段：在【明细表属性】对话框中，单击【字段】选项卡，选择想要统计的构件的相关属性，添加到右侧框中作为明细表的表头。

（4）设置过滤器：如果需要过滤某些构件参数，可以使用【过滤器】命令来隐藏不想显示在明细表中的构件参数。

（5）排列 / 成组：在【明细表属性】对话框中，可以设置排序和分组规则，如按照“类型”升序排列。

（6）格式化明细表：选择【格式】命令，可以对明细表字段格式进行设置，如重命名字段名称或计算总数。

（7）设置外观：在对话框中选择【外观】选项，可以对明细表网格线及字体的大小、显示样式等属性进行修改。

（8）完成明细表创建：明细表创建完成后，可以在项目浏览器中找到【明细表 / 数量】并打开相关的明细表。

以项目任务 5-4 为例，可按照以下步骤为别墅模型创建门明细表。

打开“别墅建筑模型 - 室外日景渲染 .rvt”，单击【视图】→【明细表】→【明细表 / 数量】选项，在弹出的【新建明细表】对话框中搜索“门”，单击【门】确定选择，命名明细表名称为“门明细表”，单击【确定】按钮。在弹出的【明细表属性】对话框中勾选左侧的 5 个字段“类型、标高、宽度、高度、合计”，导入右侧的字段列表中，调整字段顺序，单击【确定】按钮。此时，Revit 生成了“门明细表”，在左侧【属性】面板中分别按照要求设置【排序 / 成组】【格式】等属性，修改“门明细表”的属性，确保符合任务要求。操作步骤如图 5-15 所示。

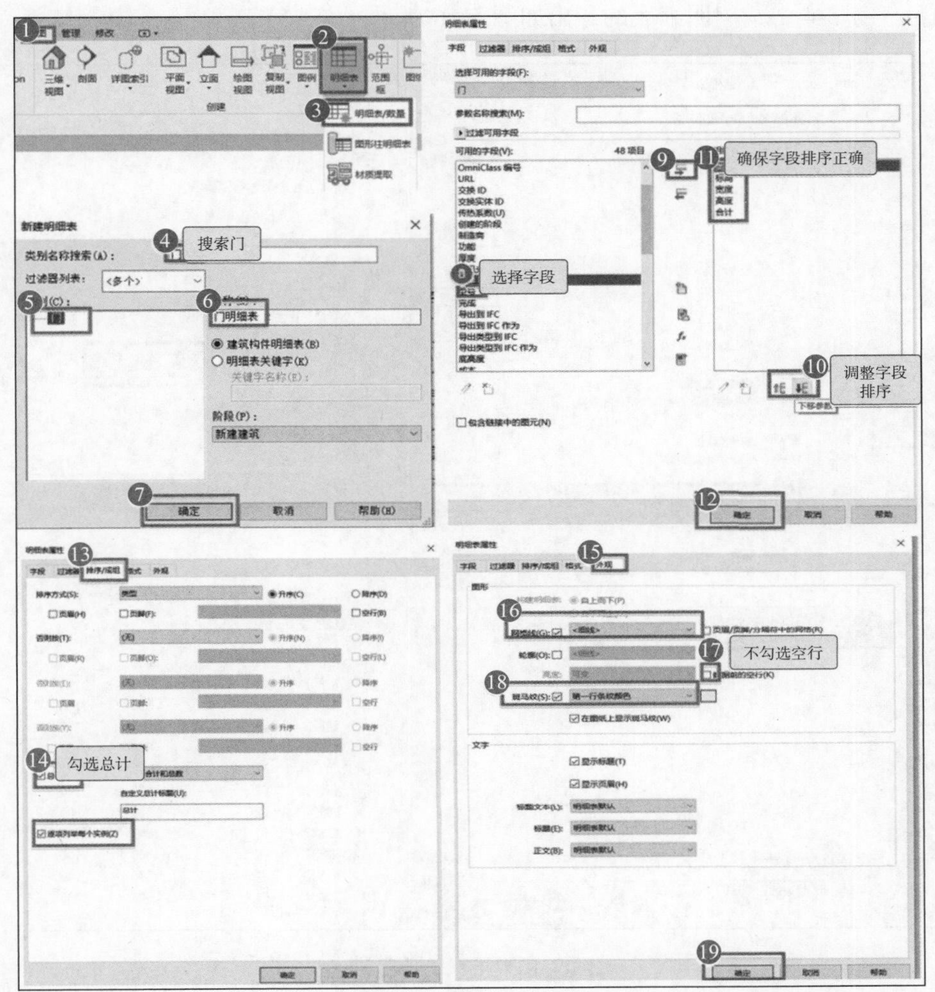

图 5-15　创建门明细表

5.3.2　导出明细表

在 Revit 中导出明细表通常有以下几个步骤。

（1）打开明细表视图：首先，确保已经在 Revit 中创建了所需的明细表，并打开了该明细表的视图。

（2）导出明细表：单击【文件】选项卡下的【导出】按钮，然后选择【报告】中的【明细表】选项。

（3）保存明细表：在弹出的【导出明细表】对话框中，指定明细表的名称和目录，并单击【保存】按钮。

（4）选择导出选项：在【明细表外观】选项卡下，可以选择导出列页眉的方式。在【输出】选项下，指定字段分隔符和文字限定符。

（5）完成导出：单击【确定】按钮，Revit 会将文件保存为分隔符文本文件，这种格式的文件可以在电子表格程序（如 Microsoft Excel）中打开。

项目任务 5-4 中，门明细表的导出如图 5-16 所示。

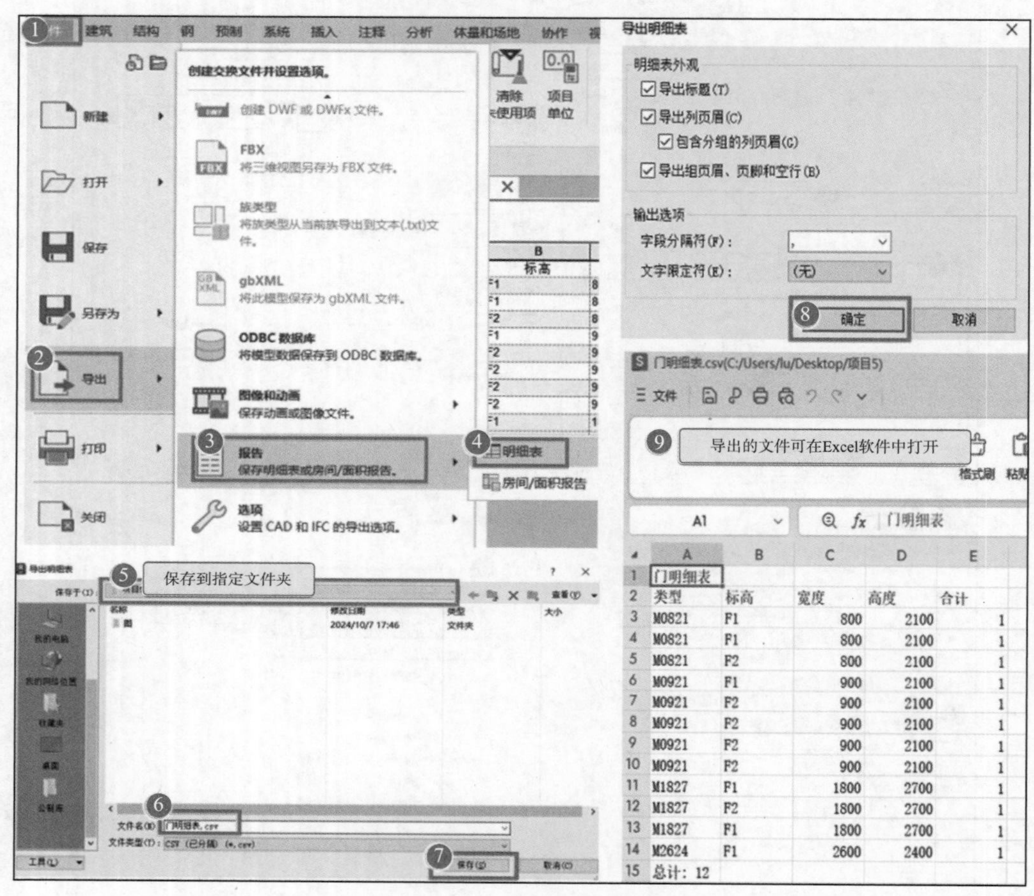

图 5-16　导出门明细表

5.4　建筑空间分析与日光分析

项目任务 5-5　为别墅模型一层平面图创建房间及颜色填充图例

打开“5.3.1 别墅建筑模型（门窗明细表）.rvt”项目文件，在一层平面图创建带面积数值的“书房”“娱乐室”“卧室”“客厅”等房间；创建房间颜色填充图例与视图，并保存项目文件为“5.4.1 别墅建筑模型（一层房间创建及面积分析）.rvt”，见表 5-5。

表 5-5 为别墅一层平面图创建房间及颜色填充图例

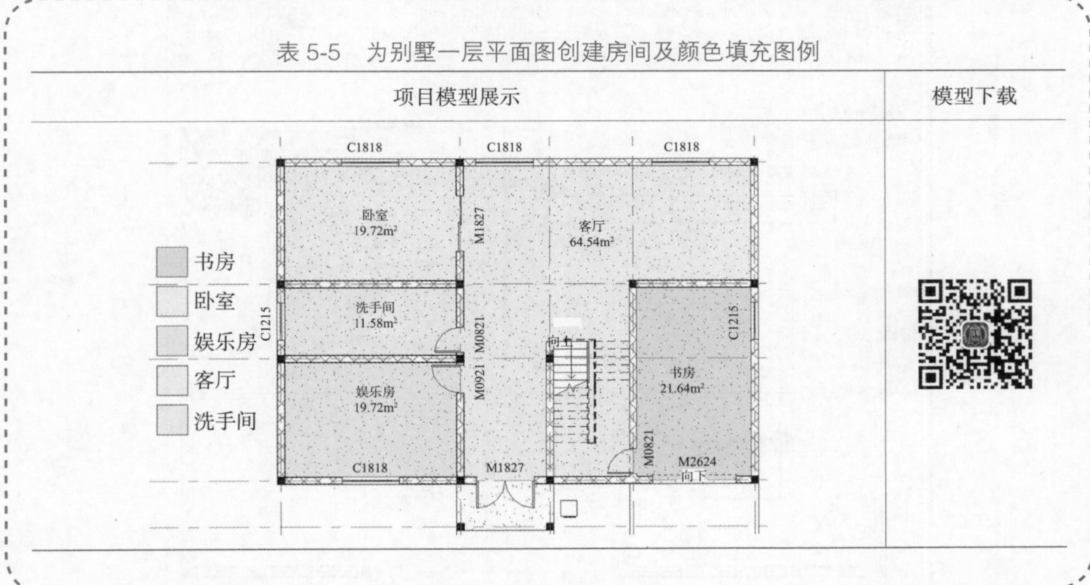

5.4.1 创建房间及面积分析

1. 创建房间

1）选择【房间】创建命令

选择【建筑】→【房间和面积】→【房间】命令，此时鼠标指针会变成一个房间形状的图标，表示已经进入房间创建模式。

2）放置房间

将鼠标移动到要创建房间的封闭空间内部。当鼠标指针位于合适的位置时，Revit 会自动捕捉到封闭空间的边界，并在中心位置显示房间的轮廓和名称。单击，即可在该位置创建一个房间。可以按照同样的方法在其他封闭空间中创建房间。

3）修改房间属性

创建房间后，可以通过选中房间（单击房间内部或房间边界），然后在【属性】面板中修改房间的各种属性。如项目任务 5-5 中，在【属性】面板中选择"标记 _ 房间 - 有面积 - 施工 - 仿宋 -3mm"类型，在【房间名称栏】中输入"客厅"，将光标移至客厅区域单击放置，生成"客厅"房间。同理，可创建"卧室""会客室""洗手间""书房"等，创建步骤如图 5-17 所示。

房间【属性】面板还可设置房间编号、房间面积、房间高度等属性。

2. 创建房间颜色填充图例与视图

在 Revit 中创建房间颜色填充视图能更直观地展示房间的不同属性，如功能、面积范围等。

1）创建房间颜色填充视图

在【项目浏览器】→【楼层平面】下，右击 F1 平面视图，选择【复制视图】→【带详图复制】，重命名为【F1 颜色填充】，单击【确定】按钮，如图 5-18 所示。进入【F1 颜色填充】楼层平面视图，按 VV 快捷键执行"可见性"快捷命令；在【注释类别】选项卡下，取消选【剖面】【参照平面】【立面】【轴网】，单击【确定】按钮，退出可见性设置，

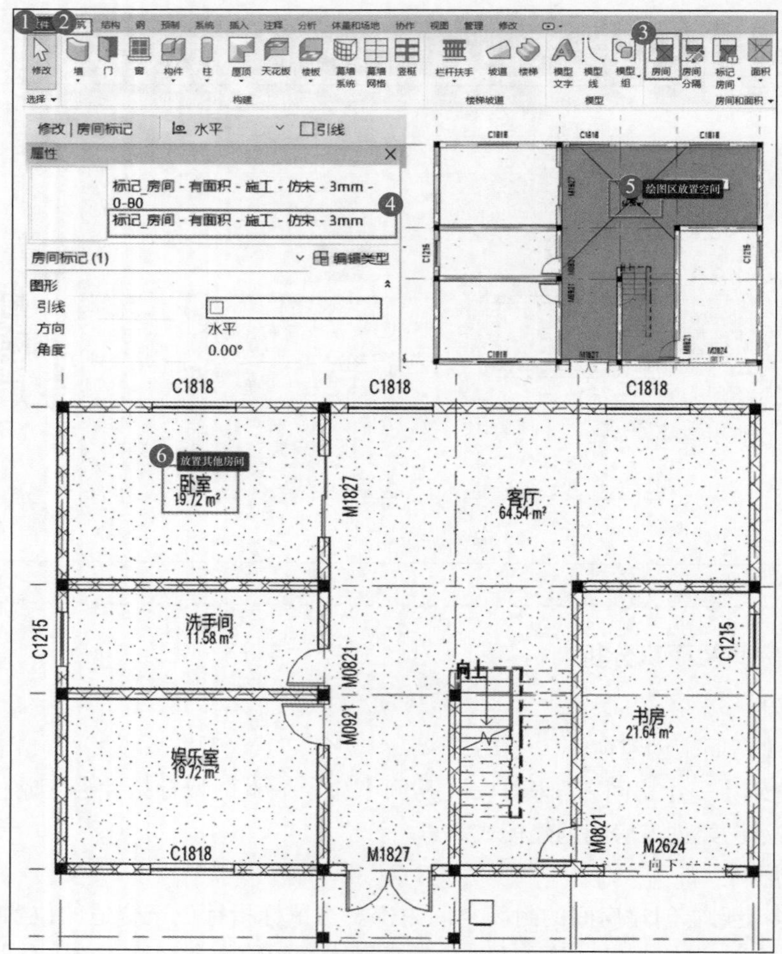

图 5-17 创建房间

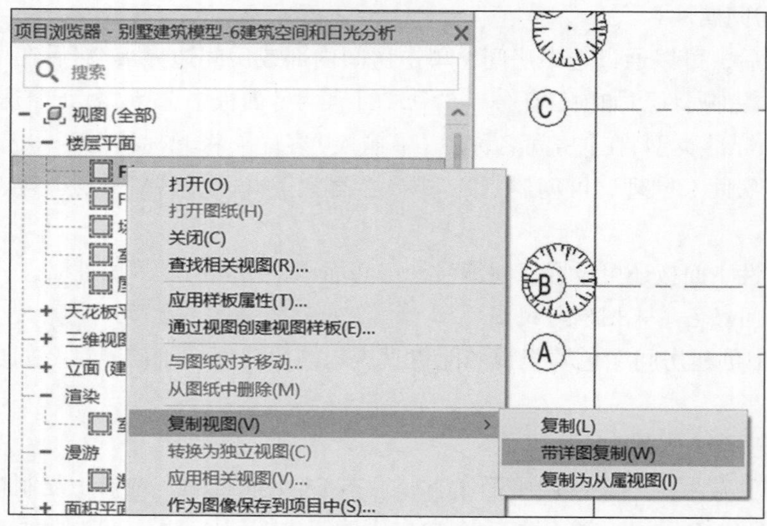

图 5-18 创建房间颜色填充视图

如图 5-19 所示。

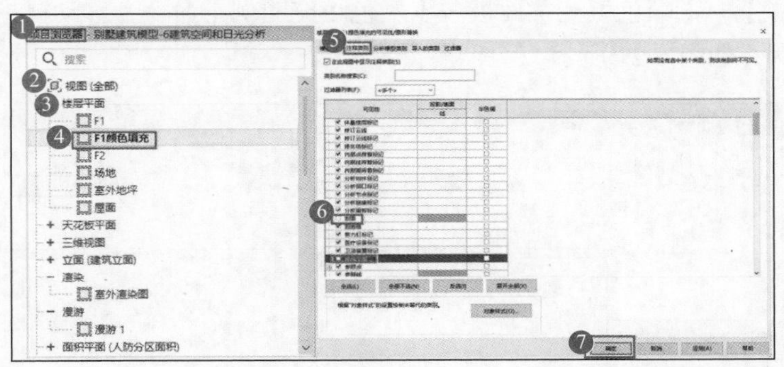

图 5-19 设置房间颜色填充视图可见性

2）应用颜色方案

选择【F1 颜色填充】楼层平面视图，单击【属性】面板中的【颜色方案】选项，在弹出的【编辑颜色方案】面板中，将【类别】设置为“房间”，将【方案 1】重命名为“按房间名称”；将【颜色】选择“名称”，单击【按值】选项，此时会看到下方已经生成【按房间名称】的颜色方案图例，单击【确定】按钮退出，步骤如图 5-20 所示。

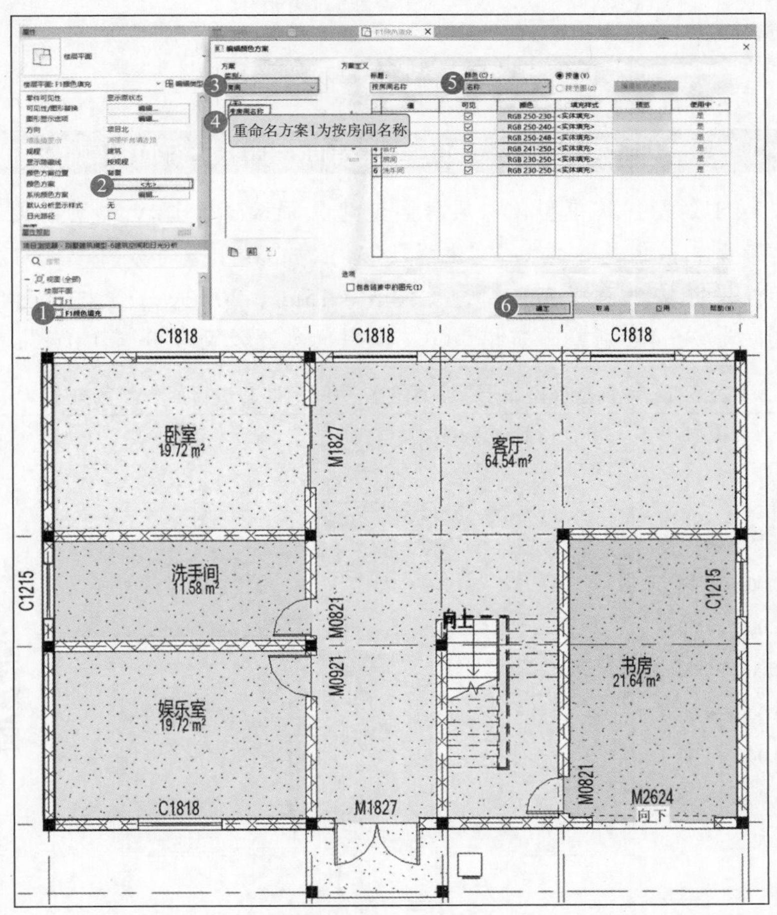

图 5-20 应用颜色填充方案

3）放置颜色方案图例

选择【注释】→【颜色填充】面板→【颜色填充图例】命令，移动鼠标光标至绘图放置颜色方案图例，如图 5-21 所示。

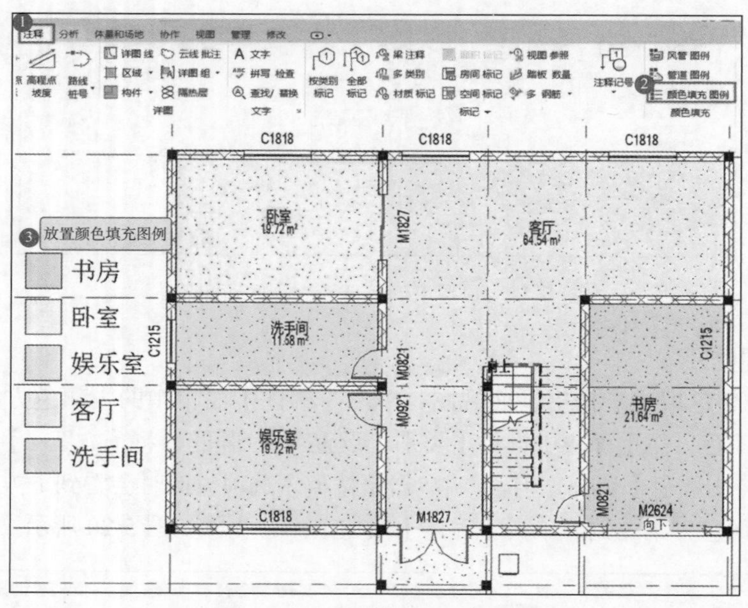

图 5-21　放置颜色方案图例

进阶任务 5-1　为别墅模型二层平面图创建房间标注并进行面积颜色排布

打开“5.4.1 别墅建筑模型（一层房间创建及面积分析）.rvt”项目文件，在二层平面图创建带面积数值的“主卧”“主卫”“客卫”“客厅”等房间；房间添加相应名称的房间标注，并按照面积 5m² 递进（10m²、15m²、20m²……）进行颜色排布，并保存项目文件为“5.4.2 别墅建筑模型（二层房间创建及面积分析）.rvt”，见表 5-6。

表 5-6　为别墅模型二层平面图创建房间标注并进行面积颜色排布

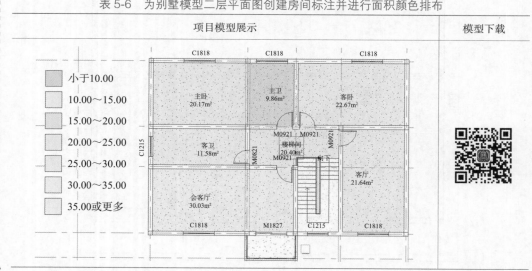

项目模型展示	模型下载
小于10.00 10.00～15.00 15.00～20.00 20.00～25.00 25.00～30.00 30.00～35.00 35.00或更多 主卧 20.17m² 主卫 9.86m² 客卧 22.67m² 客卫 11.58m² 楼梯间 20.40m² 客厅 21.64m² 会客厅 30.03m²	

5.4.2　模型日光分析

项目任务 5-6　对别墅模型进行日光分析

打开“5.4.2 别墅建筑模型（二层房间创建及面积分析）.rvt”项目文件，创建三维视图命名为“日光分析”，设置太阳位置为北京，时刻为 15:00，日期为 2025 年 5 月 1 日，在三维视图中模拟显示阴影状态，并保存项目文件为“5.4.3 别墅建筑模型（日光分析）.rvt”，见表 5-7。

表 5-7　对别墅模型进行日光分析

项目模型展示	模型下载
15.00 北 西 19.04 5.19 5月1日 东 南	

Revit 2024 中的日光分析可以评估建筑在不同时间和季节的日照情况。

1. 设置日光分析参数

1）打开日光路径设置

在 Revit 的【视图】选项卡中，找到【图形】面板，单击【日光路径】按钮，打开日光路径设置对话框。

2）设置日期和时间

在日光路径设置对话框中，可以选择具体的日期和时间进行日光分析。例如，可以选择春分、秋分、夏至、冬至等特定节气的日期，以及一天中的不同时间（如上午 9 点、中午 12 点、下午 3 点等），来观察建筑在这些时刻的日照情况。

还可以通过设置“时间间隔”来生成一系列连续时间点的日照分析结果，用于展示日照的动态变化。

3）选择日照类型

有两种主要的日照类型可供选择：“静止”和“一天”。

静止：用于分析建筑在特定日期和时间点的日照情况，就好像在那一刻拍摄了一张建筑日照的照片。这种类型适用于评估某个特定时刻建筑的阴影分布、室内采光等情况。

一天：用于模拟建筑在一整天内的日照变化情况。Revit 会根据设置的日期和时间间隔，计算并显示建筑在一天内不同时刻的日照和阴影变化，这种类型更适合观察建筑的日照动态特性。

4）设置太阳辐射强度

如果需要考虑太阳辐射对建筑的影响，如热量吸收等情况，可以在日光路径设置对话框中设置太阳辐射强度。可以根据实际项目的需求，选择不同的辐射强度单位和数值，不过这部分计算相对复杂，需要考虑更多的建筑物理参数。

项目任务 5-6 中，在【项目浏览器】中，右击【三维】视图→【复制视图】→【带详图复制】，重命名为【日光分析】三维视图，单击【确定】按钮。在绘图区下方的视图控制栏中单击【打开日光设置】→【日光设置】选项卡，在弹出的【日光设置】面板中设置日光研究为“静止”，地点为“中国北京”，日期设置为“2025/5/1”，时间为“15:00”，单击【确定】按钮。单击视图控制栏中的【关闭 / 打开阴影】按钮，如图 5-22 和图 5-23 所示。

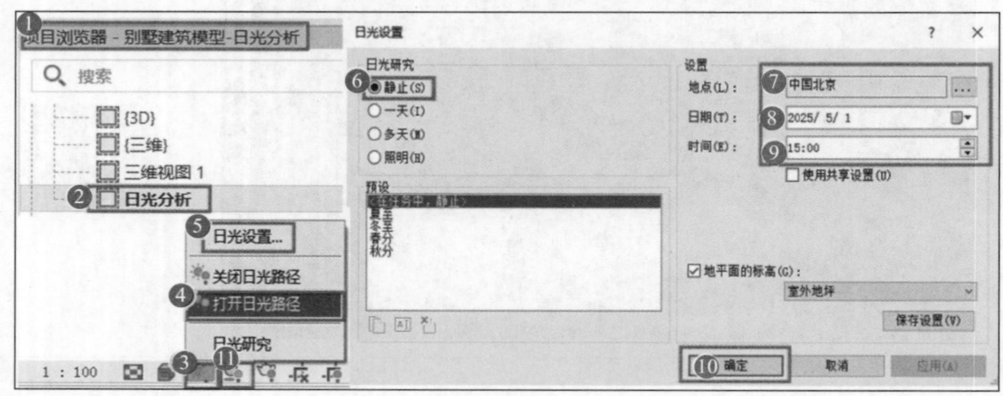

图 5-22　别墅模型日光分析步骤

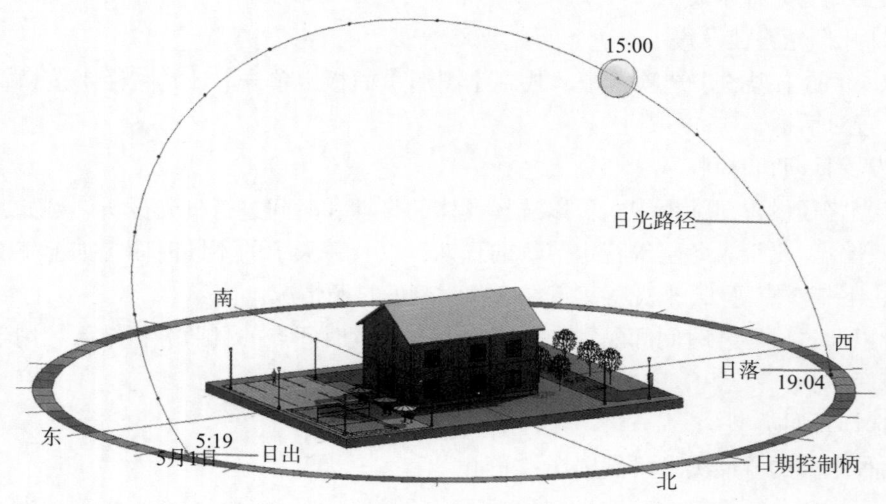

图 5-23　别墅模型日光分析

2. 运行日光分析

1）启动分析

在设置好日光分析的参数后，单击【日光路径设置】对话框中的【确定】按钮，Revit

会开始进行日光分析计算。计算的时间长短取决于建筑模型的复杂程度、分析范围和精度等因素。

2）查看分析结果

（1）阴影显示：在视图中可以看到建筑的阴影分布情况。阴影的形状、大小和位置反映了建筑在选定日期和时间下的日照遮挡情况。对于评估建筑对周边环境的影响（如对相邻建筑或室外场地的遮挡）以及室内采光情况（如是否有房间被遮挡而采光不足）非常有用。图 5-24 所示为别墅模型关闭和打开阴影状态。

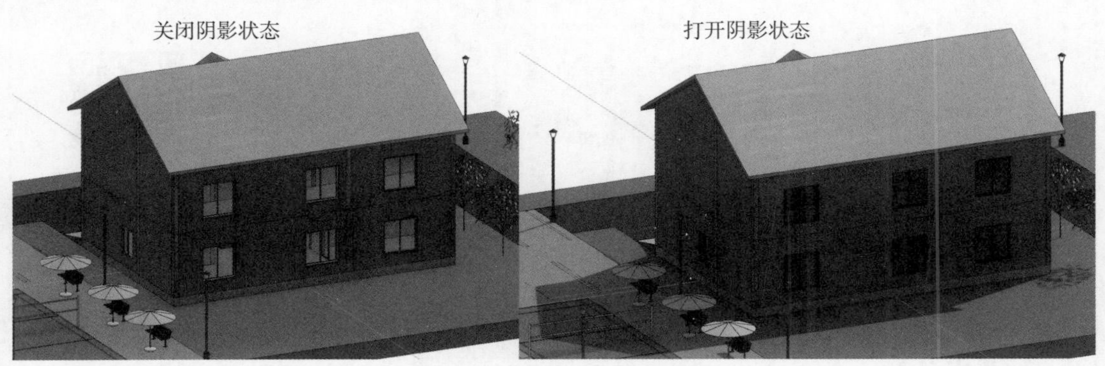

图 5-24 别墅模型阴影设置

（2）采光分析：可以结合 Revit 的房间分析功能，查看室内房间的采光情况。例如，通过房间的颜色填充（如用不同颜色表示不同的采光等级）或者数值标注（如采光系数）来直观地展示房间的采光效果。

（3）动态分析：如果选择了“一天”类型的日照分析，可以通过 Revit 的动画功能来展示建筑在一天内日照和阴影的动态变化。

3. 分析结果的记录和输出

1）输出图像

可将分析视图输出为图像文件，如 JPEG、PNG 等格式。在 Revit 的【导出】选项卡中，找到【图像】按钮，选择相应的图像格式和输出参数，就可以将带有日光分析结果的视图转换为图像，用于项目汇报或设计文档制作。

2）输出报告

Revit 也支持生成包含日光分析结果的报告。在【分析】选项卡中选择合适的报告模板和内容，将日光分析的参数、结果等信息整合到报告中，为建筑设计提供更全面的数据支持。

5.5 图纸输出与打印

项目任务 5-7 创建建筑一层平面图出图视图

打开“5.4.3 别墅建筑模型（日光分析）.rvt”项目文件，创建建筑一层平面图出图视图，并保存项目文件为“5.5.1 别墅建筑模型（图纸输出）.rvt”，见表 5-8。

表 5-8　创建建筑一层平面图出图视图

项目模型展示	模型下载
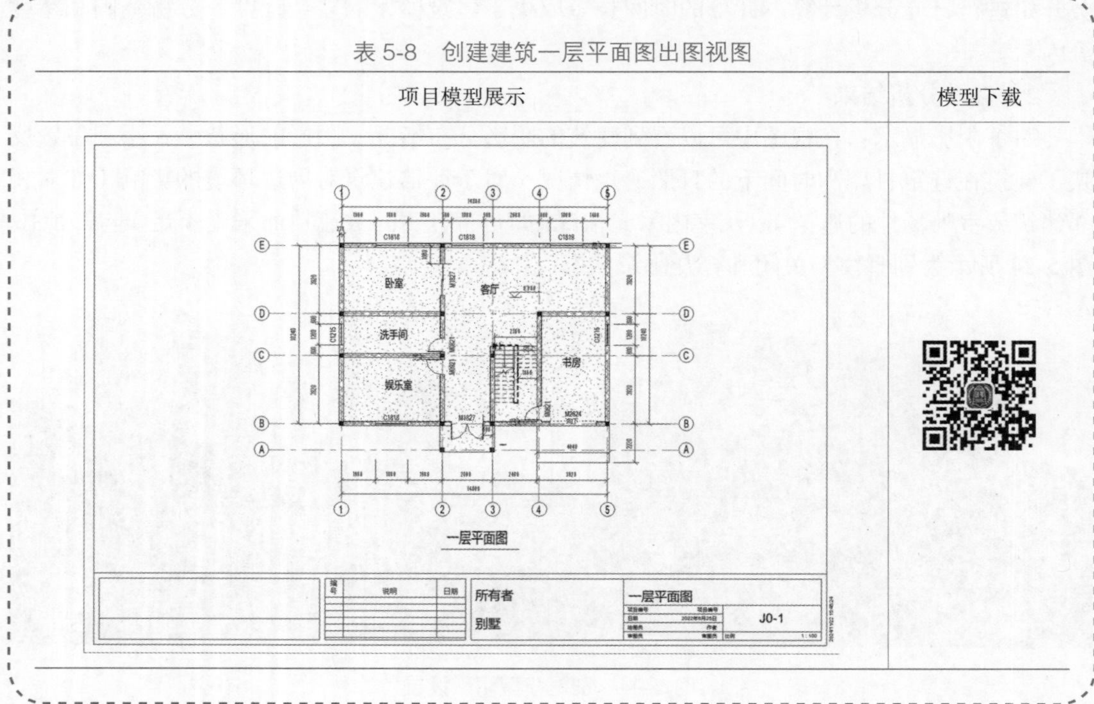	

5.5.1　视图设置与准备

1. 确定出图视图

在项目浏览器中选择出图的视图，如楼层平面图、剖面图、立面图、三维视图等，并确保这些视图已经过初步的布局和设计，包括建筑元素的显示、注释等。平面图出图，要确保房间、墙体、门窗等主要建筑元素的显示正确，并且视图范围设置合理。

2. 调整视图比例

根据出图的要求，为每个视图设置合适的比例。可以在视图控制栏中找到【比例】选项 1 : 100，通过单击下拉菜单选择合适的比例，如 1 : 100、1 : 200 等。比例的选择会影响视图中建筑元素的大小和细节显示程度。

不同类型的视图可能需要不同的比例。例如，平面图可能使用 1 : 100 或 1 : 200，而大样图或节点详图可能需要 1 : 10 或 1 : 20 等更大比例以展示细节。

3. 设置视图的可见性 / 图形

在【视图】选项卡中，单击【可见性 / 图形】按钮，在弹出的对话框中，控制各种建筑元素、注释、尺寸标注等的可见性。例如，可以隐藏不需要在该视图中显示的建筑系统（如暖通管道、电气线路等），或者只显示特定类型的墙体（如只显示外墙）。

对于注释类别，可以根据需要显示或隐藏尺寸标注、文字注释、符号等，使视图更加简洁明了，符合出图要求。

5.5.2　添加注释和标注

1. 尺寸标注

在【注释】选项卡中，选择合适的尺寸标注工具，如“对齐尺寸标注”“线性尺寸标注”

等。将鼠标指针移到需要标注的建筑元素上，Revit 会自动捕捉元素的端点、中点、边等几何特征进行标注。例如，对于墙体，可以标注其长度、高度；对于门窗，可以标注其宽度、高度以及与相邻墙体的距离。

标注完成后，可以通过选中标注，在【属性】面板中调整标注的字体、字号、颜色等属性，使其更加清晰可读。

2. 文字注释

使用【注释】选项卡中的【文字注释】工具，在视图中添加文字说明。例如，可以添加房间功能说明、建筑材料说明等。

在弹出的【编辑文字】对话框中，输入文字内容，然后设置文字的格式，如字体、字号、段落格式等。同样，文字的大小和风格应与视图整体风格相匹配，并且保证清晰可读。

3. 符号标注

Revit 提供了各种符号标注工具，如建筑符号（如标高符号、坡度符号等）、设备符号等。在【注释】选项卡中找到相应的符号工具，将其添加到视图中合适的位置。

对于符号标注，也可以在【属性】面板中修改其属性，如大小、颜色、旋转角度等，以满足出图要求。

项目任务 5-7 中，右击【项目浏览器】中的 F1 楼层平面，选择【复制视图】→【带详图复制】命令，并将其重命名为“一层平面图”，如图 5-25 所示。

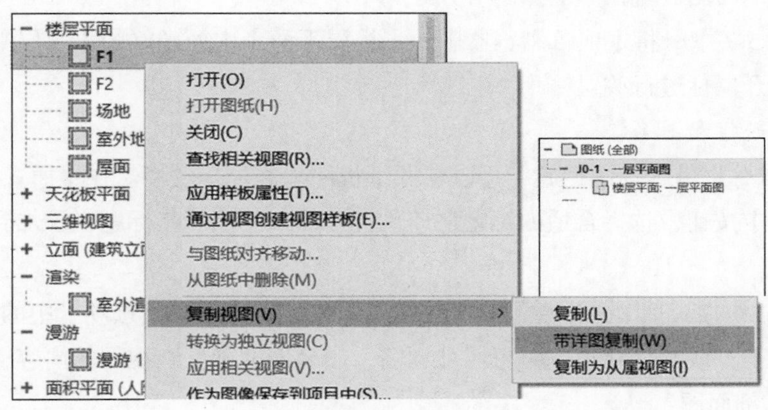

图 5-25　创建一层平面图出图视图

按照国家制图标准，对不应当出现在施工图中的图元（如参照平面、立面标识）进行隐藏；在上一节中创建的场地、植被、场地构件均进行隐藏，并按照出图要求进行尺寸标准、添加门窗注释等，设置好视图可见性。

5.5.3　图纸布置与排版

1. 创建图纸视图

在 Revit 的【视图】选项卡中，单击【图纸】按钮，在弹出的【新建图纸】面板中选择图纸尺寸（如 A3），创建新的图纸视图，如图 5-26 所示。

在【项目浏览器】中“图纸”节点下显示为“J0-1- 未命名”，将其重命名为“J0-1 一层平面图”，如图 5-27 所示。

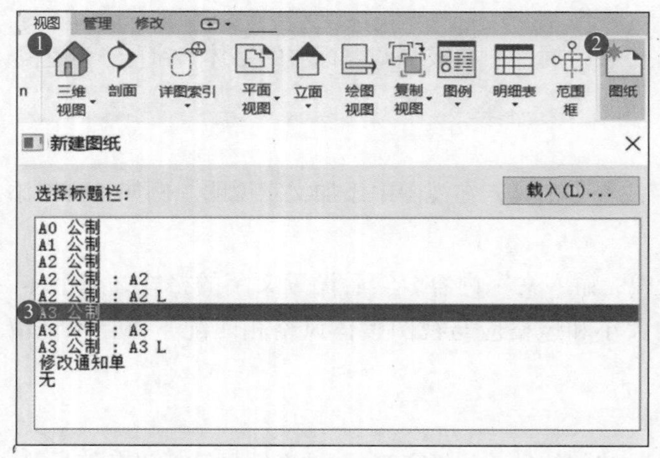

图 5-26 创建图纸视图

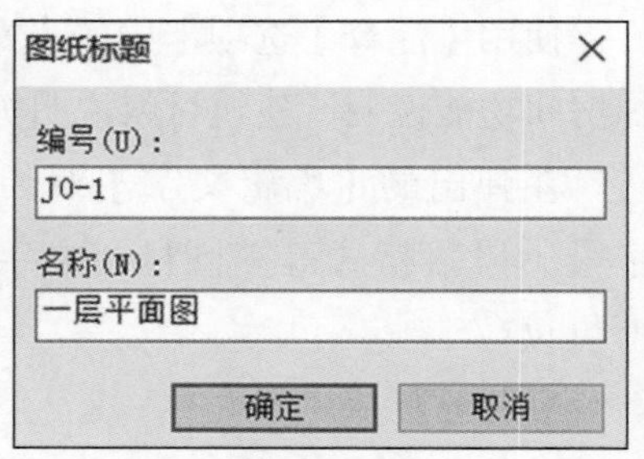

图 5-27 重命名图纸

2. 将视图添加到图纸

打开新建的图纸视图,在【视图】选项卡中,单击【添加视图】按钮。在【项目浏览器】中选择之前准备好的出图视图（如平面图、剖面图等），将其拖曳到图纸上合适的位置。

可以根据出图的布局要求，调整视图在图纸上的位置和大小。例如，将平面图放置在图纸的上部，剖面图放置在平面图的下方等。

项目任务 5-7 中，将【项目浏览器】→【楼层平面】中处理好的【一层平面图】拖曳到图框中，松开鼠标进行放置。

3. 添加标题栏和图名

Revit 通常有自带的标题栏族，可以在图纸视图中添加标题栏。在【插入】选项卡中，单击【载入族】按钮，选择合适的标题栏族文件并载入。然后将标题栏添加到图纸的边缘位置。

对于每个添加到图纸的视图，要添加图名。可以使用【注释】选项卡中的【文字注释】工具，在视图上方或其他合适的位置添加图名，图名应准确反映视图的内容，如“一层平面图”“A—A 剖面图”等。

标题线修改：单击选择拖曳到图框中的“一层平面图”，或按 Tab 键，可以看到标题线过长，选择标题线的右端点，向左拖曳到合适位置，如图 5-28 所示。

标题的位置也可以移动，移动鼠标光标到“一层平面图”视图标题名称上，当标题亮显时，单击选择视图标题（此时选择的是视图标题名称而不是整体一层平面视图），可移动视图标题下方中间合适位置后松开鼠标。

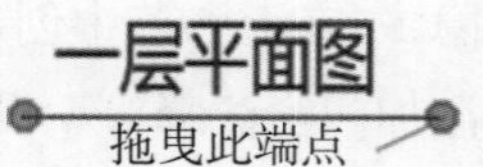

图 5-28 拖曳标题端点

创建好的一层平面图出图视图如图 5-29 所示。

同理，可以将其他楼层平面图、立面图、门窗明细表、楼梯详图等拖曳到相应的图纸图框中进行编辑和布图。

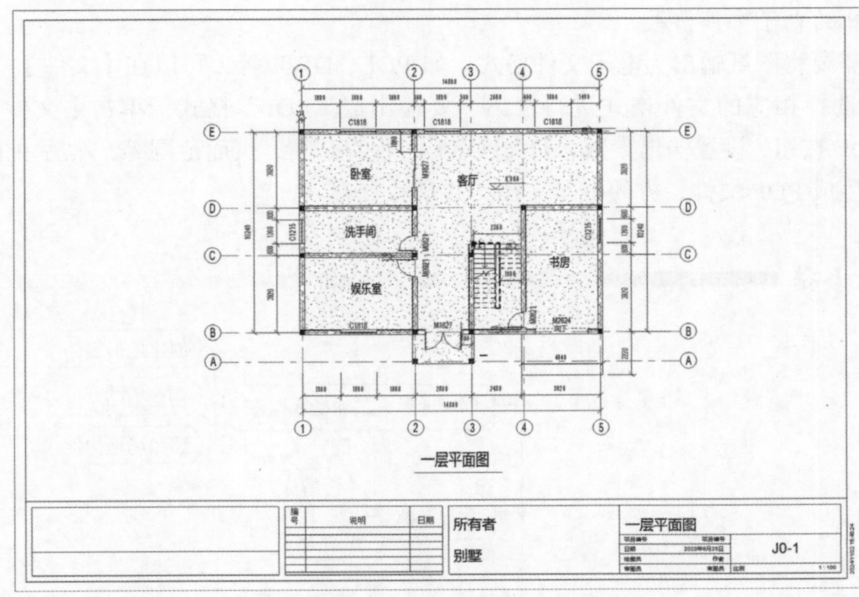

图 5-29　将一层平面视图添加到图纸

5.5.4　打印与输出

1. 打印设置

单击【文件】按钮，选择【打印】选项，打开打印设置对话框，如图 5-30 所示。

在对话框中，可以选择打印机、纸张大小（应与图纸视图中的纸张尺寸一致）、打印范围（如打印整个图纸还是只打印部分区域）、打印份数等参数。还可以设置打印质量，如分辨率等，以确保输出的图纸清晰。

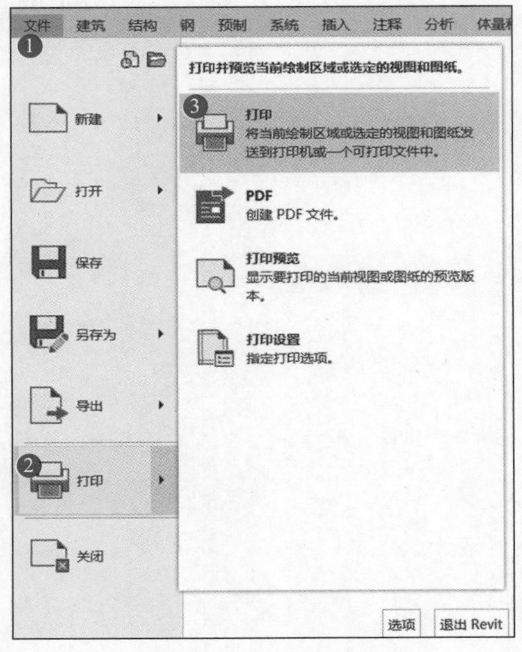

图 5-30　图纸打印

2. 输出为电子文件格式

如果需要将图纸输出为电子文件格式，如 PDF、DWF 等，可以在【文件】→【导出】选项卡中选择相应的文件格式进行输出。要输出成“PDF”格式，单击【文件】→【导出】→ PDF 按钮，设置输出参数，如文件名称、保存位置、页面范围等，然后单击【确定】按钮即可生成 PDF 文件，方便电子文档的共享和查看。

本章小结

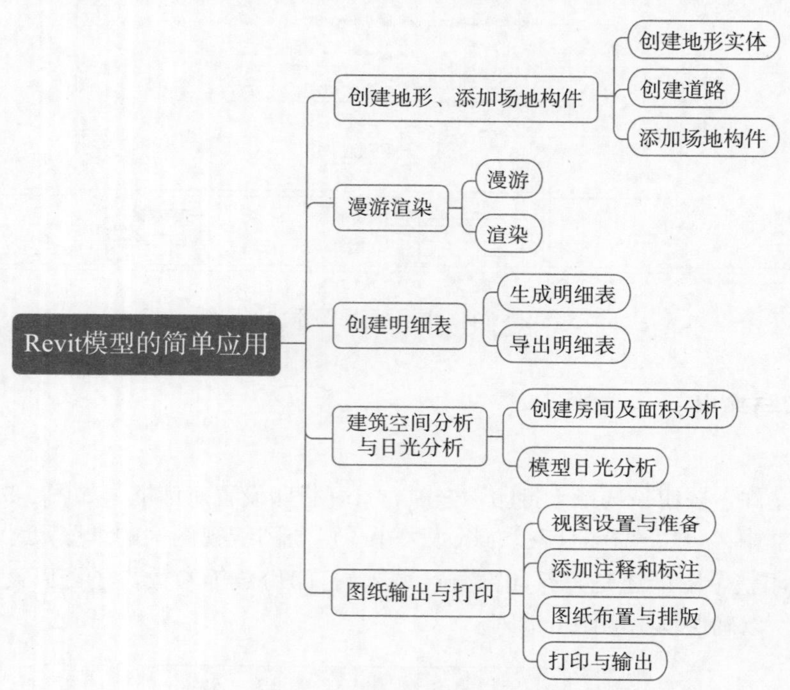

第 6 章　项目实战课程实训——项目模型的创建与应用

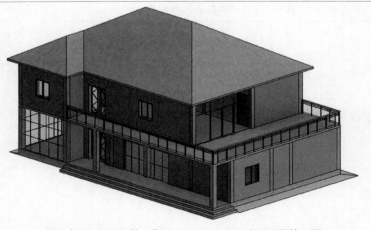

教学目标

1. 使学生了解 BIM 建模环境设置。
2. 使学生熟练运用 Revit 软件进行 BIM 参数化建模。
3. 使学生掌握 Revit 模型的简单应用。

教学要求

能 力 要 求	掌握层次	权重
了解 BIM 建模环境设置	了解	10%
掌握 BIM 参数化建模	掌握	70%
掌握 Revit 模型的简单应用	掌握	20%

案例展现

案例模型	视频讲解和模型下载
题目来源：2021 年第一期“1+X”BIM 初级考试试题第三题	

6.1 项目实战课程实训教学大纲

6.1.1 实训目标

通过 BIM 参数化建模实训，学生可以运用 BIM 软件建立起 3D 可视化模型，掌握建筑模型、结构模型的创建方法，各专业间的协同，模型的简单应用，达到在实际项目中解决问题的能力。

6.1.2 实训内容与要求

1. 实训内容

使用 Revit 2024 软件绘制出所给图纸的建筑结构模型，并进行模型应用。

完成以下主要内容。

（1）设计项目信息，项目基点设置，标高、轴网的建立。

（2）建筑结构模型的建立：创建墙体。柱、梁、板创建、相关设置及注意事项。楼板、屋顶、门窗的绘制。楼梯的绘制。

（3）图纸输出，族的绘制。

（4）模型应用：门窗明细表统计、建筑空间分析、模型日照分析等。

2. 基本要求

（1）必须按任务书所规定的时间和设计内容独立完成本课程设计。

（2）以学生自己动手为主，指导教师辅导为辅。

（3）在上课时间内，学生必须在指定的教室进行课程设计，不得无故缺席、迟到和早退，有事、生病须附请假条。

（4）所有内容完成后，必须按照实训任务要求出图，装订成册。按要求提交电子档建筑模型。

6.1.3 建议课时分配

实训为期 1 周，其时间安排见表 6-1。

表 6-1 实训建议课时分配表

序号	实 训 内 容	时间分配	
		天 数	折合学时
1	设计项目信息；项目基点设置；标高、轴网的建立	0.5	3
2	建筑模型的建立：创建墙体。柱、梁、板创建、相关设置及注意事项。楼板、屋顶、门窗的绘制。楼梯的绘制。族的绘制	2	12
3	模型应用	1.5	9
合 计		4	24

6.1.4 成果考核方案

1. 考核方法

综合考核，按“优、良、中、及格、不及格”等级评定。其中：实训课表现情况占

30%；实训成果内容占 70%。

2. 根据具体内容，确定不同要求

学生的实训考核成绩由平时考核、成果格式考组成，各自比例分别为 30%、70%。

（1）平时考核：在课程实训过程中，根据学生的出勤率、表现、提问解答等情况检查学生的学习态度、知识增量。

（2）成果格式考核：课程实训结束后，初步审查实训成果，要求模型准确，应用操作规范、成果正确。

（3）成果内容考核：课程实训结束后，审查实训成果的内容，全面了解学生知识的掌握、应用情况，要求内容完善、模型、应用操作正确。

考核总成绩 = 平时考核成绩 + 成果考核成绩。考核总成绩 90～100 分评为优秀，89～80 分评为良好，79～70 分评为中等，69～60 分为及格，59 分以下为不及格。

评分标准见表 6-2。

表 6-2　实训考核方案表

考核项目	考核内容	分值	评分标准	备　注
平时考核	出勤	10	满勤 10 分，缺席一次扣 1 分，两次迟到折算一次缺席，最高扣 10 分	有特殊情况办理请假手续的视为出勤
	工作作风	10	根据辅导交流、提问，考核学生积极思考、独立学习与作业习惯，计 5～10 分	
	职业道德	10	根据辅导交流，考核学生的职业态度、职业道德，计 5～10 分	
	小　计	30		
成果格式考核	结构模型准确性	20	各项构件建模错一处计 1 分，漏 1 项扣 1 分，扣至 0 分止	抄袭按 0 分计算
	建筑模型准确性	20	各项构件建模错一处计 1 分，漏 1 项扣 1 分，扣至 0 分止	
	模型应用操作准确性	30	错漏一项扣 5 分，扣完为止	
	小　计	70		
合　计		100		

6.2　项目实战课程实训任务书

6.2.1　实训任务与要点

根据以下要求和给出的图纸，创建模型并将结果输出。

1. BIM 建模环境设置

设置项目信息：①项目发布日期：2024 年 4 月 21 日；②项目名称：别墅；③项目地址：中国北京市。

2. BIM 参数化建模

（1）根据给出的图纸创建标高、轴网、柱、墙、门、窗、楼板、屋顶、台阶、散水、楼梯等，栏杆尺寸及类型自定，幕墙划分与立面图近似即可。门窗需按门窗表尺寸完成，窗台自定义，未标明尺寸不作要求。

（2）主要建筑构件参数要求如下。

外墙：240mm，10mm 厚灰色涂料、220mm 厚混凝土砌块、10mm 厚白色涂料；内墙：120mm，10mm 厚白色涂料、100mm 厚混凝土砌块、10mm 厚白色涂料；楼板：150mm 厚混凝土；一楼底板 450mm 厚混凝土；屋顶 100mm 厚混凝土；散水宽度 800mm；柱子：300mm × 300mm。

3. 创建图纸

（1）创建门窗明细表，门明细表要求包含类型标记、宽度、高度、合计字段，窗明细表要求包含类型标记、底高度、宽度、高度、合计字段，并计算总数。

（2）创建项目一层平面图，创建 A3 公制图纸，将一层平面图插入，并将视图比例调整为 1:100。

4. 模型渲染

对房屋的三维模型进行渲染，质量设置：中，设置背景为“天空：少云”，照明方案为“室外：日光和人造光”，其他未标明选项不作要求，结果以“别墅渲染 .JPG”为文件名保存。

5. 模型文件管理

将模型文件命名为“别墅 + 学生姓名”，并保存项目文件。

6. 日照分析

创建三维视图命名为“日照分析”，设置太阳位置为北京，时刻为 16：00，日期为 2024 年 6 月 1 日，在首层三维视图中模拟显示阴影状态。

7. 动画

制作模型的环视漫游动画。

6.2.2 实训图纸

实训项目门窗表见表 6-3。图 6-1 所示为实训项目一层平面图，图 6-2 所示为实训项目二层平面图，图 6-3 所示为实训项目屋顶平面图，图 6-4 所示为实训项目立面图，图 6-5 所示为实训项目 1—1 剖面图和楼梯平面图。

表 6-3 实训项目门窗表

类 型	设计编号	洞口尺寸 /mm	数量
单扇木门	M0820	800 × 2000	2
	M0921	900 × 2100	8
双扇木门	M1521	1500 × 2100	2
玻璃嵌板门	M2120	2100 × 2000	1
双扇窗	C1212	1200 × 1200	10
固定窗	C0512	500 × 1200	2

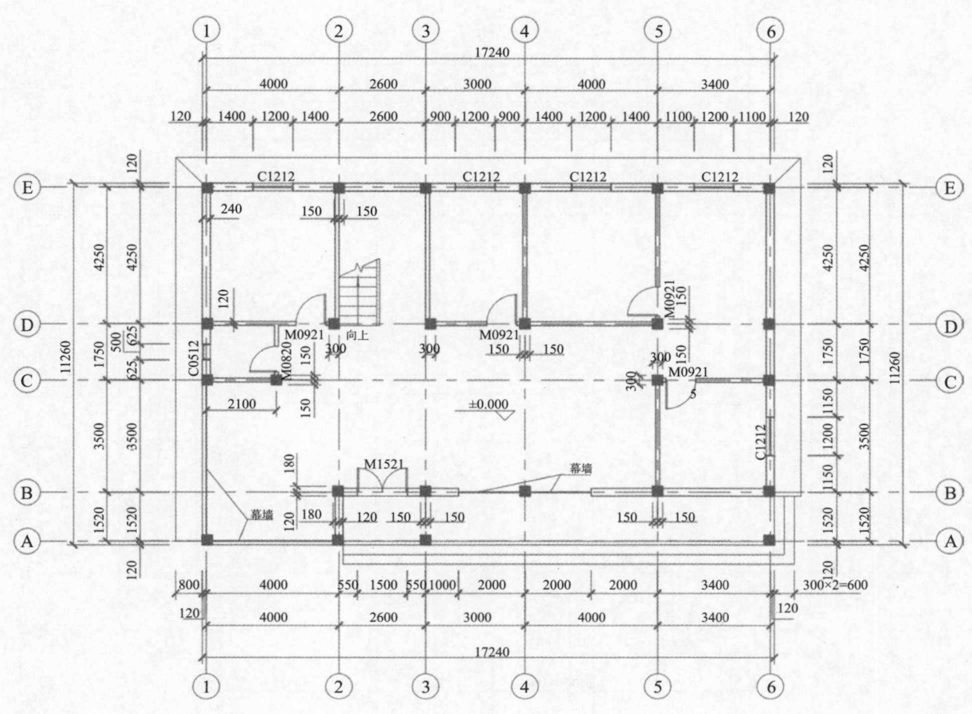

图 6-1　实训项目一层平面图

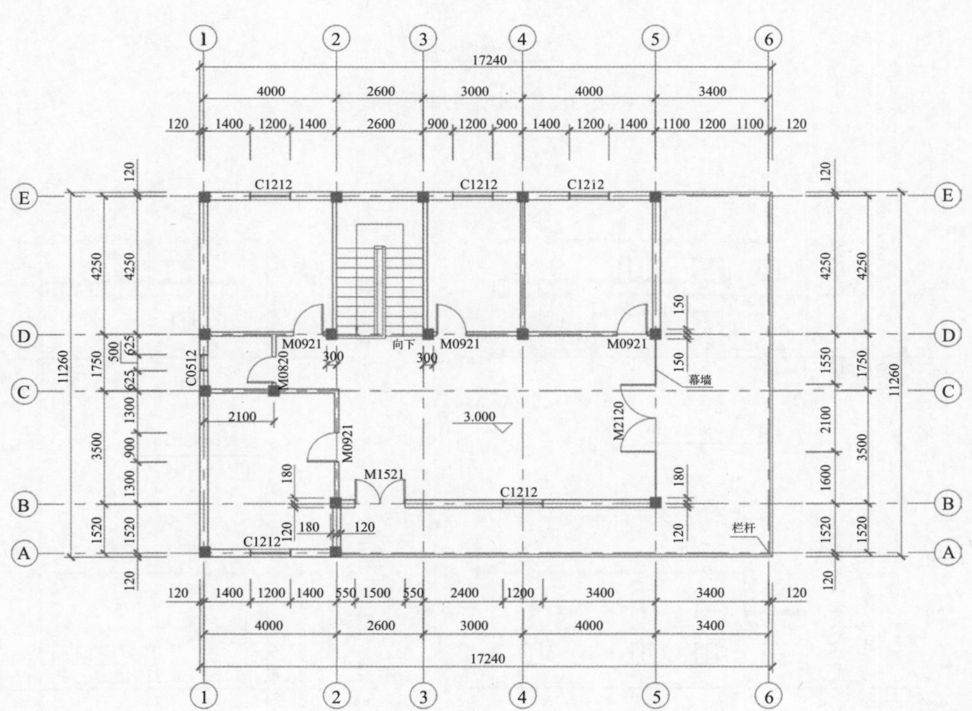

图 6-2　实训项目二层平面图

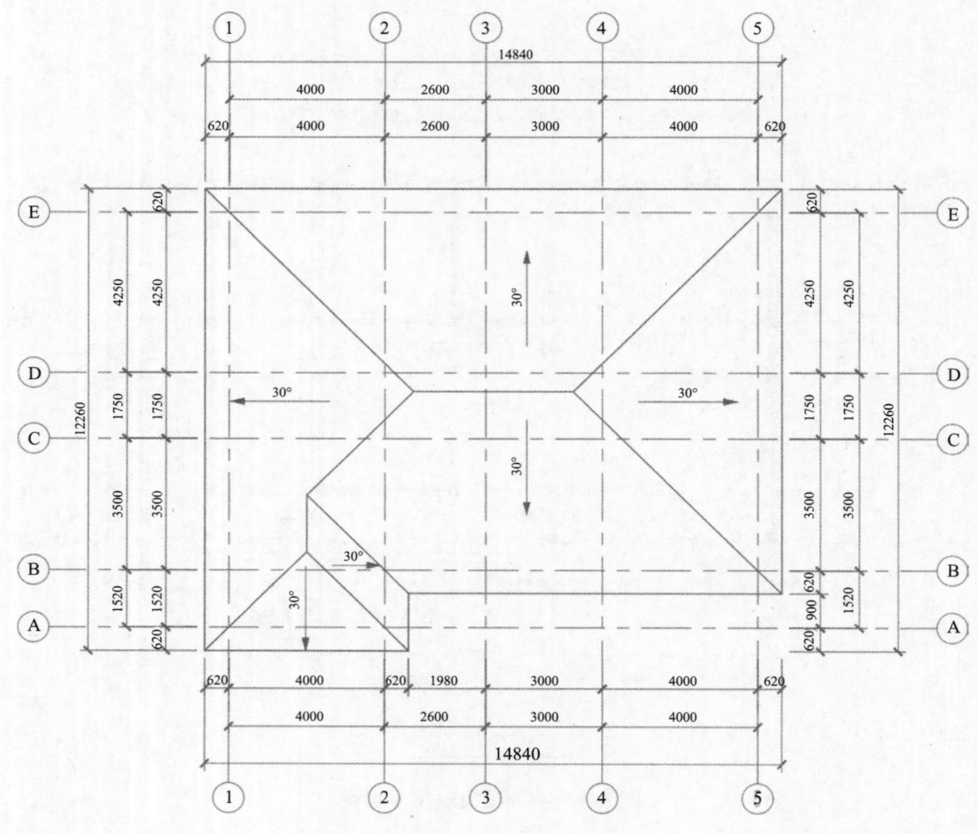

图 6-3　实训项目屋顶平面图

图 6-4　实训项目立面图

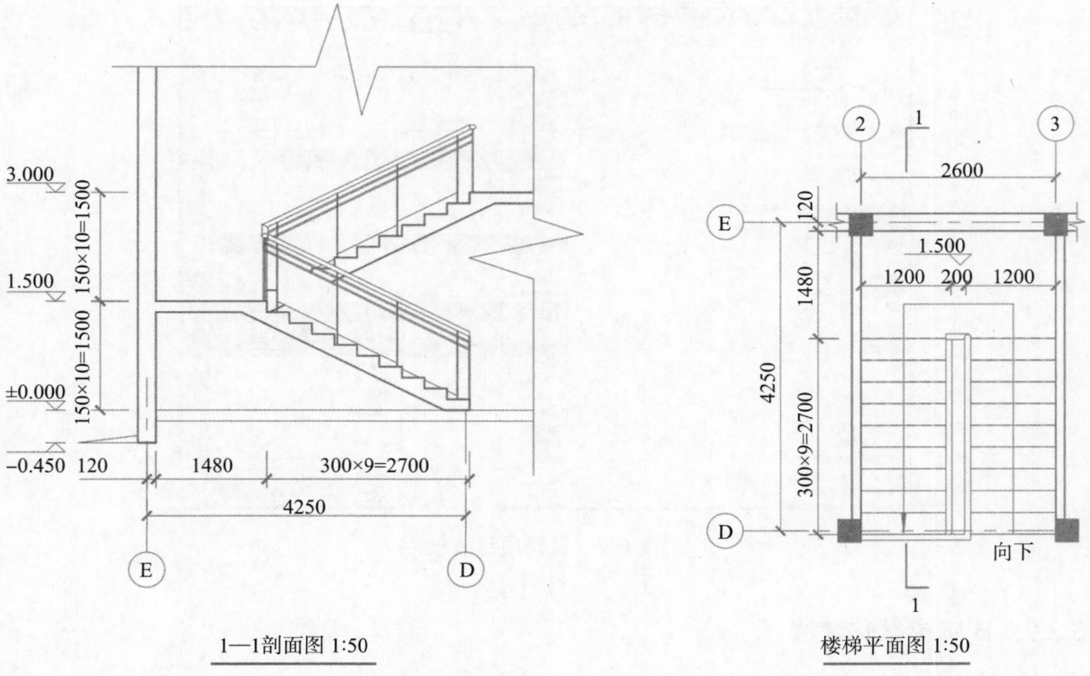

图 6-5　实训项目剖面图和楼梯平面图

6.3　项目实战课程实训指导书

6.3.1　BIM 建模环境设置

1. 新建项目

启动 Revit 2024，选择建筑样板文件创建项目，并保存项目，如图 6-6 所示。

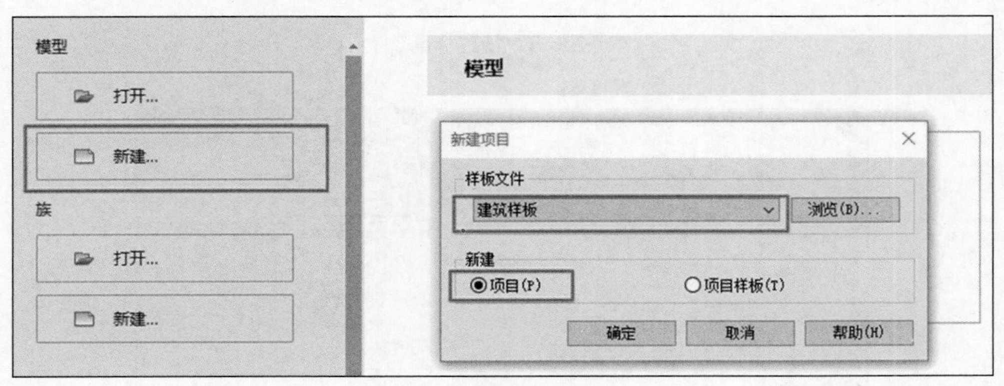

图 6-6　新建项目

2. 设置项目信息

设置项目发布日期、项目状态、项目地址、名称、编号等项目信息，如图 6-7 所示。

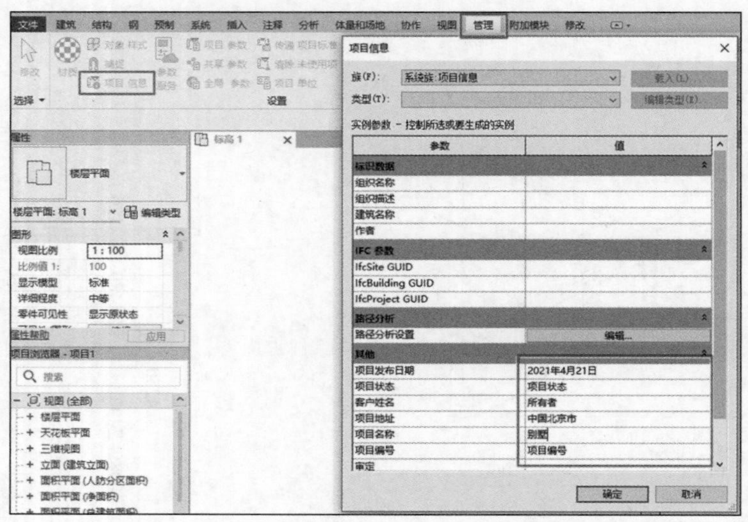

图 6-7　设置项目信息

6.3.2　BIM 参数化建模

1. 创建标高与轴网

创建标高和轴网，正确设置标高和轴网的影响范围，如图 6-8～图 6-10 所示。

屋面 6.000　　　　6.000 屋面

F2 3.000　　　　3.000 F2

F1 ±0.000　　　　±0.000 F1

室外地坪 −0.450　　　　−0.450 室外地坪

图 6-8　创建标高

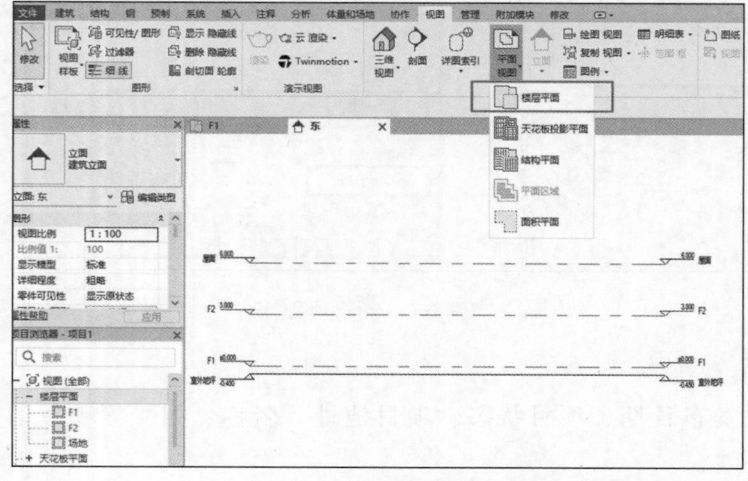

图 6-9　创建平面视图

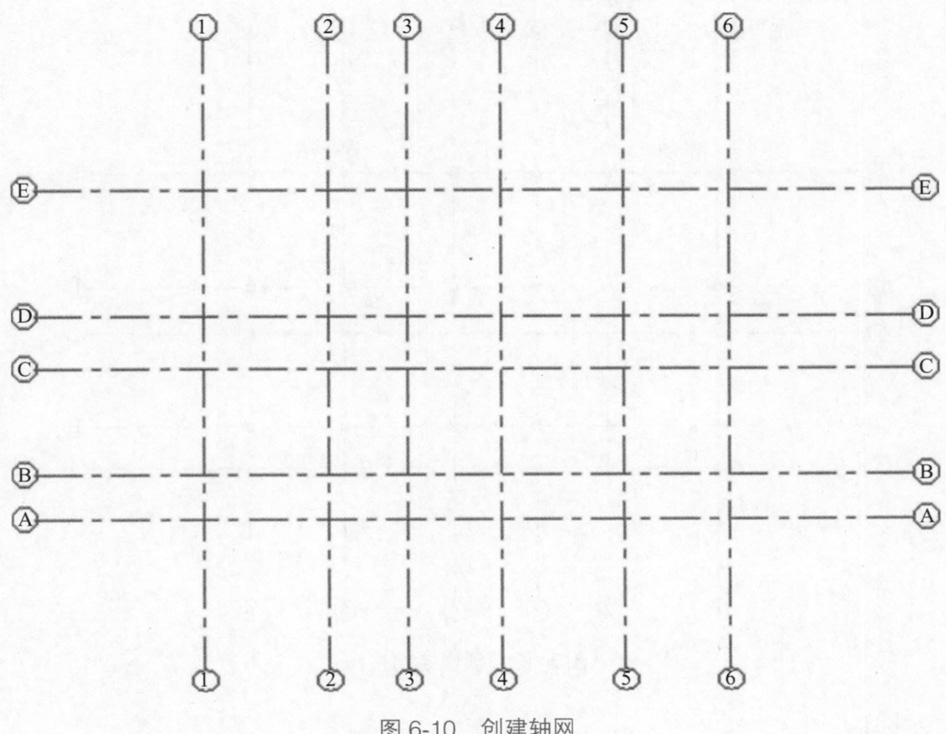

图 6-10　创建轴网

2. 创建结构柱

创建结构柱的操作如图 6-11 和图 6-12 所示。

图 6-11　载入并定义柱类型

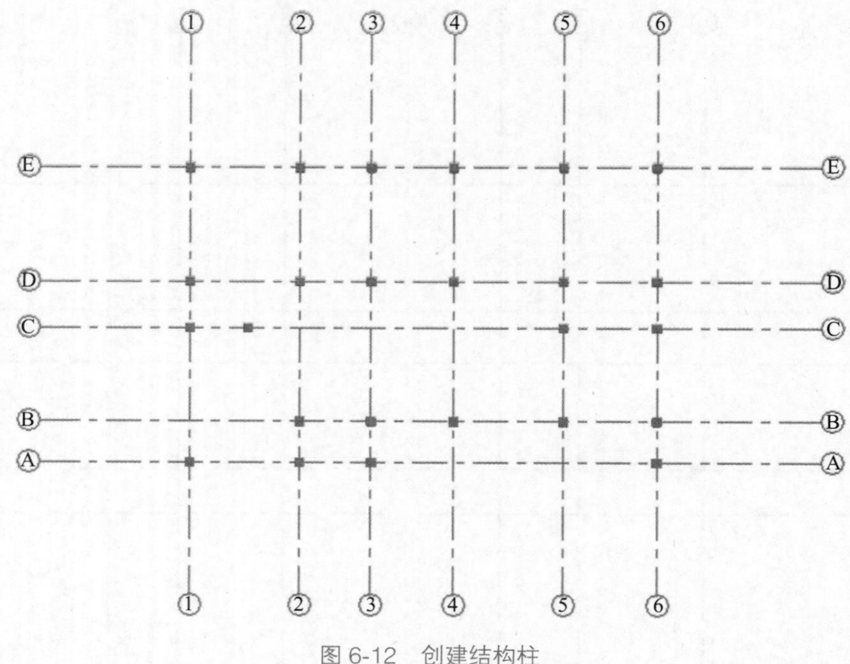

图 6-12　创建结构柱

3. 创建墙体

根据图纸要求，正确定义外墙、内墙、幕墙类型，并逐层绘制墙体，放置幕墙，如图 6-13～图 6-16 所示。

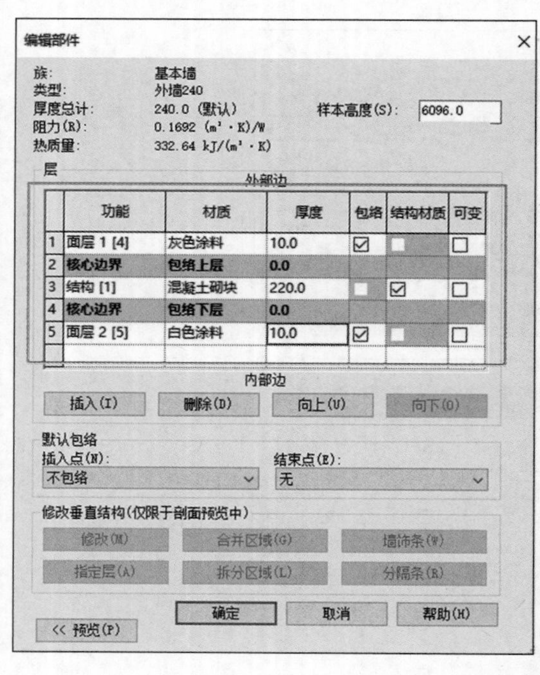

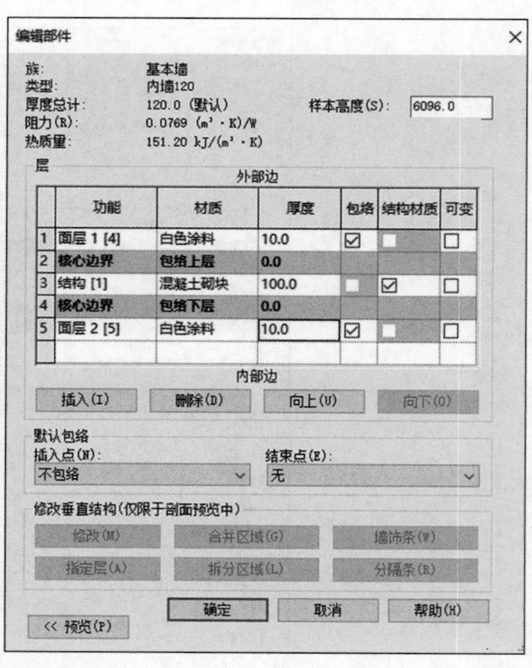

图 6-13　定义墙体类型

4. 创建门窗

根据表 6-3 选择合适的系统门窗族，在楼层平面放置门窗。放置窗时，要特别

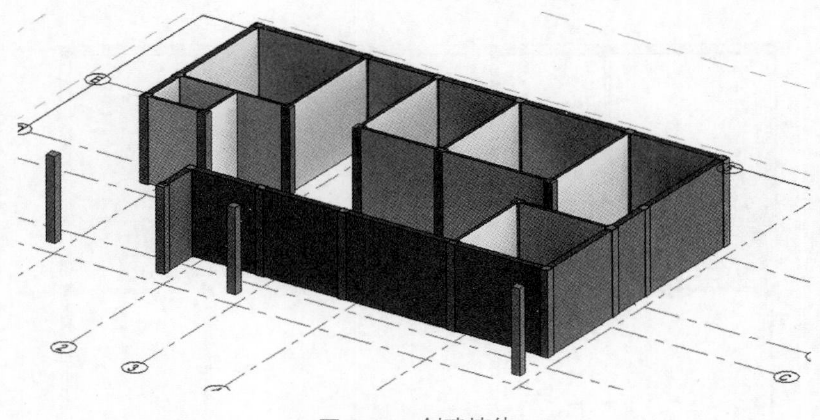

图 6-14　创建墙体

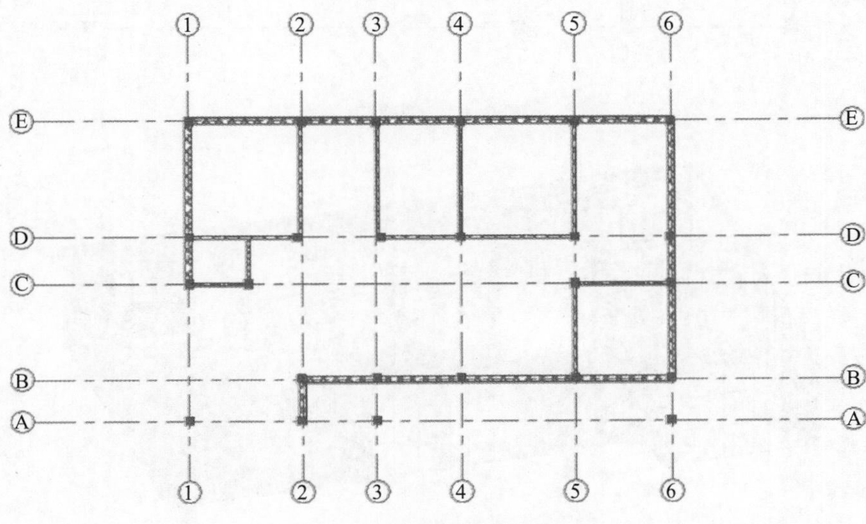

图 6-15　调整结构柱与墙体位置

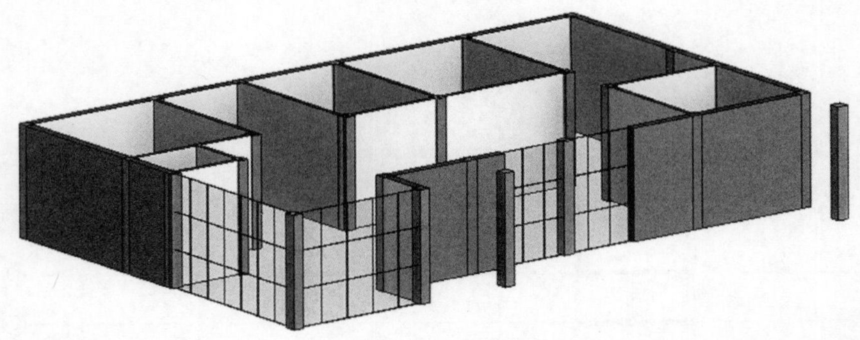

图 6-16　创建幕墙

注意底高度是否正确。

若系统没有合适的门窗族，可通过内建模型的方式完成门窗族的创建，并载入项目，如图 6-17 和图 6-18 所示。

5. 创建二层构件

完成二层结构柱、内外墙的绘制，如图 6-19 和图 6-20 所示。

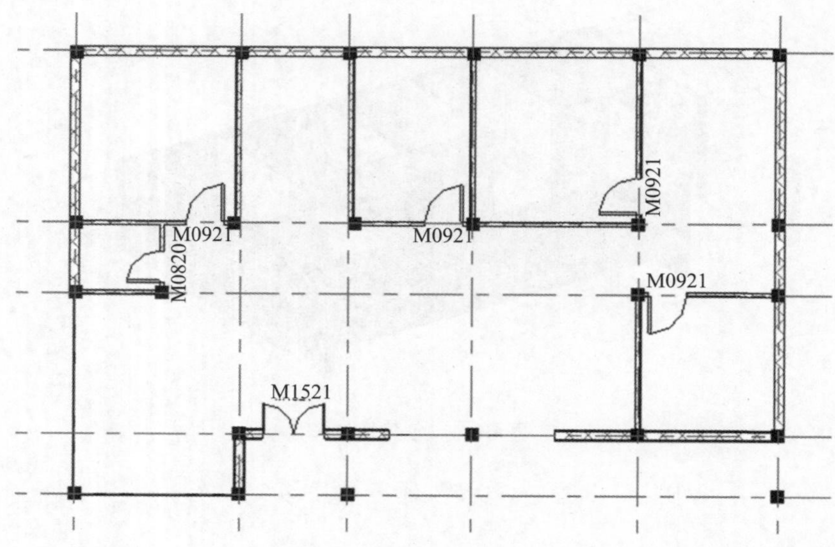

图 6-17　创建门

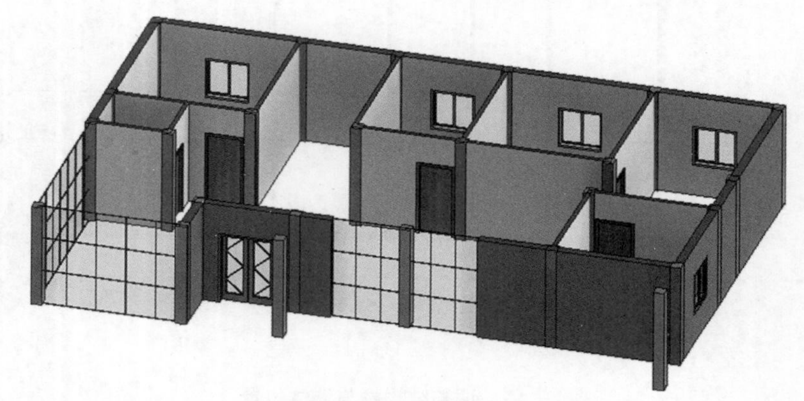

图 6-18　创建窗

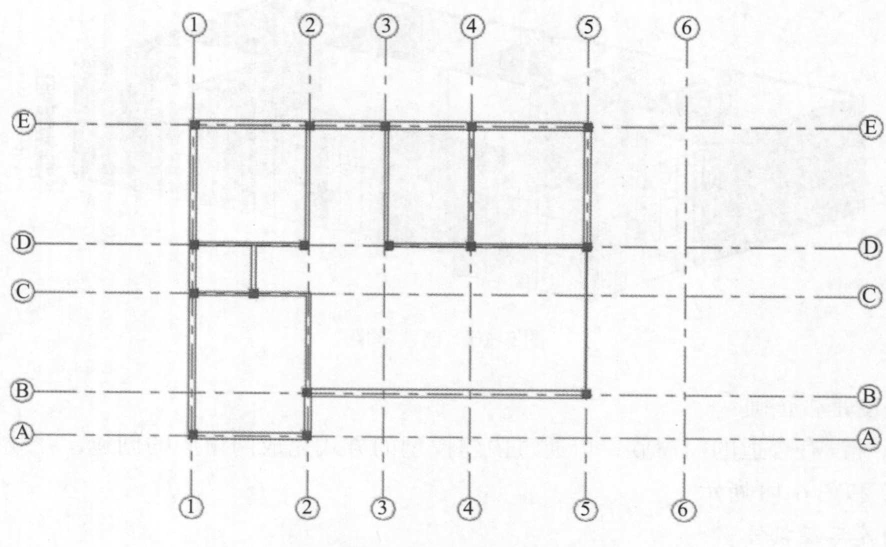

图 6-19　创建二层柱与墙体

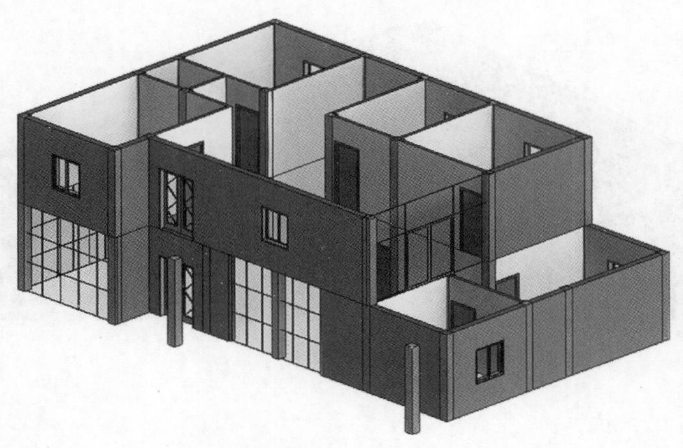

图 6-20　创建二层门窗

6. 创建楼板与屋顶

完成楼板、迹线屋顶的绘制。在创建楼板时注意要正确剪切楼梯洞口，如图 6-21 和图 6-22 所示。

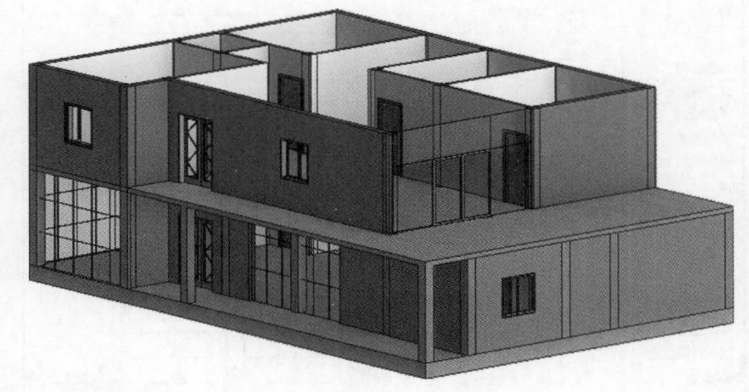

图 6-21　创建楼板

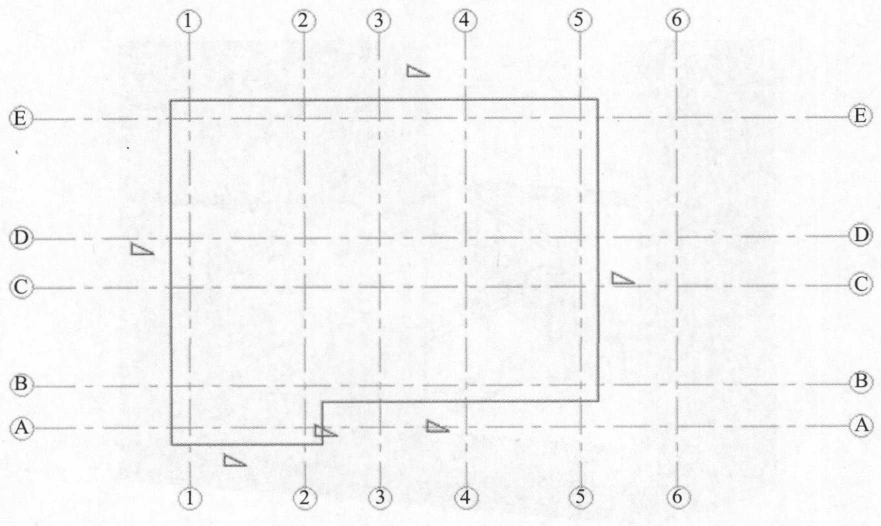

图 6-22　创建屋顶

图 6-22（续）

7. 创建楼梯与栏杆扶手

正确设置楼梯的总高度、踏步数量、平台宽度、踏板深度、所需踢面数等属性来创建双跑楼梯和栏杆，如图 6-23～图 6-25 所示。

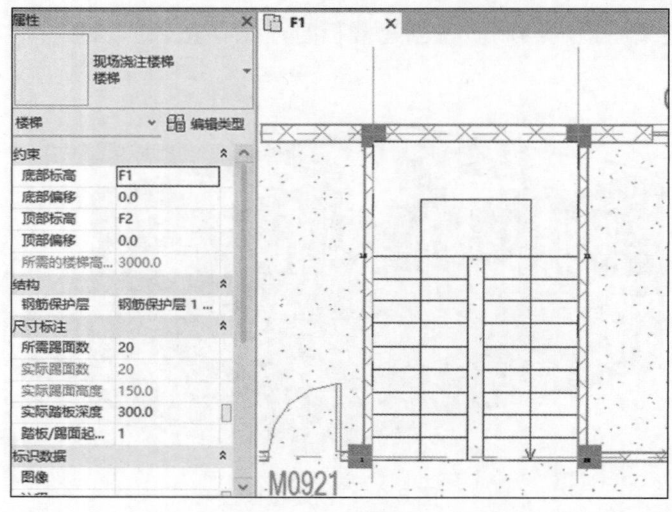

图 6-23　创建楼梯

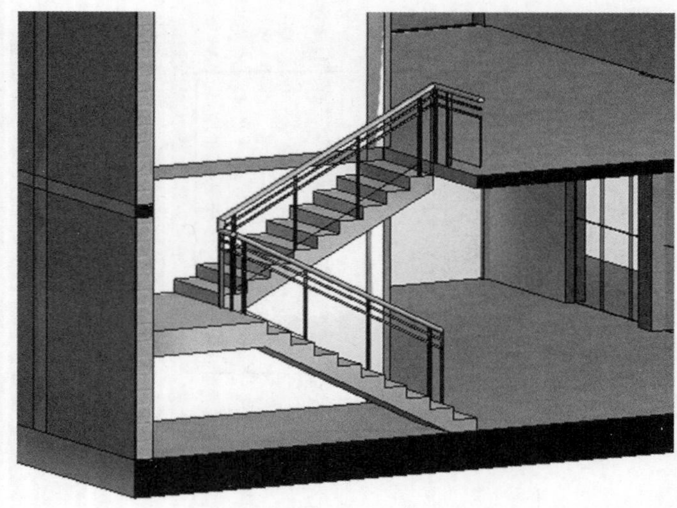

图 6-24　楼梯三维

图 6-25　创建室外栏杆

8. 创建室外台阶与散水

根据图纸创建室外台阶，散水可通过编辑楼板边缘或内建散水族的方式进行创建，如图 6-26 和图 6-27 所示。

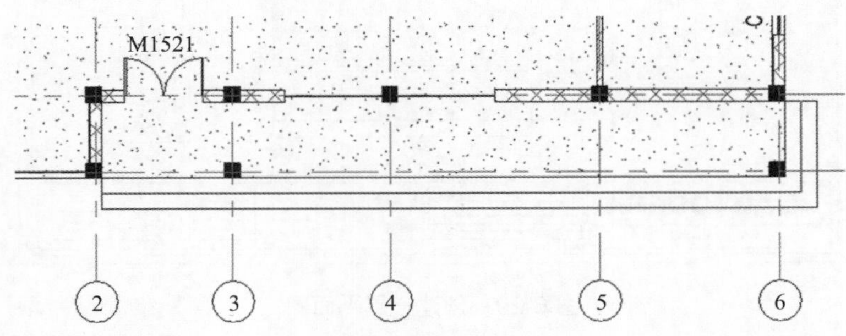

图 6-26　创建室外台阶

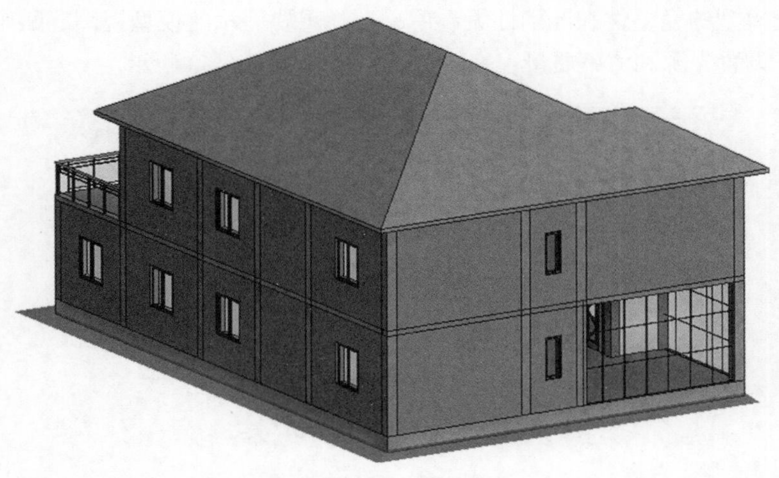

图 6-27　创建散水

6.3.3　BIM 模型应用

1. 创建图纸

创建一层平面图、二层平面图、屋顶平面图、立面图、楼梯详图、1—1 剖面图和门窗明细表，如图 6-28 和图 6-29 所示。

<门明细表>

A	B	C	D
类型标记	宽度	高度	合计
M0820	800	2000	2
M0921	900	2100	8
M1521	1500	2100	2
M2120	2100	2000	1
总计: 13			

<窗明细表>

A	B	C	D	E
类型标记	底高度	宽度	高度	合计
C0512	900	500	1200	2
C1212	900	1200	1200	10
总计: 12				

图 6-28　创建门窗明细表

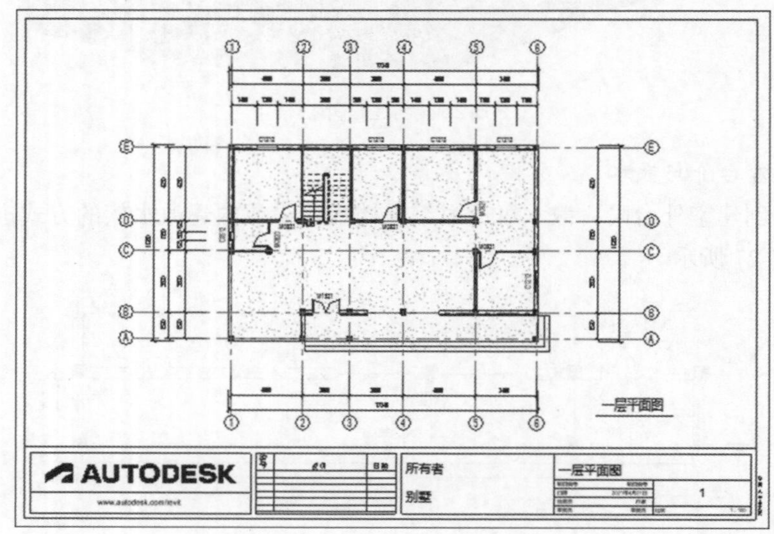

图 6-29　创建一层平面图

2. 模型渲染

反复检查模型的完整性和准确性无误后，选择想要展示的模型视图，赋予模型各构件合适的材质，设置光源和渲染质量，完成渲染出图，如图 6-30 所示。

图 6-30　模型渲染

3. 日照分析

根据实训项目要求，通过“日光路径”和“日光设置”对话框来创建日光研究分析视图，如图 6-31 所示。

4. 环视漫游动画

通过【漫游】工具，根据想要展示的建筑空间和顺序来安排路径点，绘制漫游路径，编辑关键帧，并设置合理的漫游总帧数和速度，完成渲染，生成实训项目环视漫游动画，如图 6-32 和图 6-33 所示。

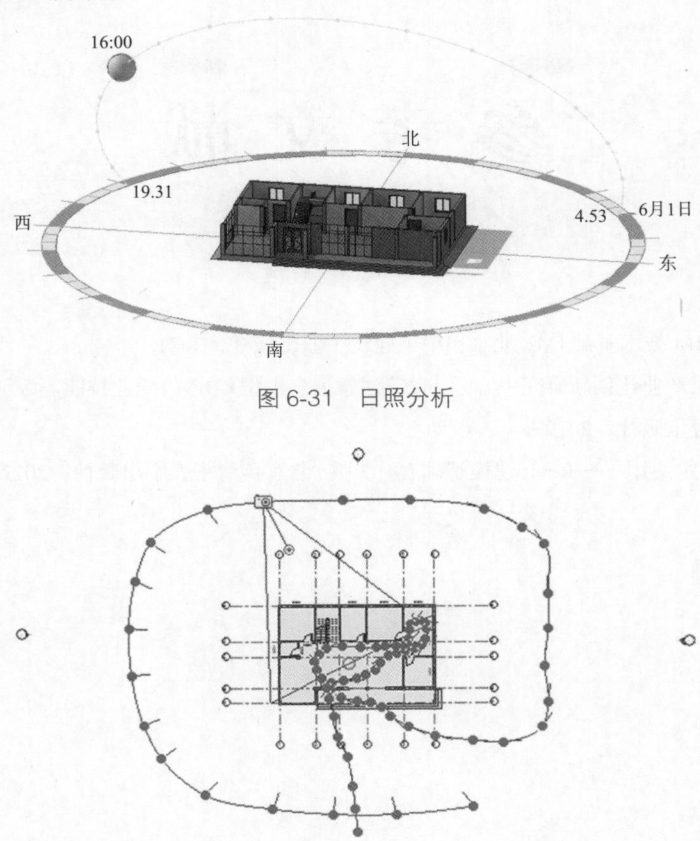

图 6-31　日照分析

图 6-32　设置漫游路径

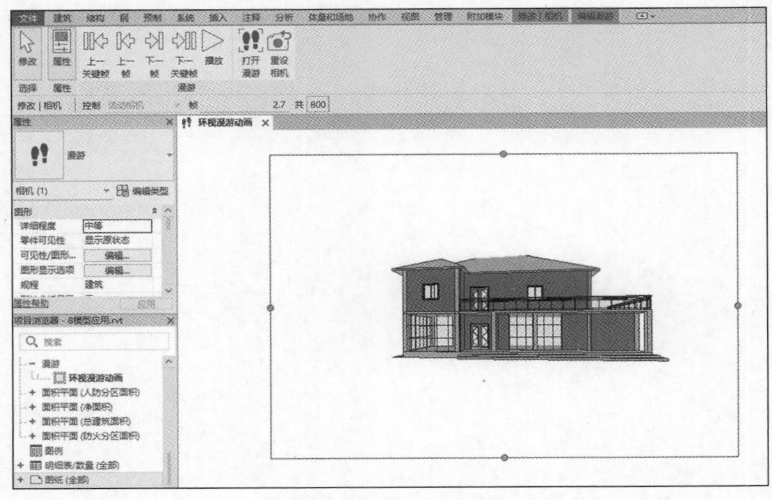

图 6-33　环视漫游动画

参 考 文 献

[1] 陈芳，肖凌 . BIM 技术基础 [M]. 北京：中国建筑工业出版社，2021.

[2] 廊坊市中科建筑产业化创新研究中心 . “1+X” 建筑信息模型（BIM）职业技能等级证书:教师手册 [M]. 北京：高等教育出版社，2019.

[3] 孙仲健 .BIM 技术应用——Revit 建模基础 [M].2 版 . 北京：清华大学出版社，2022.